4th National Meeting in Chaos, Complex System and Time Series 2011

Journal of Physics: Conference Series Volume 475

Xalapa, Veracruz, Mexico
29 November – 2 December 2011

ISBN: 978-1-62993-938-4
ISSN: 1742-6588

Printed from e-media with permission by:

Curran Associates, Inc.
57 Morehouse Lane
Red Hook, NY 12571

Some format issues inherent in the e-media version may also appear in this print version.

Printed by Curran Associates, Inc. (2014)

For permission requests, please contact the Institute of Physics
at the address below.

Institute of Physics
Dirac House, Temple Back
Bristol BS1 6BE UK

Phone: 44 1 17 929 7481
Fax: 44 1 17 920 0979

techtracking@iop.org

Additional copies of this publication are available from:

Curran Associates, Inc.
57 Morehouse Lane
Red Hook, NY 12571 USA
Phone: 845-758-0400
Fax: 845-758-2634
Email: curran@proceedings.com
Web: www.proceedings.com

TABLE OF CONTENTS

PREFACE

The fourth edition of the National Meeting on Chaos, Complex Systems and Time Series (NMCCSTS4), or in Spanish 4a. Reunión Nacional de Caos, Sistemas Complejos y Series de Tiempo, was held from 29 November to 2 December 2011 in the University of Veracruz (Universidad Veracruzana), Campus Xalapa, at Xalapa Veracruz, México, in the beautiful House of the Lake (Casa del Lago), a late XIX century former textile factory situated in the edge of an also ancient former dam, currently a park containing three small lakes, very emblematic of Xalapa, City, the capital of the state of Veracruz, México.

The previous editions of this meeting, were held in Mérida (2006), Pachuca (2008) and Puebla (2009). A clear uptrend is observed in the number of participants in this academic event from all Universities of México and abroad, going from about 15 participants in the first meeting to more than 90 in the last one.

On this occasion, about 90 participants from three countries attended our event, where 29 papers (10 master lectures from top recognized national and international leaders in the fields of complexity, and 19 invited papers), one course for students and 42 posters were presented. A look at the scientific program of the NMCCSTS4, allows us to appreciate the wide range of topics and recent advances that were covered during our event; topics and recent results in the areas of biology, econophysics, sociophysics, genomics and bioinformatics, complex networks, thermodynamics, etc, were presented and discussed rigorously in a friendly, dynamical and informal atmosphere.

Also, on this occasion, we celebrated Professor Miguel Angel Jiménez Montaño, for his very distinguished academic career throughout more that 50 years and as a founding member of the Faculty of Physics and AI of University of Veracruz.

Prizes were awarded for the best poster presentations. The winner was Porfirio Toledo, from Faculty of Mathematics, University of Veracruz (Game theory to characterize solutions of a discrete-time Hamilton--Jacobi equation).

The present volume contains a rigorous selection of the lectures presented at the NMCCSTS4. All papers were peer reviewed and we consider the high quality and the wide range of topics covered here displays the high level that the community of complexity sciences is reaching in our country.

We would like to thank all of the speakers, participants and the members of the Organizing Committee, also we would like to express our gratitude to all students and support personal involved with the logistic and technical aspects of the organization of our event.

This IV edition of the National Meeting on Caos, Complex System and Time Series was sponsored by the following organizations and institutions, we warmly thank all of them: Universidad Veracruzana, IF-BUAP, UAM Azcapotzalco, INMEGEN, Conacyt (155492), all them from México and the Ministero degli Affari Esteri (MAE) from Italy.

A R Hernández Montoya *University of Veracruz*
M E Rodríguez Achach *University of Veracruz*
E Hernández Lemus *National Institute of Genomic Medicine*
J R Luévano Enríquez *Universidad Autónoma Metropolitana-Azcapotzalco*
C E Vargas Madrazo *University of Veracruz*

Organizing Committee

José Luis Carrillo Estrada *Instituto de Física, Benemerita Universidad Autónoma de Puebla, carrillo@sirio.ifuap.buap.mx*
José Rubén Luévano Enríquez *Universidad Autónoma Metropolitana-Azcapotzalco, jrle@correo.azc.uam.mx*
Enrique Hernández Lemus *National Institute of Genomic Medicine, ehernandez@inmegen.gob.mx*
Alejandro Raúl Hernández Montoya *University of Veracruz, alhernandez@uv.mx*
Norma Bagatella Flores *University of Veracruz, nbagatella@uv.mx*
Adrian Arturo Huerta Hernández *University of Veracruz, adhuerta@uv.mx*
Manuel Enrique Rodríguez Achach *University of Veracruz, manurodriguez@uv.mx*
Carlos Ernesto Vargas Madrazo *University of Veracruz, cavargas@uv.mx*
Sol Haret Baez Barrios *University of Veracruz, arbaez@uv.mx*
Héctor Francisco Coronel Brizio *University of Veracruz, hcoronel@uv.mx*
Sergio Adrian Lerma Hernández *University of Veracruz, slerma@uv.mx*
Rodrígo Huerta Quintanilla *CINVESTAV U. Mérida, rhuerta@mda.cinvestav.mx*

Abstracts of Master Conferences NMCCSTS4 (some in Spanish).

Data integration, systems approach and multilevel description of complex biosystems

Enrique Hernández Lemus
Instituto Nacional de Medicina Genómica

Recent years have witnessed the development of new quantitative approaches and theoretical tenets inthe biological sciences. The advent of high throughput experiments in genomics, proteomics and electrophysiology (to cite just a few examples) have provided the researchers with unprecedented amounts of data to be analyzed. Large datasets, however can not provide the means to achieve a complete understanding of the underlying biological phenomena, unless they are supplied with a solid theoretical framework and with proper analytical tools.

It is now widely accepted that by using and extending some of the paradigmatic principles of what has been called "complex systems theory", some degree of advance in this direction can be attained. In this talk I will be presenting ways in which by using data integration tecnhiques (linear, non-linear, combinatorial, graphical), multidimensional-multilevel descriptions (multifractal modeling, dimensionality reduction, computational learning), as well as an approach based in systems theory (interaction maps, probabilistic graphical models, non-equilibrium physics) have allowed us to better understand some problems in the interface of Statistical Physics and Computational Biology.

Counting and Classifying

Enrico Scalas
Università del Piemonte Orientale, Italy and BCAM - Basque Center for Applied Mathematics, Spain

The theme of this talk is the allocation of n objects (or elements) into *g* categories (or classes), discussed from several viewpoints. This approach can be traced back to the early work of 24-year-old Ludwig Boltzmann in his first attempt to derive Maxwell's distribution of velocity for a perfect gas in probabilistic terms. I will briefly explain how to describe the state of affairs in which for every object listed 'alphabetically' or in a sampling order, its category is given. We can consider these descriptions as facts (taking place or not), and events as propositions (true or not) about facts (taking place or not). Not everything in the world is known, and what remains is a set of possibilities. For this reason, I show how events can be probabilized and rephrased in the powerful language of random variables and stochastic processes. Even if the problem of allocating n objects into g categories may seem trivial, it turns out that many important problems in statistical physics and some problems in economics and finance can be formulated and solved using the methods described.

Equilibrium and nonequilibrium properties of economic exchage models

Cristian Fernando Moukarzel
Departamento de Física, CINVESTAV-Unidad Mérida

Economic exchange, e.g. through commerce, has been an important factor in shaping human societies, even driving their development according to some. However, to date there is no consensus as to which (simple) mathematical model better captures the most important properties of economic exchange. Several possibilities will be discussed and analyzed, stressing the relevance of two essential ingredients: multiplicativity and randomness. It is shown that these two can, together, give rise to counterintuitive economic phenomena.

Synergy Between Biology and Mathematics: Past, Present and Future

Matthew He
Division of Math, Science, and Technology, Nova Southeastern University

Although biology and mathematics have long been intertwined over the last half millennium, an explosive synergy between biology and mathematics seem poised to enrich and extend both fields and biomedical engineering greatly in the coming decades. The avalanche of biological data generated by contemporary high-throughput computational biology has changed the traditional landscape of biology. As a science, biology depends increasingly on data, algorithms, and models in virtually every respect. It is becoming more quantitative, more computational, and more mathematical. All three methods-quantitative, computational, mathematical-are spreading across the entire landscape of biological science, from molecular to cellular, organismic, and ecological. Two disciplines that have extraordinary potential to meet these biological challenges are mathematics, computer science, and bioinformatics.

The outline of this talk includes three phases of the synergy between biology and mathematics:

Part 1 The Past

- The Motion of the Heart and Blood in Animals (Harvey 1847)
- Discovery of Genes (Mendel 1866)
- Biological Problems that Stimulated Mathematics
- Ten Equations that Changed Biology

Part 2 The Present

- The Landscapes of Biological Sciences
- The Landscapes of Applied Mathematics
- The Landscapes of Research in Biology and Mathematics
- Bioinformatics of Mathematics: Theory, Methods, and Applications

Part 3 The Future

- Potential Problems
- Meeting the Challenges: Education Across the Biological, Mathematical and Computer Sciences
- A New Biology Curriculum for the 21st Century
- Ten Challenges in the Synergy Between Biology and Mathematics

Simulation Protein Evolution and Higher Order Amino Acid-Substitution Groups with an Empirical Codon Substitution Matrix.

Miguel Ángel Jiménez Montaño, Antero Ramos Fernández
Departamento de Inteligencia Artificial, Universidad Veracruzana

Background: Understanding protein evolution remains a major challenge in molecular biology. Considering only point mutations, it involves at least four abstract spaces: 1) A genotype space, where codon mutations occur; 2) a proteinsequence space, where the corresponding amino acid changes take place, according to the rules dictated by the genetic code; 3) a protein-structure space, where the changes are evaluated in physical-chemical terms; and, 4) a phenotype space, where natural selection operates. Here, we are interested in commonly allowed single-base codon mutations corresponding to amino acid substitutions which obey general physical chemical constraints that determine overall conservation.

Results: To determine the general nature of the mutations that can be accepted by orthologous proteins, we simulate the divergence process in proteins that maintain the same or very similar functions and structures. For this simulation, we employed an empirically derived Markov model of codon substitution that is provided in the literature. We found that about 83% of most frequent amino acid substitutions generated in our simulations agree with the empirically found substitutions, coming from three data sets, reported by Sasidharan and Chothia (The selection of acceptable protein mutations. PNAS, June 12, 2007; vol. 104, no.24. pp 10080–10085). It is well know that, from the nature of genetic code and underlying biases, codons tend to cluster into almost invariant sets having a high rate of changes among codons of each set but very small rates between sets. These sets define higher order amino acid-substitution groups (reduced alphabets). The groups we obtained in our simulations agree with the higher order dynamics on the level of amino acid groups, obtained theoretically from the same empirical codon substitution matrix by Görnerup and Jacobi (BMC Bioinformatics 2010, 11:201).

Conclusions: In molecular evolution, the substitution process hierarchically operates on multiple levels, from nucleotides to codons to groups of codons. As remarked by Görnerup and Jacobi, each level approximately has its own closed dynamics. The original dynamics and the partition of the state space then define a new stochastic process on the coarser level. These theoretic aspects of evolution seem to be corroborated by our simulations.

Life, Solar Photon Dissipation, and the Water Cycle

Karo Michaelian
Departamento de Física Experimental, Instituto de Física, UNAM

Since its inception some 3.8 billion years ago, life has been intimately connected with the hydrological cycle. Through various physical-chemical mechanisms, life has conserved the amount of water on Earth, has kept Earth's temperature within the narrow range suitable for the three phases of water, and has augmented the amount of water in the water cycle. This biotic- abiotic coupling is argued to be a manifestation of established non-equilibrium thermodynamic principles which indicate that irreversible processes couple to remove impediments to greater global entropy production. Biology, dispersed throughout Earth's surface, has adjusted the gases of Earth's atmosphere in such a manner that the most intense part of the solar spectrum can penetrate the atmosphere and reach the surface to be intercepted by biology. The covalent bonding of atoms in organic pigments leads to collective electronic excitations compatible with these high photon energies. Inter-system crossing and vibrational relaxation to the ground state of these excited molecules when in water leads to rapid dissipation of the solar photons into heat, and this is the major source of entropy production on Earth. An important part of the energy of the dissipated photons is channeled into the hydrological cycle through the latent heat of vaporization of surface water. By dissipating the ensuing surface to atmosphere temperature gradient, the hydrological cycle further increases the entropy production of Earth. This thermodynamic view has implications to the origin of life, a more general theory of evolution, and to the theory of Gaia.

El atractor de una red de mapeos contractivos acoplados

Edgardo Ugalde Saldaña
Instituto de Física "Manuel Sandoval Vallarta", Universidad Autónoma de San Luis Potosí

Las redes de mapeos contractivos han sido usadas para modelar la dinámica de algunas redes biológicas como las redes de regulación genética y las redes neuronales. Presentaré algunos resultados generales sobre la estructura topológica del atractor de estas redes, algunos ejemplos "anómalos" y algunas conjeturas sobre el comportamiento esperado en el caso regular.

Non-elastic billiard models

David P. Sanders
Departamento de Física, Facultad de Ciencias, Universidad Nacional Autónoma de México

In billiard models, a point particle collides with a fixed boundary. When the collision is elastic (specular), this gives rise to a Hamiltonian dynamics which can exhibit different phenomena, including integrability, (Hamiltonian) chaos, and mixed dynamics, depending on the shape of the boundary. In this talk, we will discuss results on the effect of changing the collision rule so that the dynamics becomes dissipative. In this case, we observe a range of behaviour, including attracting periodic orbits and chaotic strange attractors. We will focus on recent work on non-elastic polygonal billiards, joint with Aubin Arroyo and Roberto Markarian, in which these phenomena can be explored in more detail.

Flujos súper acelerados

Abraham Medina Ovando
Departamento de Ciencias Básicas, UAM Azcapotzalco

Presentamos un estudio teórico del flujo súper acelerado generado por un líquido inviscido contenido en un tubo cónico vertical y en dos tubos interconectados de diferente radio cuando el fondo de ambos es abierto súbitamente. En ambos casos analizamos el comportamiento de la superficie libre, las inestabilidades de ésta y la transformación de la energía potencial en energía cinética.

Complejidad y propiedades físicas de fluidos magneto-reológicos

José Luis Carrillo Estrada
Instituto de Física "Luis Rivera Terrazas", Benemérita Universidad Autónoma de Puebla

La estructura que forman las partículas al agregarse en una dispersión magneto-reológica, cuando es expuesta a un campo magnético estático, tiene características multifractales. Si además del campo estático estas dispersiones se exponen a una perturbación magnética, la estructura muestra una complejidad evolutiva, que es acompañada por cambios muy importantes en las propiedades físicas del sistema. A bajas concentraciones de partículas, los patrones de estructura son drásticamente diferentes, pero aún una perturbación magnética produce cambios espectaculares en las propiedades físicas de la dispersión. Se discuten a este respecto resultados experimentales y modelos que permiten entender la razón física de los cambios producidos por las perturbaciones.

Abstracts of Invited Conferences presented during the NMCCSTS4 (some in Spanish).

Conference #1

Relation between eigenfunction multifractal dimensions for disordered systems at criticality

J. A. Méndez-Bermudez[1], *A. Alcázar-López*[1] *y Imre Varga*[2]

[1] Instituto de Física, Benemérita Universidad Autónoma de Puebla, Apartado Postal J-48, Puebla 72570, México

[2] Elméleti Fizika Tanszék, Fizikai Intézet, Budapesti Müszaki és Gazdaságtudományi Egyetem, Budafoki u. 8. H-1111 Budapest, Hungary

Based on heuristic arguments we conjecture that and intimate relation exists between the eigenfunction multifractal dimensions D_q of critical random matrix ensembles representing uni-dimensional disordered systems: $D_{q'} \approx qD_q[q'+(q-q')D_q]^{-1}$, $1 < q < 2$.

We verify this relation by extensive numerical calculations. An immediate consequence of such equation is how the information dimension D_1 and the correlation dimension D_2 are related to each other $D_2 \approx D_1(2-D_1)^{-1}$.

We also demonstrate that the level compressibility χ describing level correlations can be related to the multifractal dimensions D_1 and D_2 in a unified way as $D_1 = 1 - \chi$, $D_2 = (1 - \chi)(1 + \chi)^{-1}$, thus generalizing recent [1] and earlier [2] relations.

[1] E. Bogomolny and O. Giraud, Phys. Rev. Lett. **106**, 044101 (2011).

[2] J. T. Chalker, V. E. Kravtsov, and I.V. Lerner, JETP Lett. **64**, 386 (1996).

Conference #2

Fluctuaciones y sincronización en un modelo de señales basado en redes con unidades Booleanas

L. Guzmán-Vargas[1,*] *and A. Rojas-Pacheco*[1]

[1]Unidad Profesional Interdisciplinaria en Ingeniería y Tecnologías Avanzadas, Instituto Politécnico Nacional, Av. IPN No. 2580, L. Ticomán, México D.F. 07340, México

*Electronic address: lguzmanv@ipn.mx

Se presentan resultados acerca de niveles de sincronización observados en un modelo simple de unidades booleanas dispuestas en configuraciones con topología de mundo-pequeño (Amaral et al., PNAS, 2004). En este modelo, la evolución del estado del sistema revela la emergencia de dinámica compleja para ciertos valores de la conectividad y ruido, incluyendo la aparición de ruido $1{=}f$ con correlaciones de largo plazo. Considerando la evolución de las unidades como un tren cuadrado, se explica la aparición de ruido $1{=}f$ como la superposición de señales cuadradas con escala característica provenientes de una distribución tipo ley de potencia. Usando la transformada de Hilbert para las señales cuadradas, se calcula la fase instantánea de cada unidad y la diferencia promedio entre todos los pares de unidades. Se encuentra que para secuencias con correlaciones de largo plazo ($1{=}f$), el nivel de sincronización basado en la evolución de la diferencia de fase media, es mayor en comparación con dinámicas como el ruido blanco (sin correlaciones) o movimiento browniano.

Conference #3

Obtención de una base de datos de serie de tiempo de interlatido cardiaco y de ECG para el estudio del síndrome metabólico

A. Muñoz-Diosdado, G. Gálvez-Coyt, E. Sánchez-Bañuelos, L. F. Ramírez-Hernández, H. Reyes-Cruz, S. Arenas-Mimbrera, A. G. Martínez-Hernández, B. A. Rosas-Palma, A. Alonso-Martínez

Departamento de Ciencias Básicas, Unidad Profesional Interdisciplinaria de Biotecnología, Instituto Politécnico Nacional, México, email: amunoz@avantel.net

La aplicación de técnicas de la dinámica no lineal a series de tiempo fisiológicas requiere de bases de datos que sean de alta calidad, validadas rigurosamente y que se pueda acceder a la información de forma sencilla. En este trabajo se describe la construcción de una base de datos enfocada al estudio de la variabilidad cardiaca y que contiene registros de 24 horas de ECG tomados con un Holter y sus correspondientes series de interlatido cardiaco. Se describen los algoritmos que permiten obtener de las señales digitalizadas de ECG las series de interlatido o tacogramas, así como la comparación del desempeño de estos algoritmos comparados con los resultados que proporciona un software comercial. La base tiene también los resultados de pruebas bioquímicas realizadas y programas desarrollados en Matlab para analizar las series de tiempo, tales como potencia espectral, dimensión fractal, análisis de fluctuaciones sin tendencia, análisis multifractal, entre otros. La base de datos cuenta actualmente con los datos de 100 sujetos, la tercera parte aproximadamente son jóvenes sanos y los restantes son jóvenes diagnosticados con el síndrome metabólico.

Palabras clave—Bases de datos, dinámica no lineal, Holter, síndrome metabólico, variabilidad del ciclo cardiaco.

Conference #4

Power Laws in Financial Time Series

J. Lechuga-Montenegro[1], *J.F. Cervantes-Barraza*[2], *F. Cervantes-De la Torre*[3], *A. Quezada*[1].

[1] Departamento de Economía. UAM-Azcapotzalco, División de CSH. Av. San Pablo No. 180 Col. Reynosa Tamaulipas. Delegación Azcapotzalco, C.P.02200, México D. F. jlmo@correo.azc.uam.mx.

[2] Facultad de Contaduría. UNAM.

[3] Departamento de Sistemas. UAM-Azcapotzalco, División de CBI. Av. San Pablo No. 180 Col. Reynosa Tamaulipas. Delegación Azcapotzalco, C.P.02200, México D. F.

Financial markets are typically characterized by instability. Since the late 1980's this has been especially true. Our goal is to improve understanding of the dynamic systems that lead to the emergence of catastrophic stock market crashes.

The fractal nature of stock prices leads to volatility clustering (conditional heteroscedasticity) and long memory (slowly decaying autocorrelation).

We perform an empirical study on power-laws in financial time series, two kinds of power-laws are estimated: We calculate the spectral exponent $\boldsymbol{\alpha}$ by means of fast fourier transform, and on the other hand we calculate the fractal dimension **D** of the time series by using the so-called Higuchi's algorithm

Conference #5

Nearest level spacing statistics in open chaotic systems

Charles Poli and Germán A. Luna-Acosta

Instituto de Física, Universidad Autónoma de Puebla, Apartado postal J-48, Puebla 72570, México

It is by now well established that classical chaos manifests itself in generic statistical properties of the corresponding quantum or wave systems. In the ideal case of closed systems, *i.e.* whose coupling to the environment can be neglected, the spectral and spatial statistics are currently well described through Random Matrix Theory. The statistics of chaotic wave systems coincide with the Gaussian Orthogonal Ensemble if time-reversal symmetry (TRS) holds, with the Gaussian Symplectic Ensemble for TRS systems with spin-½ interactions, and with the Gaussian Unitary Ensemble if TRS is broken. Among all the statistical quantities used to analyze the spectral properties of closed systems, the nearest level spacing distribution *P(s)* is certainly the most referred one.

Conference #6

Análisis no lineal de genomas

Pedro Miramontes

Facultad de Ciencias, UNAM

Desde el inicio de la década de los noventa, ha existido un gran interés por emplear el lenguaje y la metodología de la teoría de los sistemas dinámicos para analizar información molecular. Específicamente, surgió un número importante de publicaciones cuyo personaje central era la molécula de DNA. Se reportaron correlaciones de largo alcance, estructura fractal y, entre otras cosas, se intentó modelar empleando autómatas celulares.

Hoy en día tenemos acceso a una gran cantidad de bases de datos génicos; en particular, a genomas enteros. En esta presentación mostramos que el lenguaje de los sistemas dinámicos sigue vigente para el análisis de propiedades globales de los genomas. En particular, basados en las ideas del teorema de recurrencia de Poincaré detectamos la ocurrencia de patrones de repeticiones no periódicas en varios genomas, evento que puede tener gran relevancia evolutiva.

Conference #7

Some fractal dimension algorithms and their application to time series associated with natural phenomena

F. Cervantes-De la Torre[1], *J. I. González-Trejo*[1], *C. A. Real-Ramírez*[2], *L.F. Hoyos-Reyes*[1].

[1] Departamento de Sistemas, División de CBI Uam-Azcapotzalco. Av. San Pablo No. 180 Col. Reynosa Tamaulipas, Delegación Azcapotzalco, C.P. 02200 México. D. F. fcdt@correo.azc.uam.mx

[2] Departamento de Materiales, División de CBI Uam-Azcapotzalco. Av. San Pablo No. 180 Col. Reynosa Tamaulipas, Delegación Azcapotzalco, C.P. 02200 México. D. F.

Chaotic invariants like fractal dimensions are used to characterize non-linear time series. The fractal dimension is an important characteristic of fractals that contains information about their geometrical structure at multiple scales.

In this work four fractal dimension estimation algorithms are applied to non-linear time series. The algorithms employed are the Higuchi's algorithm, the Petrosian's algorithm, the Katz's Algorithm and the Box counting method.

The analyzed time series are associated with natural phenomena, like sun spots and the Dst index; the Dst index is a global indicator of the state of the Earth's geomagnetic activity.

The time series used in this work show a behavior self-similar, which depend on the time scale of measurements. It is also observed that fractal dimensions may not be constant over all time scales.

Conference #8

Schrödinger Waves with Multiple Breaking Points

Emerson Sadurní

Instituto de Física, Universidad Autónoma de Puebla, Apartado Postal J-48, Puebla, Puebla 72570, México

The theory of diffraction in time under Schrödinger evolution was established long ago (Moshinsky, 1952) for problems without external potentials and with simplified initial conditions containing one discontinuity. In this study, a more general formulation is given for an arbitrary number of discontinuities and wave profiles, evolving under a wide class of Hamiltonians containing the parametric harmonic oscillator as an example. Of particular interest is the evolution of several breaking points, showing the complexity of patterns emerging from the diffraction by multiple slits.

Conference #9

Does proportional vote in Mexico exhibit Universal features?

Hugo Hernández Saldaña

Dpto. de Ciencias Básicas, Universidad Autónoma Metropolitana at Azcapotzalco

Physicists have a renewed interest in exploring regularities in social phenomena. Application of new and old results from statistical mechanics to human behavior is tempting. With this idea several theoretical models have been proposed, but few empirical analysis have been done. In the last case the study of proportional election by Fortunato and Castellano [1] found a universality class of vote distribution, but Araripe and Costa Filho showed that this is not the case for the Brazilian elections [2]. In this work we analyze the Mexican case. A universal process appears for small parties but is not clear if this is the case for large parties. Peculiarities of the Mexican elections are discussed.

[1] Fortunato S. and Castellano C., Phys. Rev. Lett. **99** (2007) 138701.

[2] Araripe L. E. and Costa Filho R. N. Physica A **388** (2009) 4167.

Conference #10

Nearest neighbor spacing distribution in genomic sequences

R. A. Méndez-Sánchez[1] *and M. F. Higareda*[1, 2]

[1] Instituto de Ciencias Físicas, Universidad Nacional Autónoma de México, A. P. 48-3, 62210, Cuernavaca, Morelos, México.

[2] Instituto de Investigaciones Biomédicas, Universidad Nacional Autónoma de México, A. P. 70228, Ciudad Universitaria, C.P. 04510 México D.F. México

The statistical analisis of genomic sequences usually assumes homogeneity of the density of nucleotides along the genome. This has been proven to be incorrect in different organisms and is true only locally. To avoid giving a constant value to this variable property, we propose the use of the spectrum statistics, which characterizes the nucleotide density as a function of the position along the genome plus fluctuations. Previously, we showed that the cumulative density of bases in genomic sequences can be separated into a soft part (secular) and a fluctuating part. We have also shown that bacterial genomes can be divided into two groups according to the qualitative description of the secular part: linear or piecewise linear. To analyze statistically the genomes it is necessary to use the unfolding, i.e. to separate the soft and fluctuating parts. The unfolding allows a comparison of the fluctuating properties of different genomes. With this methodology, four genera of bacteria were studied: Burkholderia, Bacillus, Clostridium, and Corynebacterium. The distribution of nearest neighbors is very similar for species within the same genus but is very different for species belonging to different genus. We have shown that this difference is due to the codon usage of different bacteria. To make a model to explain the above results we developed a maximum entropy model for the nearest neighobor spacing distribution.We start from a Poissonian distribution and we added a short-range repulsion. The spacing distribution with n-bases in between was also obtained. To validate this model we analyzed a large number of sequences; we show that the nearest neighbor spacing distribution is universal.

Conference #11

Odor discrimination by means of the wavelet transform

J. S. Murguía[1,2,3], *A. Vergara*[2], *G. Santillán*[1], *C. Vargas-Olmos*[1], *R. Huerta*[2] *& Haret C. Rosu*[3]

[1] Universidad Autónoma de San Luis Potosí, San Luis Potosí, S.L.P., México.

[2] Biocircuits Institute, University of California, San Diego, CA, USA.

[3] Instituto Potosino de Investigación Científica y Tecnológica, San Luis Potosí, S.L.P., México.

In spite of the fact that here are numerous transforms for signal processing, there is more and more consensuses that the wavelet transforms (WT) allow obtaining more detailed pieces of information about signals. In this work, the discrete wavelet transform (DWT), a variant of the WT, has been used to extract important features of gas sensor responses from a matrix sensor. This allows discriminating among the different kinds of gases under studied.

Conference #12

Identificación de secuencias genéticas transferidas horizontalmente por medio de herramientas de la teoría de detección de anomalías

Antonio Neme, Antonio Nido

(Grupo de Dinámica No Lineal y Sistemas Complejos,Universidad Autónoma de la Ciudad de México)

Alejandra Cervera

(Posgrado en Bioinformática, Universidad de Helsinki)

Leticia Hernández

(Posgrado en Dinámica No Lineal y Sistemas Complejos, Universidad Autónoma de la Ciudad de México).

La transferencia horizontal de genes (o de secuencias genéticas en general) se refiere a la adquisición de material genético por parte de un organismo a partir de otro con el que no tiene una relación de ascendencia (vertical). La transferencia horizontal de genes (HGT por sus siglas en inglés) tiene repercusiones en diversos ámbitos de la biología, que van de, por ejemplo, la construcción de redes de filogenia que sustituyen a los árboles filogenéticos o la identificación de mecanismos teóricos que explican la no existencia de la fusión por mutación, al estudio de transmisión de resistencia antibióticos.

La identificación se HGT no es trivial, pues la evidencia con la que se cuenta es empírica. Los supuestos que subyacen a la identificación de HGT es que cada organismo puede ser descrito por lo que se conoce como una firma genómica. Este firma es una abstracción del genoma delorganismo y en general, las firmas de dos organismos suelen ser diferentes. La firma genómica define un espacio de atributos. A partir de las características de esos espacios s e han propuesto diversas herramientas y algoritmos para identificar HGT. La gran mayoría de esos espacios tienen como bases, principalmente, aspectos composicionales en términos de *k-meros.*

En este proyecto, nos hemos dado a la tarea de aplicar la teoría de la deteccion de anomalías (TDA) a la identificación de HGT. La TDA es un subcampo ubicado en la intersección de la minería de datos, las ciencias de la computación, el aprendizaje computacional y el análisis de series de tiempo. Los modelos que estudia y propone la TDA son capaces de aprender (o identificar) las relaciones que exhibe un sistema en su estado usual o habitual. De esta forma, los modelos pueden detectar situaciones en que el sistema se encuentra en un estado potencialmente novedoso o anómalo.

En los modelos en los que hemos trabajado, partimos del siguiente supuesto: el genoma de un organismo puede contener algunas anormalidades. Esas anormalidades corresponden a HGT. Los modelos son capaces de encontrar genes o secuencias que no corresponden en términos de propiedades ya sea composicionales (G+C%, distribución de probabilidad de *k-meros*, etc) o organizacionales (función de información mutua, Markov, etc). Los modelos que proponemos son instancias de aprendizaje no supervisado, es decir, los modelos no asocian una etiqueta (que podría ser si la secuencia proviene de un evento HGT o no) a los genes. De esta forma, los modelos identifican relaciones entre los genes en el espacio de atributos e identifican aquellos genes que, de acuerdo a su posición en ese espacio, corresponden a anomalías.

Se reportan en este trabajo los resultados del análisis de varias decenas de organismos, que incluyen arqueobacterias, bacterias y algunos eucariontes. Algunos de los genes identificados como provenientes de eventos HGT no corresponden con lo que comúnmente se ha reportado en otros trabajos. Dado que los modelos con los que trabajamos no hacen uso de información adicional sobre el posible origen de una secuencia (si proviene de un evento HGT o es *nativa*), creemos que los resultados podrían ayudar a construir redes de filogenia más adecuadas.

Conference #13

Mecanismos de resistencia en la dinámica de poblaciones

Brenda Tapia Santos

Facultad de Matemáticas, Universidad Veracruzana, e-mail: btapia@uv.mx

Uno de los principales problemas a los que la medicina se ha venido enfrentando en los últimos años es el surgimiento de microorganismos resistentes a los antibióticos, la cual se debe principalmente, a que el uso de éstos produce alteraciones en la ecología natural de los microorganismos, trayendo como consecuencia el surgimiento de nuevos y diversos tipos de organismos; o bien, ocasionando que los originales presenten variantes resistentes a las drogas.

El problema no sólo se traduce en el surgimiento de nuevos microorganismos resistentes, sino en cómo estos afectan el ambiente y la dinámica de los organismos que originalmente se encontraban ahí; generando comportamientos de competencia.

En este trabajo se presentan y comparan dos modelos que describen la dinámica entre organismos compitiendo por una misma fuente de nutriente, en un medio sometido a la presencia de un inhibidor o antibiótico. A diferencia de los modelos en la literatura, los modelos aquí presentados consideran un organismo silvestre y el resto de los organismos involucrados son consecuencia de alguno de los mecanismos de resistencia que la presencia del inhibidor podría generar, es decir, los organismos no se consideran independientes entre sí

Conference #14

Detección de componentes periódicas en sismogramas mediante la variación de su dimensión fractal

*[1]Gonzalo Gálvez Coyt, *Alejandro. Muñoz Diosdado, [2]Jose A. Peralta, [1]Martinez Hernández Ana Gabriela.*

[1]Depto de Matemáticas, UPIBI-IPN, Avenida Acueducto S/N, Barrio la Laguna Ticomán, CP 07340, México D. F., 57296000 ext. 56358, ggalvezcoyt@gmail.com.

[2]Depto. de Física ESFM-IPN, Edificio 9 Zacatenco, CP 07738 México D. F, peralta@esfm.ipn.mx.

La gráfica del registro de un sismo es precisamente el sismograma, en él se pueden apreciar los tipos de onda que se generan durante un sismo, la cuales se diferencian principalmente por su velocidad de transmisión en la tierra. Se ha detectado que al menos existen 3 tipos de ondas, las ondas presión y dos tipos superficiales, las ondas de presión son las primeras en llegar, además, son de magnitud pequeña comparada con las ondas superficiales, las cuales que son las destructivas y pueden causar daño a edificios y demás estructuras. De ahí la idea de detectar con anticipación de la presencia de las ondas primarias para emitir una posible alarma.

El método de Higuchi, ha resultado ser un método bastante adecuado para la determinación de la dimensión fractal de una serie de tiempo, sin embargo, cuando la serie de tiempo analizada es la combinación de una serie periódica y una serie fractal, la dimensión de la serie dependerá fuertemente del número de datos utilizados. Si el conjunto de datos a analizar incluye la longitud de onda de la componente periódica, el análisis de Higuchi presentará ondulaciones en su gráfica respectiva. En un sentido inverso, se puede decir que la presencia de las ondulaciones en la gráfica indica la presencia de componentes periódicas en la serie.

Una forma simplificada de modelar un sismograma es mediante una combinación lineal de varias señales senoidales de frecuencia adecuada y ruido blanco de fondo, donde las amplitudes de cada fase se eligen adecuadamente.

En este trabajo se analiza sismogramas mediante el ventaneo de Higuchi, la aplicación a cualquier sismograma muestra una serie de regiones perfectamente distinguibles una de la otra, esto es, hay una primer región que muestra un valor de dimensión fractal ligeramente fluctuante alrededor del valor D =2 (el cual corresponde a la dimensión fractal del ruido blanco). Posteriormente se tiene un cambio apreciable en la dimensión fractal, situación que se mantiene durante la duración del sismo, finalmente se regresa a la condición inicial. Los cambios apreciables en el comportamiento de D se explican fácilmente por la presencia de las ondas primarias y secundarias. El primer cambio apreciable en D corresponde a la presencia de las ondas primarias, por lo que el método de ventaneo de Higuchi puede ser adaptado al monitoreo continuo de sismogramas junto con otros métodos existentes con la finalidad de detectar sismos de magnitud apreciable en lugares los suficiente alejados de la fuente donde ocurren y dar la alarma con suficiente tiempo para tomar medidas preventivas. Por ejemplo, si el sismo proviene de las zonas sísmicas que más afectan a la ciudad de México o sea las costas de Oaxaca, Guerrero ó Michoacán, se contaría con un tiempo de al menos de 30 segundos para emitir una alarma antes de la llegada de las ondas destructivas.

Conference #15

Un nuevo oscilador térmico en convección mixta

L. Martínez Suástegui[1], *C. Treviño*[2], *C.J. Cajas*[3]

[1] ESIME Azcapotzalco, Instituto Politécnico Nacional, Avenida de las Granjas No. 682, Col. Santa Catarina, Deleg. Azcapotzalco, México D.F., 02250, México, martinezlorenzo@gmail.com

[2] UMDI, Facultad de Ciencias, Universidad Nacional Autónoma de México, Sisal, Yucatán, México, ctrev@servidor.unam.mx

[3] Facultad de Ciencias, Universidad Nacional Autónoma de México, México Distrito Federal, 04510, México, jccajas@gmail.com

En este trabajo se realizaron simulaciones numéricas en donde se resuelven las ecuaciones de Navier0Stokes y la energía en estado no permanente para un flujo laminar y opuesto en convección mixta que desciende dentro de un canal vertical que cuenta con dos fuentes de calor isotérmicas ubicadas en una porción finita de ambas paredes. El comportamiento dinámico del sistema es influenciado, en adición a los parámetros geométricos, por tres parámetros adimensionales: Los números de Reynolds, Richardson y Prandtl. Se llevaron a cabo experimentos numéricos con valores fijos de los parámetros geométricos, el número de Reynolds (Re = 100) y el número de Prandtl (Pr = 7). Al variar el valor de la flotación (número de Richardson), la respuesta dinámica no lineal del sistema puede alcanzar (i) una solución estacionaria, (ii) una solución periódica local y después global donde el sistema ejecuta oscilaciones por relajación auto sostenidas, ó (iii) una solución en donde la oscilación por relajación es destruida y que conduce a un estado caótico. En este estudio, las bifurcaciones entre los diferentes estados dinámicos, los diagramas de fase del sistema oscilatorio, los tiempos característicos de las oscilaciones de temperatura, y una descripción exacta de las oscilaciones son presentados cuantitativamente para un rango de valores del parámetro de flotación. Los resultados incluyen los efectos de los números de Reynolds y Prandtl en la evolución de las diferentes transiciones.

Palabras clave: convección mixta, flujo oscilatorio, reversión de flujo, vórtices.

Conference #16

Effects of Mass Media action on the Axelrod Model with Social Influence

Arezky Hernández Rodríguez

Academia de Matemáticas, Universidad Autónoma de la Ciudad de México (UACM). Ciudad de México.

The utilization of *dyadic interaction* between agents, in combination with *homophily* (the principle that "likes attract") in the Axelrod model for the study of cultural dissemination has two important problems: the prediction of monoculture in large societies and an extremely narrow window of noise levels in which diversity with local convergence is obtained. Recently, the inclusion of *social influence* has proven to overcome them (A. Flache and M. W. Macey, arXiv:0808.2710). Here we extend the Axelrod model with social influence interaction for the study of Mass Media effects through the inclusion of a super-agent which acts over the whole system and has nonnull overlap with each agent of the society. The dependence with different parameters as the initial social diversity, size effects, Mass Media strength and noise are outlined. Our results might be relevant in several socio-economic contexts and for the study of the emergence of collective behavior in complex social systems.

Conference #17

Diffusion of classical particles in Unidirectional chaotic waveguides

Germán A. Luna Acosta, Amando Alcázar, and J.A. Méndez-Bermúdez

Instituto de Física, Universidad Autónoma de Puebla,Apartado Postal J-48, Puebla, Puebla 72570, México

We investigate the motion of classical particles (or rays) in unidirectional quasi1D wave guides. The waveguides have oscillating profiles along the longitudinal direction. The unidirectionality in the motion results from demanding constant width of the guide`s cross section. For a large ensemble of particles initially distributed uniformly in angle, we compute for various profiles the average distance as a function of time and its displacement dispersion. We find that the dispersion in the displacement is anomalous, which seems to be a general characteristic of unidirectional waveguides. Comparison is made with the results of Hovart and Prosen, J. Phys. A: Math. Gen. **37**, 3133 (2004), for the case of an unidirectional periodic array composed of parallel semicircular walls, and with those of Sanders and Larralde, Phys. Rev E **73**, 26205 (2006) of periodic arrays of polygonal billiards.

Conference #18

Transitando entre Transitorios en Sistemas Complejos Adaptativos

Gustavo Martínez Mekler

Instituto de Ciencias Físicas, UNAM, Cuernavaca, Centro de Ciencias de la Complejidad, CU, D.F., Centro Internacional de Ciencias A.C., Cuernavaca.

En el estudio de sistemas adaptativos son fundamentales las relaciones entre los parámetros del sistema y las variaciones de su entorno. Usualmente los tiempos característicos internos del sistema son cortos comparados con los de su entorno y es gracias a esta diferencia que se pueden llevar a cabo aproximaciones que simplifican su estudio. Cuando esos tiempos son equiparables, el grado de complejidad de la dinámica del sistema aumenta considerablemente. En esta presentación comento sobre dos casos extremos de esta situación: i) Una dinámica discreta espacio-temporal formulada en términos de una red de mapeos acoplados, inicialmente desarrollada para el estudio de intermitencia en fluidos turbulentos [1]. En este ejemplo el transitorio para llegar a comportamientos asintóticos crece exponencialmente con el número de mapeos, por lo que para sistemas grandes, cambios en el entorno modifican el paisaje de atractores mientras el sistema se encuentra aún en una dinámica transitoria, dando lugar a un transito entre transitorios. ii) Un modelaje por medio de una red lógica discreta de vías de señalización bioquímicas que reorientan el nado de espermatozoides al ovulo de erizo de mar en términos secreciones del huevo [2]. En presencia de gradientes de estas secreciones los tiempos característicos del entorno, los cuales dependen la exploración espacio-temporal del espermatozoide, son cortos, equiparables a los de la dinámica bioquímica interna, por lo que de nuevo nos encontramos ante la retroalimentación entre comportamientos transitorios [3,4]. En el caso (i) la problemática proviene de tiempos internos extremadamente largos mientras que en el caso (ii) proviene de tiempos externos muy cortos. Este tipo de situaciones requiere del desarrollo de nuevos formalismos matemáticos. A manera de ejemplo comento trabajo reciente de V. Afraimovich y colaboradores [5,6].

[1] Periodic orbits and long transients in coupled map lattices (1990), R. Livi, G. Martínez-Mekler, S. Rufo, Physica D **45**, 452-460

[2] Discrete dynamics model for the speract-activated Ca2+ signaling network relevant to sperm motility (2011) J. Espinal, M. Aldana. A. Guerrero, C. Word, A. Darszon, G. Martínez-Mekler, PLoS ONE **6**(8): e22619.

[3]Tuning sperm chemotaxis (2010) A. Guerrero, C. Wood, T. Nishigaki, J. Carneiro, A. Darszon, Biochemical Society Transactions **38**, 1270-1274.

[4] Alterations of the Ca2+ permeability changes triggered by chemoattractants disorient marine spermatozoa, A. Guerrero, J. Espinal, C. Wood, J. Rendón, J. Carneiro, G. Martínez-Mekler, A. Darszon, in preparation.

[5] Heteroclinic contours in neural ensambles and the winnerless competition principle (2004) V.S. Afraimovich, M.I. Rabinovich & P. Varona, Int. J. Bifurcation and Chaos **14**, 1195–1208.

[6] Transients versus attractors in complex networks, M. K. Muezzinoglu, I. Tristan, R. Huerta, V.S. Afraimovich, M.I. Rabinovich (2010), Int. J. Bifurcation and Chaos, Vol. **20**, 1653–1675.

Conference #19

Caos cuántico y autosimilitud en sistemas nucleares

Víctor Velázquez[1], *Emmanuel Landa, Ruben Fossion, Carlos E. Vargas*[2], *Juan C. López-Vieyra y Alejandro Frank*

[1] Departamento de Física, FC – UNAM

[2] Facultad de Física e I.A., Universidad Veracruzana

Revisamos el concepto de caos cuántico en distribuciones de niveles nucleares. Utilizamos el modelo de capas nuclear con una interacción no integrable para controlar la intensidad de la mezcla de los estados de configuración. En el marco del análisis con el método del espectro de potencias, observamos una transición de ruido 1f2 a ruido 1f con dependencia en el parámetro de intensidad. Un análisis detallado en el proceso de diagonalización en el problema de cuatro protones y cuatro neutrones, podemos observar que la complejidad del ruido 1f2 está construida por células de niveles que tienen una tendencia local de ruido 1f.

Abstracts of selected posters presented during the NMCCSTS4 (some in Spanish).

Number 4A001

Análisis y estadística en conexiones y redes sociales.

Jorge Alberto Olguín Mora

Departamento de Matemáticas, UNAM

En las relaciones sociales hay diferentes datos que podemos obtener de un sola encuesta pero que pasa si comparamos muchas podremos conseguir un patrón de comportamiento? Similaridades entre grupos o conjuntos similares? Ya sean estas edades, clases sociales, profesión, etc. este estudio nos arrojara datos los cuales analizaremos para obtener información acerca de la relación que tienen alumnos de diferentes escuelas de distintas edades grados escolares y situación económica.

Estos datos fueron resultado de encuestas estandarizadas aplicadas a diferentes escuelas los datos muestran los grados de amistad y enemistad entre los alumnos tomando el 5 como mas alto es decir la mayor afección así como -5 como a la menor afección o con la persona que menos se lleva así de esta manera comprender en un entorno pequeño cómo se comportan los datos se arreglaron en matrices de $n \times n$ alumnos donde los datos en renglones muestran los sentimientos hacia las personas en columna y los datos en columna son los sentimientos recibidos por las personas en renglón y los alumnos están acomodados por sexo en orden alfabético para su mejor localización y para obtener datos parciales respecto a los puros hombres o mujeres.

Como resultado la conclusión y cotejo con gráficas dadas por las distribuciones de probabilidad y los datos experimentales obtenidos de las encuestas muestran que la afección presenta un comportamiento aleatorio mientras que el sentimiento negativo se presenta de manera diferente.

Number 4A002

Violation of the single-parameter scaling in the neighbourhood of the band centre for the 1D Anderson model

I. F. Herrera-González[1], *F. M. Izrailev*[2], *L. Tessieri*[1,3]

[1] Instituto de Física y Matemáticas, Universidad Michoacana de San Nicolás de Hidalgo 58060, Morelia, México

[2] Instituto de Física, Universidad Autónoma de Puebla, Puebla, 72570, México

[3] Instituto dei Sistemi Complessi, via Madonna del Piano, 10; I-50019 Sesto Fiorentino, Italy

We consider the one-dimensional Anderson model with diagonal disorder. We use the Hamiltonian map approach to analyse the anomalous localisation of the electronic states in a neighbourhood of the band centre. The implications of the results for the single-parameter scaling hypothesis are then discussed.

Number 4A003

Caracterización multifractal de la estructura porosa de geles de silicato de sodio

F Cervantes, M.E. Mendoza, V. Dossetti y J.L. Carrillo

Instituto de Física Luis Rivera Terrazas, BUAP

Una característica distintiva de los geles de silicato es la porosidad de su estructura. La conectividad, la distribución espacial y la distribución del tamaño de los poros en estos geles dependen de manera compleja de las condiciones en que ocurrió el proceso de polimerización. En general la estructura que forman los poros no exhibe un orden obvio [1]. Sin embargo, es posible determinar una serie de correlaciones existentes en la estructura porosa del gel. Estas correlaciones generalmente se manifiestan como relaciones de escalamiento, es decir, pueden describirse como leyes de potencia. En la literatura se ha discutido que las estructuras reales generadas como resultado de procesos complejos de agregación tienen estructura multifractal [2,3]. En este trabajo se muestra la caracterización del grado de complejidad de la estructura porosa de geles de silicato de sodio por medio de la dimensión fractal de masa. Los geles de silicato fueron preparados mediante la neutralización de una solución de metasilicato de sodio con otra solución de ácido acético, ambas en concentración 1M. A los geles se les dispersaron partículas ferromagnéticas y fueron sometidos a un campo magnético estático, generado con imanes permanentes durante el proceso de polimerización.

[1] E.J. Garboczi, D.P.Bentz, D.S. Martys, Experimental Methods in the Physical Sciences, Academic Press, Primera edición, (1999).
[2] J.L. Carrillo, F. Donado, M.E. Mendoza, Phys. Rev. E 68 061509 (2003).
[3] L. Cipelleti, J. Manley, R.C. Ball, D. A. Weitz, Phys. Rev. Lett. 84, 2275, (2000).

Number 4A004

Correlations and stretched exponential functions in the statistical study of the periods of government in different societies and countries

Marcelo del Castillo Mussot, Arturo Rodríguez Chacón, Gerardo G. Naumis
Instituto de Física, Universidad Nacional Autónoma de México

We conducted a statistical study of the duration of the government in power in a country or empire, making a database to perfom frequency histograms by rank for each government adjust to the "Beta-like function", which is given as: $f(x) = A\,(N+1-k)^b / k^a$ for the parameters a and b of these functions and compare with other countries. Then we calculate the correlation function of each country.

Number 4A005

Filtrado optimo de nanoparticulas

Armando Barrañón
Depto de Ciencias Básicas, UAM-Azcapotzalco, Cd. de México.

La aplicación de la función de Lyapunov permite deducir una expresión analítica para el dominio de atracción en el que son atrapadas las micropartículas de acuerdo con su tamaño. Sobre esta base se ha desarrollado un algoritmo genético para diseñar filtros ópticos de nanopartículas que emplea tarjetas gráficas para realizar supercómputo paralelo y optimizar la geometría de estos filtros ópticos. Se presentan resultados preliminares con el diseño de los hologramas que permiten atrapar óptimamente las nanopartículas. Se discuten las aplicaciones de estos filtros ópticos en el saneamiento de instalaciones industriales y en la minería. El autor agradece el apoyo financiero de la División de CBI de UAM-Azcapotzalco.

Number 4A006

Magnetic response of semi-irreversible type-II superconductors in a parallel rotating magnetic field

R. Cortes-Maldonado, F. Pérez-Rodríguez
Instituto de Física, Benemérita Universidad Autónoma de Puebla

We have theoretically studied the behavior of classical and high-temperature semiirreversible type-II superconductor slabs under the action of an in-plane rotating magnetic field. The study was carried out by applying the elliptic [1] and extended-elliptic [2,3] critical-state models to explain experiments on superconductor rotating disks in a fixed magnetic field ***H*a**, parallel to the flat surfaces [4]. Specifically, effects produced by varying the rotation angle, of the applied magnetic field at different values of its magnitude, *H*a, are studied. When *Ha* is smaller than the penetration field *HP*, the magnetization components, parallel and perpendicular to ***Ha***, oscillate with increasing the rotation angle θ. On the other hand, if the magnitude of the applied field, *Ha*, is larger than the penetration field, *HP*, both magnetization components become constant functions of θ at large rotation angles. In these calculations, the initial magnetic-induction profile, i.e. at θ=0, is obtained after field cooling. So, this profile is homogeneous at T>Tc and, at T<Tc, the profile is altered because of fractional Meissner effect.

[1] C. Romero-Salazar and F. Perez-Rodriguez, Appl. Phys. Lett. **83**, 5256 (2003).
[2] J.R. Clem, Phys. Rev. B **83**, 214511 (2011).
[3] J. R. Clem et al Supercond. Sci. Technol. **24**, 062002 (2011).
[4] J. Sekerka, M.Sc. thesis "Flux cutting in semi-reversible and irreversible type II superconductors", University of Ottawa, 1989.

Number 4A007

Estructuras Jerárquicas en Materia Granular

J. González-Gutiérrez, J. L. Carrillo-Estrada, J.C. Ruiz-Suárez
Benemérita Universidad Autónoma de Puebla

Bajo las condiciones adecuadas de perturbación la materia granular adquiere propiedades muy semejantes que remembran a la de los estados de agregación sólido, liquido y gaseoso. En este trabajo se estudia el fenómeno de agregación y las trasformaciones estructurales que sufre un medio granular al ser sometido a la presencia de un campo magnético estático, en adición a cambios en la frecuencia de vibración que excita al sistema. El fenómeno de agregación y las trasformaciones estructurales quedan completamente caracterizados mediante relaciones de escalamiento y correlaciones espaciales.

Number 4A008

Instabilities in a three-node electric power system

Sarai Mendoza Armenta
Instituto de Física y Matemática, Universidad Michoacana de San Nicolás de Hidalgo

Una región factible de operación de los sistemas eléctricos de potencia es aquella compuesta por todos los estados operativos que pueden ser logrados al variar uno o mas parámetros del sistema, sin que el sistema eléctrico pierda estabilidad. La frontera de esta región esta compuesta por todos aquellos estados operativos, puntos de equilibrio, en los cuales el sistema pierde estabilidad y que pueden ser caracterizados mediante la teoría de bifurcaciones. La unión de estos puntos de equilibrio inestables, puntos de bifurcación, conforman fronteras de estabilidad, también denominada curva de bifurcación. Cuando dos curvas asociadas a bifurcaciones Hopf se intersecan, emerge una bifurcación Hopf degenerada lo cual trae como consecuencia la aparición de un agujero estable dentro de la región factible de operación, la cual se suponía estable. Por lo tanto, se estudia las condiciones que deben satisfacerse para la aparición de una región inestable dentro del área factible de operación de un sistema eléctrico, lo cual esta asociado a la aparición de bifurcaciones Hopf degeneradas, así como la dinámica del sistema eléctrico alrededor de las bifurcaciones Hopf degeneradas.

Number 4A010

Efecto del campo magnético sobre la condición de fluidez en un sistema granular tipo reloj de arena

Leonardo Daniel Yépez Quechotl, Instituto de Física, Benemérita Universidad Autónoma de Puebla.
José Luis Carrillo Estrada, Instituto de Física, Benemérita Universidad Autónoma de Puebla.
Fernando Donado Pérez, Área Académica de Matemáticas y Física, Universidad Autónoma del Estado de Hidalgo.

Estudiamos un sistema bidimensional de partículas esféricas confinadas en un canal bidimensional con un estrechamiento localizado. El canal está en un plano vertical, y el ancho del estrechamiento puede ser variado. Aplicamos un campo magnético horizontal y paralelo al plano del canal. Como función de la intensidad del campo magnético determinamos el ancho critico en el cual las partículas fluyen a través de la angostura. En los casos donde no fluye estudiamos las características de las estructuras que se forman en el punto de estrechamiento y que detienen el flujo de las demás partículas. Mostramos que el campo magnético influye en las características de dichas estructuras tales como su forma y sus dimensiones en comparación con la situación de campo magnético cero. Se agradece el apoyo financiero de CONACyT, convenio 80629.

Number 4A011

Relación de Inhibición entre el GBVC y el VIH-1

G. Horemheb-Rubio^{§},C. Vargas de León^{†‡}, G. Gómez Alcaraz ^{‡}
^{§}Hospital General de México SS, México ^{‡}Facultad de Ciencias, UNAM, México.
^{†}Unidad Académica de Matemáticas, UAGro, Guerrero, México.

Los modelos matemáticos de tipo clásico pueden tener contribuciones significativas para un mejor entendimiento de la dinámica de las infecciones virales in vivo y también pueden ser de gran ayuda para la evaluación de la efectividad antiviral de la terapia en cuestión. Se construye un modelo matemático que intenta describir la dinámica de la inhibición del virus de la inmuno deficiencia humana VIH-1 por el virus inocuo GB Virus C. Donde por x(t) se denotan a las células sanas blanco al tiempo t; por v(t) y w(t) los tamaños de las poblaciones de virus GBVC y del VIH-1 respectivamente; por y(t) y u(t), los tamaños de las poblaciones al tiempo t de células infectadas por un sólo virus GBVC o HIV-1 respectivamente; y finalmente por z(t) el tamaño de la población al tiempo t de células doblemente infectadas por ambos virus GBVC o HIV-1. El modelo queda descrito por el siguiente sistema de ecuaciones (donde: r+s=1)

$$x'(t)=\Lambda-\mu_{x}x(t)-\beta x(t)v(t)-\kappa x(t)w(t),$$
$$y'(t)=\beta x(t)v(t)-\mu_{y}y(t)-\alpha y(t)w(t),$$
$$z'(t)=\alpha y(t)w(t)-\mu_{z}z(t),$$
$$u'(t)=\kappa x(t)w(t)-\mu_{u}u(t),$$
$$w'(t)=p_{u}u(t)+sp_{z}z-\gamma_{w}w(t),$$
$$v'(t)=p_{y}y(t)+rp_{z}z(t).\gamma_{v}v(t).$$

Un modelo más realista, bajo la hipótesis de las células doblemente infectadas sólo producen GBCV (s=0 y r=1) Se estudia este modelo simplificado:

$x'(t)=\Lambda-\mu_{x}x(t)-\beta x(t)v(t)-\kappa x(t)w(t),$
$y'(t)=\beta x(t)v(t)-\mu_{y}y(t)-\alpha y(t)w(t),$
$z'(t)=\alpha y(t)w(t)-\mu_{z}z(t),$
$u'(t)=\kappa x(t)w(t)-\mu_{u}u(t),$
$w'(t)=p_{u}u(t)-\gamma_{w}w(t),$
$v'(t)=p_{y}y(t)+p_{z}z(t).\gamma_{v}v(t).$

Number 4A013

Estudio de las propiedades espectrales de cristales fotónicos bidimensionales caóticos y cuasi-integrables

José de Jesús Cruz Bueno[1], *José Antonio Méndez Bermudez*[2] *y Jesús Arriaga Rodriguez*[2]
[1]Facultad de Ciencias de la Electrónica, Benemérita Universidad Autónoma de Puebla, Av. San Claudio y 18 sur, 72570 Puebla, México
[2]Instituto de Física, Benemérita Universidad Autónoma de Puebla, Apartado Postal J-48, Puebla 72570, México

En este trabajo se estudian las propiedades estadísticas de las frecuencias permitidas para ondas electromagnéticas que se propagan en cristales fotónicos bidimensionale son geometrías que corresponden a cavidades caóticas y cavidades cuasi-integrables. La celda unitaria del cristal fotónico esta compuesta de estructuras (caóticas y cuasiintegrables) con constante dieléctrica rodeadas por aire. El análisis estadístico consiste en construir numéricamente (utilizando el método de expansión en ondas planas) las distribuciones de (i) espaciamiento entre frecuencias consecutivas P(s), (ii) velocidades de grupo P(v), y (iii) curvaturas de las bandas P(c); utilizando como referencia modelos de matrices aleatorias.

Observamos, en el caso de geometrías caóticas, que P(s), P(v) y P(c) evolucionan, como función de , de Poison a Wigner-Dyson; como se espera [1] para geometrías de este tipo. Mientras que en el caso de geometrías cuasi-integrables aparecen en P(s), P(v) y P(c) las características descritas por la *estadística intermedia*, también conocida como *estadística crítica.*

[1] L.N. Gumen, J. Arriaga, and A.A. Krokhin, Physica E **13**, 459 (2002).

Number 4A015

Un autómata celular tipo resorte bloque usado para estudiar la dependencia entre la magnitud de los sismos y la edad de la falla sísmica

A. Muñoz Diosdado, G. Gálvez Coyt
Departamento de Ciencias Básicas, Unidad Profesional Interdisciplinaria de Biotecnología, Instituto Politécnico Nacional, México

Se usa una versión modificada del modelo de resorte bloque de Olami, Feder y Christensen mapeado en un autómata celular para simular el comportamiento de una falla sísmica. Analizando las magnitudes de los sismos se muestra la existencia de correlaciones entre la cantidad de energía sísmica liberada y las características de la zona de subducción, las tasas de liberación de energía sísmica son mayores donde la corteza oceánica subduce con mayor rapidez y la magnitud de los sismos se incrementa según la edad de la litosfera disminuye. Esto significa que según el modelo los sismos de mayor magnitud se producen donde las fallas sísmicas son más jóvenes, tal como sucede en la realidad en fallas como la de Nazca en Chile, esto coincide con resultados reportados previamente por Kanamori (*J. Geophys. Res.* 82, 2981-2987, 1977).

Palabras clave—Modelo OFC, autómata celular, falla sísmica, subducción.

Number 4A016

Análisis de series de tiempo de interlatido cardiaco de jóvenes con síndrome metabólico usando el grado de multifractalidad y la simetría del espectro multifractal

A. Muñoz-Diosdado, G. Gálvez-Coyt, L. F. Ramírez-Hernández
Departamento de Ciencias Básicas, Unidad Profesional Interdisciplinaria de Biotecnología, Instituto Politécnico Nacional, México

Este trabajo examina la presencia del síndrome metabólico (SM) en jóvenes (17 a 24 años). Alrededor del 13.9% del total de 2947 estudiantes fueron diagnosticados con síndrome metabólico. Se separó una muestra de los alumnos sanos y de los alumnos con síndrome metabólico a los cuales se les tomaron registros Holter de 24 horas y se obtuvieron de tales registros las series de interlatido cardiaco (tacogramas). Se aplicó análisis multifractal a los tacogramas del grupo de jóvenes sanos para ver el comportamiento del ancho del espectro multifractal y de su simetría y se encontró que tales espectros son anchos y asimétricos (cargados a la derecha) y este resultado es estadísticamente significativo. En general, el comportamiento de los tacogramas de los jóvenes con SM es muy parecido, no hay diferencias significativas en el ancho del espectro, pero se encontraron algunos casos cuyos espectros tienden a ser simétricos e incluso en algunos casos los espectros se cargan a la izquierda. El considerar segmentos de los tacogramas cuando los jóvenes se encuentran durmiendo vino a confirmar lo anterior, pero además ahora los anchos de los espectros son significativamente menores en el caso de los jóvenes con SM.

Palabras clave—Análisis multifractal, síndrome metabólico, tacogramas, variabilidad del ciclo cardiaco.

Number 4A018

BRV como dispersante en derrames petroleros

Carlos Hernández-Rodríguez[1], *J. Alejandro Llanos-Pérez*[1], *José Luis González-Dávila*[2], *Jesús F. Flores-López*[2], *E. Jonathan Suarez-Domínguez*[1].
[1] Mexican Institute of Complex Systems. Tlaxcala 107 Col. Unidad Nacional. Cd. Madero, Tamaulipas. C.P. 89410
[2] Geo-Estratos S.A. de C.V. Calle 7 205-1 Col. Jardín 20 de noviembre. Cd. Madero, Tamaulipas. C.P. 89440

Recientemente, ante los derrames de petroleo sobre el mar se acude solucionarlos con algún dispersante químico, ya que de esta manera la biodegradación se ve favorecida, contribuyendo a la remediación de la contaminación. Tanto la degradación como la dispersión dependen de las propiedades fisicoquímicas del hidrocarburo: contenido de asfaltenos, viscosidad, densidad, contenido de hidrocarburos aromáticos, etcétera, ya que influyen directamente en el crecimiento de la población bacteriana como en la formación de emulsiones estables con el agua de mar.

Se propone un agente dispersante, llamado BRV-C, el cual está basado en ésteres de productos naturales y que es capaz de no sólo reducir la viscosidad de un hidrocarburo pesado a temperaturas bajas (10ºC) sino que es capaz de funcionar como agente dispersante y de formar emulsiones con agua de mar. Se evalúa la posibilidad de que el BRV-C sea usado como dispersante de crudos pesados en aguas marinas y que al mismo tiempo sea precursor de la fauna bacteriana para así acelerar la su degradación.

Se realizaron mezclas de 1.25% de crudo con 1.25% de BRV-C en agua de mar y destilada, se agitaron por 15 minutos y se leyeron a 545nm por 120 minutos en un nefelómetro HACH 2100. De igual forma se realizó una mezcla con otro dispersante, BRV, el cual tiene propiedades muy similares al de su homólogo. Se encontró que el BRV-C logra una mejor dispersión de un crudo en agua destilada y mejora en condiciones de alta salinidad que el BRV en ambos casos, mostrando un comportamiento lineal durante del tiempo de medición de la dispersión.

Number 4A019

Entropía Configuracional de la Violencia en Monterrey

Yojana Jautzi P. Carreon Herrera
FCFM, Benemérita Universidad Autónoma de Puebla

En el estado de Nuevo León el número de tiroteos, levantones y ejecuciones se ha incrementado alarmantemente en los últimos meses. Los hechos violentos son relacionados con la disputa por el control de las plazas entre tres poderosos grupos armados. Nosotros estamos interesados en entender la evolución de la distribución de hechos violentos en el área metropolitana de Monterrey. En este trabajo mostramos que utilizando la entropía configuracional y un modelo de teoría de percolación fue posible encontrar que la probabilidad de presenciar un hecho violento en cualquier punto situado dentro del área metropolitana de Monterrey tiende a ser indistinta a cualquier otro punto.

Number 4A020

Dimensión fractal masa-radio en cristales dendríticos de cloruro de mercurio II sobre placas delgadas de agar-agar

A. Guzmán-Palomino, L. I. Ledesma-Fosados, J. A. Betancourt-Mar, J.A. Llanos-Pérez, J. Gutiérrez-Vela, E. J. Suárez-Domínguez*
[1] Mexican Institute of Complex Systems. Tlaxcala no. 111 esq. avenida Jalisco CP. 89410 Cd. Madero, Tamaulipas, México.
[2] Geo Estratos, Calle 7 no.205 CP. 89440 Cd. Madero, Tamaulipas, México.

En los últimos años, se han llevado a cabo numerosos experimentos para estudiar patrones de formación en la cristalización de sales inorgánicas que presentan estructuras con geometrías no euclidianas descritas mejor con la geometría fractal 1, 2,3. En el presente trabajo se preparo una solución 0.05 M de $HgCl2$ y se mezcla 1-1 con una con solución de agar-agar al 0.05% (P/V). Posteriormente en un portaobjetos se diseñaron tres celdas de 2.5cm2, y se añadieron 100 µL de la solución (agar-$HgCl2$) en la parte central de dichas celdas en el portaobjetos y se dejo secar en un reservorio de vidrio a una temperatura de aproximadamente 25 °C por 1 hora. Se observaron en un microscopio KONUS college 5302 resolución 10/0.25 y se fotografiaron con una cámara digital de 8.2 MP. Se obtuvieron estructuras que fueron sometidas a análisis de dimensión fractal por conteo de caja utilizando el software ImageJ 1.45i la cual oscila en valores cercanos a 1.75. También se les determinó su dimensión fractal masa-radio a diversos diámetros de análisis utilizando el software FRACTALYSE 2.4 en la cual se puede observar que la dimensión fractal aumenta a medida que disminuye el radio de análisis. A partir de dicho análisis las estructuras ramificadas tienen un comportamiento homogéneo a medida que el cristal se extiende en el portaobjetos, lo que puede ser de ayuda en su modelación a futuro.

Referencias:
1) E. J. Suarez- Dominguez and J. A. Betancourt- Mar, J. Phys. Conf. Sen. *23: 78 (2005).*
2) T. Fang, W. Rong, S. Jian, H. Sheng, y Xtan Z. Alternating morphology transitions in crystallization of NH4Cl on agar plates. Phys. Rev. E. *77: 041601 (2008).*
3) B. Mandelbrot. Thinking in patterns: fractals and related phenomena in Nature, edited by M. M. Novak. p. 2, (2004).

Number 4A021

Análisis del comportamiento de reducción de viscosidad entre distintas formulaciones químicas aplicado a hidrocarburos

Jorge L. Santiago-Enriquez[1], *Vicente Gonzáles-Davila*[2], *Alejandro Perez-Llanos*[1], *Oscar Estrada-Saldaña*[1], *Jonathan Suarez-Dominguez*[1].
[1] Mexican Institute of Complex Systems. Tlaxcala no. 111 esq. avenida Jalisco CP. 89410 Cd. Madero, Tamaulipas, México.
[2] Geo Estratos, Calle 7 no.205 CP. 89440 Cd. Madero, Tamaulipas, México.

La viscosidad de los hidrocarburos es uno de los aspectos importantes dentro de las operaciones de transportación, producción y refinación. Los hidrocarburos presenta fuerzas de cohesión que los hacen ser altamente viscosos, pero al aumentar la temperatura incrementa la velocidad de las moléculas, y por tal efecto las fuerzas de cohesión disminuyen permitiendo un mayor desplazamiento del hidrocarburo. Los hidrocarburos menos viscosos representan menores costos, ya que los métodos de recuperación en frio no requieren valor agregado de calor. En relación con los hidrocarburos altamente viscosos requieren métodos asistidos termalmente representando altos costos asociados con la generación de calor y el tratamiento del agua además de existir riegos en el incremento de la presión.

El presente trabajo presenta las modificaciones de la viscosidad de un hidrocarburo, realizando pruebas con diferentes formulaciones químicas comerciales, se dosificaron a diferentes muestras de hidrocarburo, determinando la viscosidad con un viscosímetro Brookfield DV a 25 °C los resultados se analizaron con la ecuación de Refutas.

Se observó que el comportamiento de la variación de la disminución de viscosidad con respecto al porcentaje dosificado de reductor de viscosidad es lineal para algunos productos utilizados como reductores de viscosidad, y no lineal en otros, siendo este último en el cual se observan valores más altos en la disminución de viscosidad.

Number 4A022

Teoría de Juegos para Caracterizar Soluciones de una Ecuación de Hamilton-Jacobi a Tiempo Discreto

Porfirio Toledo Hernández
Facultad de Matemáticas, UV. ptoledo@uv.mx

Note: This poster was considered and awarded the first place, as the best presented poster.

Se estudia un sistema discreto que pretende emular a un Lagrangiano convexo en unas variables y cóncavo en otras. Esto lleva a analizar el comportamiento de las soluciones de una versión a tiempo discreto de la ecuación de Hamilton-Jacobi en un contexto minimax de

Teoría de Juegos. Las soluciones de este problema representan el pago optimal que debería de hacerse asintóticamente.

Se modela el comportamiento con tiempos cada vez más largos de los pagos en un juego de dos jugadores con suma cero, en donde el número de jugadas alternadas entre los jugadores converge a infinito. Un número real, llamado valor crítico, juega un papel central en este trabajo; dicho número es el promedio asintótico de la acción sobre trayectorias optimales. El problema de estudio de este trabajo es la existencia y caracterización de soluciones de la ecuación de Hamilton-Jacobi correspondiente a este tipo de juegos.

Uno de los aspectos relevantes de las técnicas desarrolladas es que permiten estudiar juegos a tiempo infinito sin utilizar factores de descuento o acciones promedio.

Number 4A024

Estudio de las propiedades espectrales y de estados propios de una cavidad rectangular corrugada como función de las condiciones a la frontera

C. González-Zacarías[1], *J. A. Méndez-Bermúdez*[2]

[1] Facultad de Ciencias Físico Matemáticas, Benemérita Universidad Autónoma de Puebla. Av. San Claudio y Río Verde, Col. San Manuel, Ciudad Universitaria, Puebla 72570, México.
[2] Instituto de Física, Benemérita Universidad Autónoma de Puebla, Apartado Postal J-48, Puebla 72570, México

En este trabajo estudiamos las propiedades espectrales y de los estados propios de una cavidad rectangular corrugada, cuya contraparte clásica muestra dinámica caótica. Para ello resolvemos el problema de autovalores utilizando una transformación de coordenadas rectangulares a coordenadas curvilíneas, incorporando así los efectos de las fronteras corrugadas de la cavidad en el operador Hamiltoniano; de esta manera interpretamos a los grados de libertad como "partículas" independientes.

En particular, nos enfocamos en (i) el estudio estadístico de los números de participación y entropías de los estados propios, y (ii) el análisis de la repulsión de los estados propios en espacio de configuración provocado por la corrugación de las paredes; como función de la corrugación de las paredes de la cavidad y de las condiciones a la frontera.

Number 4A025

Propiedades de transporte en guías de ondas unidireccionales con desorden

Amando Alcazar-López, José Antonio Méndez-Bermúdez, Germán Luna-Acosta
Instituto de Física, Universidad Autónoma de Puebla.

En este trabajo estudiamos las propiedades estadísticas del transporte en guías de ondas desordenadas cuya contraparte clásica es caótica y unidireccional (estas propiedades dinámicas se obtienen al elegir de manera apropiada la geometría que describe a las fronteras del sistema [1]). Usando el método de la matriz de dispersión y el método de la matriz de transferencia calculamos cantidades de transporte como la conductancia, la reflexión y el ruido cuántico, en función del tamaño del sistema y del número de modos de propagación de la onda incidente. Comparamos nuestros resultados, en los límites apropiados, con predicciones de la teoría de matrices aleatorias [2] e identificamos las diferencias entre las guías de ondas unidireccionales y las bidireccionales.

[1] A. Alcázar-López, J. A. Méndez-Bermúdez, and G. A. Luna-Acosta, Unidirectional two-dimensional periodic waveguides, Rev. Mex. Fis (en prensa)
[2] P. A. Mello and N. Kumar, Quantum Transport in Mesoscopic Systems: Complexity and Statistical Fluctuatios, Oxford University Press, 2004

Number 4A028

Study of self-potential time series with different nonlinear algorithms

F. Cervantes-De la Torre[1], *A. Ramírez-Rojas*[2], *C. G. Pavía-Miller*[2, 3], *and F. Angulo Brown*[3]
[1] Departamento de Sistemas, División de CBI Uam-Azcapotzalco. Av. San Pablo No. 180 Col. Reynosa Tamaulipas, Delegación Azcapotzalco, C.P. 02200 México. D. F. fcdt@correo.azc.uam.mx
[2] Departamento de Ciencias Básicas, División de CBI Uam-Azcapotzalco. Av. San Pablo No. 180 Col. Reynosa Tamaulipas, Delegación Azcapotzalco, C.P. 02200 México. D. F.
[3] Departamento de Física, Escuela Superior de Física y Matemáticas, IPN Edif. No. 9 U.P. Zacatenco, México D. F. 07738, México.

In many seismically actives zones in the world there exist research programs for the study of precursory phenomena of seism. One technique used thirty years ago consists in monitoring the so-called self-potential (electric field of the ground). We have obtained self-potential registers from the State of Guerrero's Coast during more than five years; these data sets constitute the so-called self-potential time series.

We study the self-potential time series arising from station of Acapulco (16.85 N, 99.9 W) linked to the Middle American trench. In this work we report the fractal study of the self-potential time series with different nonlinear algorithms. The algorithms employed are the Higuchi's algorithm, Burlaga-Klein's algorithm and the Detrended Fluctuation Analysis (DFA).

Our objective is to understand the physics properties of that process which can be possibly associated with the dynamical behavior of the local earth crust. We observe particular behaviors suggesting possible patterns which could be associated with the preparation and the relaxation of the seismic process.

Number 4A030

Heteroestructuras fotónicas con desorden de tipo Lévy: Estadística de la transmisión coherente

A. A. Fernández-Marin,[1] *J. A. Méndez-Bermúdez,1 y Víctor A. Gopar*[2]
[1] Instituto de Física, Benemérita Universidad Autónoma de Puebla, Apartado Postal J-48, Puebla 72570, México
[2] Depto. de Física Teórica, Facultad de Ciencias, e Instituto de Biocomputación y Física de Sistemas Complejos, Universidad de Zaragoza, Pedro Cerbuna 12, E-50009 Zaragoza, España.

Usando el formalismo de la matriz de transferencia estudiamos la transmisión electromagnética T a través de una heteroestructura unidimensional de tamaño L formada por dos materiales semiconductores (A y B, con índices de refracción NA y NB, respectivamente) alternados, con anchos aleatorios (LA y LB) obtenidos de una distribución de tipo Lévy: $P(L) \sim L^{-(\alpha+1)}$. Mostramos que: (i) $< -\ln T > \propto L^{\alpha}$ para $0<\alpha<1$, mientras que $<-\ln T> \propto L$ para $1\leq\alpha<2$; y (ii) la distribución de la transmisión $P(T)$ está totalmente determinada por α y $<\ln T>$.

Nuestros resultados concuerdan con predicciones hechas recientemente de transporte cuántico coherente en guías de ondas desordenadas de tipo Levy [1].

[1] F. Falceto and V. A. Gopar, Europhys. Lett. **92**, 57014 (2010).

Number 4A034

Mutaciones bajo el efecto de un inhibidor

B. Tapia-Santos, R. Soto-Sosa

Facultad de Matemáticas, Universidad Veracruzana, Xalapa, Ver., bretasa@gmail.com

La competencia entre especies se puede dar en todos los niveles poblacionales, incluso en niveles microscópicos, tal como ocurre en los procesos de biorremediación los cuales se definen a partir de la dinámica que ocurre cuando los microorganismos son sometidos a la presencia de sustancias llamadas inhibidores. Sin embargo, la reacción que los organismos suelen presentar no siempre es la más favorable pues puede ocurrir que ante la presencia de una amenaza los organismos desarrollen una mutación generando así un nuevo proceso de competencia. En este trabajo se presentan y comparan los resultados obtenidos al estudiar dos modelos de competencia entre un organismo silvestre y su correspondiente mutación, considerando para ello el efecto de un inhibidor letal y no letal.

Number 4A037

Análisis de distribuciones de tiempos de estancia en los estados del modelo de Liebovitch y Toth aplicado a canales iónicos

Kenia Lolbeg Juayerk Herrera, José Luis del Río Correa

Departamento de Física, UAM–Iztapalapa, Av. San Rafael Atlixco No. 186, CP 09340, Col. Vicentina, D. F. México. E-mail: kljh@xanum.uam.mx, jlrc@xanum.uam.mx

En este trabajo se estudia la cinética de apertura y cierre de los canales iónicos por los que pasa una corriente determinada [1]. El modelo empleado para este estudio es el de Liebovitch y Toth (LT); el cuál propone un mapeo *caótico determinista* que reproduce el comportamiento de la cinética irregular de apertura y cierre de un canal iónico [2]. Para describir la evolución temporal de un ensemble de canales iónicos, se utilizan técnicas desarrolladas dentro de la mecánica estadística fuera del equilibrio [3]. El ensemble evoluciona siguiendo la ecuación de Perron-Frobenius, asociada al mapeo. El modelo LT está conformado por tres mapeos lineales a pedazos, por lo que se busca encontrar las condiciones que gobiernan su evolución, de acuerdo a la ecuación de Chapman-Kolmogorov. Posteriormente, se obtiene el proceso de Markov generado por el mapeo LT, y se calcula la matriz de transición asociada. Por último, se encuentra la distribución invariante de este sistema dinámico caótico y se calculan las distribuciones de los tiempos de estancia en los estados *cerrado* y *abierto* del canal iónico; contrastando los resultados obtenidos con los datos originales de Liebovitch y Toth.

Referencias

[1] D. Colquhoun and A. G. Hawkes, "The principles of the stochastic interpretation of ion-channel mechanism", in *Single-Channel Recording,* B. Sakmann and E. Neher (eds.), Plenum Press, USA, (1995), pp. 397-482.

[2] L. S. Liebovitch and Tibor I. Toth. *J. Theor. Biol.* **148**:243-267 (1991).

[3] J. L. del Río-Correa and L.S. García-Colín, *Phys. Rev. A,* **43**(12):6657-6663 (1991).

Number 4A038

Reducción efectiva de la difusión en tubos asimétricos bidimensionales a una dimensión

Inti Pineda y Leonardo Dagdug
Departamento de Física, Universidad Autónoma Metropolitana-Iztapalapa Av. San Rafael Atlixco 186, México, D. F., C. P. 09340

El estudio del transporte por difusión en tubos de tamaño microscópico ha despertado mucho interés en los últimos años debido a las aplicaciones que tienen estos sistemas en la medicina, en la biofísica, en la química y en la ingeniería. Para estudiar la difusión en un tubo asimétrico bidimensional, en este trabajo el problema en dos dimensiones se reduce a una descripción unidimensional, la cual tiene la forma de una ecuación del tipo Fick-Jacobs con un coeficiente de difusión efectivo dependiente de la posición, D(x). Se presenta un procedimiento riguroso basado en un desarrollo asintótico en el parámetro $\epsilon = D_x/D_y$ para obtener D(x) como una serie convergente. La representación funcional de esta serie recupera, a orden cero, la propuesta sugerida por R. Zwanzig [Zwanzig, J. Chem. Phys. 96, 3926 (1992)], a primer orden la sugerida por M. Bradley para canales asimétricos [Bradley, Phys. Rev. E 80, 061142 (2009)], y subsecuentemente en el límite cuando el canal es simétrico, la propuesta de Kalinay y Percus [Kalinay & Percus, Phys. Rev. E 74, 041203 (2006)].

Number 4A039

El modelo de evolución molecular con adecuación dependiente de la densidad

Roberto Álvarez Martínez
Centro de Ciencias de la Complejidad, UNAM Instituto de Física, UNAM

Los experimentos pioneros con RNA bacteriófagos muestran altos niveles de variabilidad genética. Es un hecho bien establecido que los virus de RNA tienen altas tasas de mutación por base y genomas pequeños. La teoría de cuasiespecies nos ofrece un marco conceptual para la evolución de virus de RNA y se ha convertido en un paradigma virológico.

En este trabajo se presenta el modelo de evolución molecular (cuasiespecies) propuesto por Eigen y Schuster modificado, con el objetivo de considerar a la adecuación (éxito reproductivo) con dependencia de la abundancia relativa de la especie (selección dependiente de la densidad).

Proponemos distintos modelos para la adecuación $f_i(x)$, con $x = (x_1; x_2; \dots; x_n)$, en donde x_i son las frecuencias de la *i*-ésima especie. Se estudian las distribuciones, la entropía y la catástrofe del error en términos de este esquema de la ecuación de replicación-mutación y se interpretan en términos de este esquema más realista biológicamente.

Number 4A040

Supresión de la localización de Anderson en metamateriales

E. J. Torres-Herrera, F. M. Izrailev, N. M. Makarov
Instituto de Fisica “Luis Rivera Terrazas” Benemerita Universidad Autonoma de Puebla, Puebla, Pue., 72050, Mexico Correo electronico: ejtorres@gmail.com

Consideramos estructuras unidimensionales periódicas en promedio con desorden débil en los anchos de las capas (*desorden posicional*) o en los parámetros (*desorden composicional*) de las capas básicas, *a* y *b* que componen cada celda. Nos enfocamos en la comparación de dos sistemas: el arreglo homogéneo, cuando ambas capas están hechas de materiales ópticos convencionales (permitividad y permeabilidad positivas) y el arreglo *mixto*, cuando las capas *a* contienen material derecho, mientras que las capas *b* están hechas de material izquierdo (materiales RH y LH, respectivamente). Usando el método del mapa Hamiltoniano derivamos la longitud de localización *Lloc*, que es el parametro clave de la localización de Anderson.

Desorden posicional [1]. – Presentamos la expresión analítica de la longitud de localización que se aplica a cristales fotónicos convencionales, metamateriales y superredes semiconductoras. Esta expresión considera todas las correlaciones que puedan existir entre los desordenes *a* y *b* . Tanto para las estrucutras convencionales RH-RH como para la mixtas RH-LH, el inverso de la longitud de localización depende de manera convencional de la frecuencia de la onda

$L_{loc}^{-1} \propto \omega^2$ para $\omega \to 0$. (1)

Además, L_{loc} es cero en las partes superior e inferior de las bandas espectrales de Bloch. Sin embargo, algunas correlaciones específicas entre los desordenes dan lugar a una dependencia anómala en la frecuencia ω . En particular, la longitud de localización exhibe las resonancias de Fabry-Perot, dando como resultado un incremento en su resonancia y consecuentemente la supresión de la localización. Si la impedancia de las capas básicas es igual, la longitud de localización diverge y surge la transparencia perfecta. Esta conclusión es genereal y no depende de la magnitud del desorden.

Desorden composicional [2,3]. – Demostramos que cuando los anchos de las capas básicas son diferentes entre si, $d_a \neq d_b$, la longitud de localización está descrita, como antes, por la expresión universal que incluye todas las correlaciones, así como las peculiaridades mencionadas anteriormente. Esta expresión también es válida para el arreglo homogéneo RH-RH con $d_a = d_b$. Sin embargo, el arreglo mixto RH-LH exhibe propiedades altamente no triviales debido a la distribución no uniforme de la fase de la onda, aún en el caso de desorden blanco. Analíticamente, hemos obtenido que en este caso la longitud de localización diverge en la teoría de perturbaciones a segundo orden. Por lo tanto, anomalías en L_{loc} descubiertas recientemente [4] se deben al cuarto orden en el desorden. Nuestro estudio confirma esta expectativa y muestra que el límite correcto tiene la siguiente forma [5]

$L_{loc}^{-1} \propto \omega^8$ para $\omega \to 0$. (2)

y no $L_{loc}^{-1} \propto \omega^6$ como se afirma en la referencia [4]. Nuestros datos numéricos muestran una excelente correspondencia con los resultados analíticos.

[1] F.M. Izrailev, N.M. Makarov, Phys. Rev. Lett. **102**, 203901 (2009).
[2] F.M. Izrailev, N.M. Makarov, E.J. Torres-Herrera, Physica B **405**, 3022 (2010).
[3] E.J. Torres-Herrera, F.M. Izrailev, N.M. Makarov, Low Temp. Phys. **37**, 1201 (2011).
[4] A.A. Asatryan *et al.*, Phys. Rev. Lett. **99**, 193902 (2007); Phys. Rev. B **81**, 075124 (2010).
[5] E.J. Torres-Herrera, F.M. Izrailev, N.M. Makarov, (2011) por aparecer.

Number 4A041

Assymetry in short term price trends in daily stock market indexes data.

Héctor Raúl Olivares Sánchez[1], *A. R. Hernández-Montoya*[2], *H.F. Coronel Brizio*[2]
[1]Departamento de Física, y
[2]Departamento de Inteligencia Artificial, Facultad de Física e I.A., Universidad Veracruzana

We analyze daily data from three financial indexes: DJIA, S&P 500 and IPC. The distributions of short term trends according to duration are obtained. We show that these distributions present a systematic asymmetry, and that each tail can be fitted with a discrete exponential with different parameters. From the asymmetry of distributions. Some possible explanations to the above mentioned fact are presented.

Number 4A042

Análisis de la Volatilidad de Series de Tiempo Financieros

Luis Amilca Andrade Morales[1], *H. R. Olivares Sánchez*[1], *A.R. Hernández Montoya*[2], *H.F. Coronel Brizio*[2], *M.E. Rodríguez Achach*[1]
[1]Departamento de Física, y
[2] Departamento de Inteligencia Artificial, Facultad de Física e I.A., Universidad Veracruzana

En el presente trabajo se muestra un estudio estadístico de las series de tiempo de tres índices financieros (IPC, DJIA, NASDAQ). Se toma el precio de cierre de cada mercado desde el 1 de febrero del 2000 al 24 de agosto del 2011, y se calcula su volatilidad para ventanas de tiempo de 10,50 y 100 pasos. Se propone un modelo estadístico de la volatilidad y se ajusta para cada ventana de tiempo.

Number 4A043

Localization in disordered models with absorption and gain

O. Vazquez Candanedo[1, 2] *and F.M. Izrailev*[1, 3]
[1] Instituto de Física Universidad Autónoma de Puebla, Apt. Postal J-48, Puebla, Pue., 72570, México. E-mail: [2] omarvqcn@gmail.com, [3] felix.izrailev@gmail.com

We study the wave propagation through a bi-layer array composed by left and right-handed materials with absorption and gain in basic slabs, a disorder is incorporated in the structure via random thicknesses of the slabs. Our main interest is in the dependence of the transmission coefficient on the widths of the slabs, dielectric constants and degree of absorption and gain. We analyze whether the predictions [1] obtained for models with normal materials are valid in our case with meta-materials. Specifically we numerically check the claim that the inverse localization length is described by the sum of two terms that separately depend on the degree of gain and absorption. In our approach we use both the traditional transfer matrix method, and the method based on the representation of the quantum problem in the form of classical Hamiltonian maps [2].

References

[1] Z.Q. Zhang, Phys. Rev. B, 52, 7960 (1995)
[2] F.M. Izrailev, T. Kottos, G.P. Tsironis, Phys. Rev. B., 52, 3274 (1995)

Number 4A045

Fractal behavior and diffusion coefficient of a Random Walk generated by GOL Cellular Automaton

M.E. Rodríguez-Achach[2], *L.M. Rodríguez Solís*[2], *N. Bagatella-Flores*[2] *and H.F. Coronel-Brizio*[1]
[1] Departamento de Inteligencia Artificial, y [2] Departamento de Física, Facultad de Física e Inteligencia Artificial, Universidad Veracruzana, Lomas del Estadio s/n Zona Universitaria, Xalapa, Veracruz

We study the fractal dimension and diffusion coefficient of a two dimensional random walk generated by doing simulations (realizations) of the "Game of Life" cellular automaton. We experiment with GOL square lattices with different sizes 2000x2000, 2500x2500 and 3000x3000, periodical border conditions and experimenting different initial conditions of densities of living cells (10%, 20%, 30% up to 90%, and 99% to each lattice size), In order to study averages, we repeat 100 random walks, each one generated with 20 000 time steps for each one of the different lattice sizes and initial densities of living cells.

The Random Walk is generated by mapping each micro-state of GOL in a two-dimensional vector obtained by calculating the "center of mass" of living cells. Interesting behavior of its fractal dimension and diffusion coefficient is shown.

Number 4A046

Wealth distribution of simple exchange models coupled with extremal dynamics

M.E. Rodríguez-Achach and *N. Bagatella-Flores*

[1] Departamento de Física, Facultad de Física e Inteligencia Artificial, Universidad Veracruzana, Lomas del Estadio s/n Zona Universitaria, Xalapa, Veracruz

We study the effect of punctuated equilibrium in two different asset exchange models: The yard sale model (YS, winner gets a random fraction of a poorer player's wealth) and the thief and fraud model (TF, winner gets a random fraction of the loser's wealth). The punctuated equilibrium (PE) is take into account by locate the poorer individual and mutating it by assigning a new random wealth number to that site, and changing the landscapes of two neighbors to the right and left respectively by assigning a new random wealth numbers in those sites too, but taking into a count that the wealth must be conserved. The resulting wealth distribution is characterized using the Gini index. We compare the resulting values of the Gini index in a system which dynamics behavior is given by punctuated equilibrium at different percent of perturbation given by YS or TF. It is found that in the case of the perturbation given by TF model, the Gini index does not show dependence with the perturbation. But for YS we find that for some percent of perturbation lower that a specific cut of value Pc, the Gini index goes to one as punctuated equilibrium behaves, but for perturbations bigger than some Pc (this Pc value depends on the percent of perturbation) the influence of the YS becomes important and then the Gini index has an asymptotic value different to one and it reduce as the perturbation increase.

Number 4A047

Un Estudio del corazón en el contexto de la mecánica de fluidos y la Dinámica No Lineal

M. Zamora-Gómez[1], *D. Ladino-Luna*[2] *y* *R. Páez-Hernández*[2]*

[1] Hospital General "Dr. Gaudencio González Garza" CMN La Raza, IMSS, Calz. Vallejo S/n, Col. La Raza, CP 02990, Azcapotzalco, México DF

[2] Área de Física de Procesos Irreversibles, Departamento de Ciencias Básicas, Universidad Autónoma Metropolitana Azcapotzalco, Av. San Pablo No. 180, Col. Reynosa, CP 0022, Azcapotzalco, México DF

* phrt@correo.azc.uam.mx

Modelar matemáticamente fenómenos físicos, tales como la dinámica de un cuerpo rígido, la deformación de un material elástico o la propagación de una onda electromagnética en la atmósfera, está basado, en nuestro mejor conocimiento científico sobre las leyes de la física. Así para el primer caso utilizamos las leyes de Newton, la mecánica del medio continuo y las leyes de Maxwell.

Esas leyes son el resultado de siglos de experimentos, observación y la inspiración de los científicos que han participado en la creación del conocimiento de la naturaleza.

En biología y las ciencias de la vida en general, la interacción entre los fenómenos observados y su descripción matemática, se encuentra todavía en las primeras etapas de desarrollo y al margen de la ley de Hardy-Weinberg. La filosofía es desarrollar modelos matemáticos que puedan describir de una manera cualitativa los procesos biológicos observados. Como en todos los esfuerzos científicos, la prueba del modelo real, es aquel que no solo está de acuerdo con los resultados experimentales, sino también es capaz de sugerir nuevos experimentos.

Existe una gran cantidad de trabajos en la literatura de sistemas complejos, los cuales consideran análisis de su eficiencia y hasta de probables cardiopatías relacionadas de los latidos cardiacos analizadas como series de tiempo, otros muestran modelos dinámicos y termodinámicos. En este trabajo usamos algunos resultados de la mecánica de fluidos de para determinar la eficiencia del corazón, considerándolo como un sistema hidráulico, utilizando valores de presión para corazones dentro de rangos normales y anormales, a continuación comparamos estos resultados con la literatura, después utilizamos un modelo dinámico propuesto por E.C. Zeeman, haciendo uso de la Dinámica No-Lineal, y a continuación hacemos un análisis de estabilidad local.

Number 4A049

Morfología fractal de precipitados asfaltenicos en presencia de un dispersante

J. Hernández-Gómez[1], V. Gonzales-Davila[2], A. Llanos-Pérez[1], J. Carrizales-Castillo[1], M.A. Ventura-Rechy[2], J. E. Suarez-Dominguez[1]*

[1] Mexican Institute of Complex Systems. Tlaxcala no. 111 esq. avenida Jalisco CP. 89410 Cd. Madero, Tamaulipas, México.

[2] Geo Estratos, Calle 7 no. 205 CP. 89440 Cd. Madero, Tamaulipas, México.

La fracción más pesada del petróleo que corresponde a los asfaltenos son definidos típicamente como aquellas especies que son insolubles en alcanos de bajo número de carbonos como *n*-heptano o *n*-hexano. Los asfaltenos están formados por aglomerados, disulfuro de carbono, cloroformo, y otros disolventes organoclorados, su fórmula empírica es $C_{75}H_{90}$; tienen un promedio de masa molar alto, típicamente 1000-1500 *g/mol*. Estos existen en las fracciones pesadas del petróleo como aglomerados coloidales de 34 a 40 micras, las resinas actúan como surfactantes y los mantienen en suspensión. El alto contenido de asfaltenos en el petróleo crudo se ve reflejado con la disminución de la gravedad API.

Conocer el contenido de asfaltenos ayuda a determinar la posibilidad de su precipitación en las tuberías y líneas de producción en la industria petrolera, lo que representa un problema importante en la producción, refinación y transporte del petróleo lo que se ve reflejado en grandes problemas económicos.

Algunas de las propiedades macroscópicas como la viscosidad dependen del contenido de asfaltenos. Uno de los dispersantes de asfáltenos que es el BIO-REDUCTOR DE VISCOSIDAD comercial producido por la compañía de Geo-Estratos S.A. de C.V. (BRV®) obtenido a partir de aceites vegetales y solventes; estos se dosificaron por separado al 1%, 3% y 5% a diferentes muestras de hidrocarburo pesado y extrapesado a 25°C de las cuales se obtuvieron micrografías que posteriormente se analizaron para determinar su dimensión fractal.

Los asfáltenos solubilizados son coloides en la aparición de fases separadas de asfaltenos "como-fractales" agregados. Cuando los coloides son floculados a menudo lo hacen en una estructura fractal. Por lo tanto, podría haber sido una conclusión natural de que los asfaltenos en solución son los coloides de un tamaño submicroscópico y que la estructura observada es el resultado de la floculación de los coloides. Mostramos aquí cómo la morfología observada se explica por el comportamiento de la solución.

Las aglomeraciones de los asfaltenos encontrados en este trabajo, en su estado coloidal, forman a micro escala estructuras con una dimensión fractal menor a dos. Después de añadir el producto químico BRV se aprecia un incremento de la dimensión fractal por conteo de caja hasta ser cercana a dos pero disminución considerable del tamaño de partícula.

Number 4A051

La dimensión fractal de Patrones: electro-deposición, cáncer de próstata

J.A. Llanos-Pérez[1], *E.J. Suarez-Domínguez*[1], *E. Tejera*[2], *J.A. Betancourt-Mar*[1], *María P. De Miguel*[3], *Mar Royuela García*[4], *O. Regalado*[5], *E. Izquierdo-Kulich*[5] *& J.M. Nieto-Villar*[5]

[1] Mexican Institute of Complex Systems. Tlaxcala no. 111 esq. avenida Jalisco Col. Unidad Nacional CP. 89410 Cd. Madero, Tam.

[2] Department of Biochemistry, Faculty of Pharmacy, University of Porto. Porto, Portugal.

[3] Laboratorio de Ingeniería Celular, IdiPAZ, Hospital Universitario La Paz, Madrid, España

[4] Dpt. Biología Celular y Genética, Universidad de Alcalá, 28871 Alcalá de Henares, Madrid España

[5] Dpto. de Química-Física, Fac. de Química, Universidad de La Habana

La fractalidad es un fenómeno ubicuo en la naturaleza. Hay fractales en los depósitos electroquímicos, en la trayectoria de las partículas de polvo suspendidas en el aire, en la dinámica de crecimiento poblacional de colonias de bacterias, y detrás de todo flujo turbulento, en tejidos biológicos, y en una lista interminable de objetos que nos rodean. La dinámica no-lineal constituye la base teórica y la herramienta práctica para la explicación de la complejidad que exhiben estas estructuras ordenadas.

El proceso de electrodeposición representa en si un modelo de experimentación ideal para indagar sobre el origen de la complejidad que exhiben los patrones naturales, en particular el cáncer. El cáncer cuya dinámica detrás de su evolución de estos patrones constituye una de las temáticas de mayor actualidad ya que permite comprender mejor los fenómenos que determinan su evolución y puede utilizarse como herramienta para establecer estrategias de terapias.

En el trabajo se analizó la evolución de dimensión fractal bajo diferentes condiciones en la electrodeposición. Las imágenes fueron obtenidas para el sistema inorgánico de una electrolisis de $ZnSO_4$ a diferentes concentraciones, en celda circular a 16V, con electrodos de platino, durante 10min. Para el caso del cáncer de próstata las imágenes histopatológicas de los tejidos se determinó la dimensión para diferentes grados de malignidad basados en la escala Gleason.

Number 4A052

Classification of cervical precancerous lesions using time series and histopathological features associated with different types of epithelium

Héctor Gabriel Acosta-Mesa[1], *Karina Gutiérrez-Fragoso*[2]

[1] Universidad Veracruzana/School of Physics and Artificial Intelligence, Department of Artificial Intelligence, Xalapa, Veracruz, México. heacosta@uv.mx

[2] Universidad Veracruzana/ Biomedical Researches Center, Doctorate in Biomedical Sciences, Xalapa, Veracruz, México. kagutierrez@uv.mx

Cervical cancer has remained one of the main causes of death in women around the world. When abnormalities have been reported by the Pap test, the patient is sent to a dysplasia clinic for a colposcopy test, in which the expert applies a solution of acetic acid as a contrast agent that produces a color change to a tonality white which helps to discriminate between normal and abnormal tissue. This reaction is called acetowhitening. If a suspicious region is identified during the test, the expert takes a tissue sample and sends it to the laboratory for histopathological analysis in order to establish a final diagnosis.

The feasibility to acquire digital images during the colposcopy test it has allowed applying image processing techniques using a time series approach, which are constructed from the change of tonality of a pixel through a sequence of images. In this way, the characterization of patterns that describe the dynamics of the phenomenon of acetowhitening according to different types of cervical tissue has been achieved. In this work, we present the results of the performance of machine learning method k-NN (knearest neighbors) for the classification of acetowhite temporal patterns and a set of histopathologic features associated with different types of cervical epithelium.

Number 4A054

Monitoring and Analysis for Geoelectric signals of the Mexican South Pacific Subduction Zone

Israel Reyes Ramírez[1], *Lev Guzmán Vargas*[1], *Alejandro Ramírez Rojas*[2], *Fernando Angulo Brown*[3] *and Ricardo Hernández Pérez*[4]
[1] UPIITA – IPN, México.
[2] UAM – Azcapotzalco, México.
[3] ESFM – IPN, México.

The analysis of complex signals associated to geoelectric activity is important not only for earthquake prognosis but also for understanding nonlinear processes related to earthquake preparation. In particular, one of the techniques used in the search of earthquake precursors since more than three decades ago consist in monitoring the so-called electric self-potential field. It is expected that precursory electrical signals associated with large earthquakes should exhibit anomalous changes and, in some cases, fractal complex organization. We have measured the ground electrical potential (the selfpotential) in several sites along the Mexican coast, near the Middle American trench, which is the border between the Cocos and American tectonic plates. In this work, we report some complexity studies of geoelectric signals during a two year period from June 1st. 1994 to May 31st 1996 in to sites (Acapulco and Coyuca stations) located in southern Mexico. In particular, our study is related to an Ms=7.4 earthquake occurred on September 14, 1995 with epicentral distance of 110km from Acapulco and 200km from Coyuca, respectively. Here, we perform a systematic study of DFA exponents and Sample Entropy to evaluate the level of irregularity and correlations of geolectrical time series. We observe important changes in entropy a few months before the occurrency of the earthquake mentioned above. On the other hand, we use a procedure to statistically estimate two DFA-scaling exponents and the crossover scale which are representative of changes in the underlying dynamics prior to the main shock. More over, we perform a pattern synchrony analysis based on the computation of the crosssample entropy between the geoelectric signals from two channels, which represents a modern approach to the study of geoelectric signals.

Number 4A056

Structural properties of Liesegang ring formation in a HCl/NH_4OH reaction-diffusion system

E. M. de la Calleja [1], A. González[1], M. Cruz[2], J. Torres[2], T. Buhse[2], G. Martínez-Mekler[1]

[1] Instituto de Ciencias Físicas, Universidad Nacional Autónoma de México, Av. Universidad s/n, Col. Chamilpa, 62210, Cuernavaca, Mor., México.

[2] Centro de Investigaciones Químicas, Universidad Autónoma del Estado de Morelos, Av. Universidad 1001, Col. Chamilpa, 62209, Cuernavaca, Mor., México.

The formation of periodic precipitation patterns, first described by Liesegang in 1896 [1], has its natural analogues in sea-shells and animal coat patterns, the eyespots on butterfly wings or chemotaxing bacteria on agar surfaces as well as in the wave propagation on catalytic surfaces and in flow patterns of cylindrical flames [2]. We analyzed the spatial distribution of periodic NH4Cl precipitation formed in a glass tube by the reaction between NH4OH and HCl in the gas phase. When the gases encounter each other, the reaction-diffusion provokes the precipitation of NH4Cl in the form of rings on the internal surface of the tube. Three regions can be distinguished in terms of the pattern formation for which we have performed a scaling analysis. Ring width and interring spacing have been also determined. Our results provide elements for future discrete Boltzmann equation and reaction-diffusion cellular automata modeling.

[1] Liesegang, R.E., *Naturwiss. Wochenschr.*, 11, 353 (1896).
[2] Ball, P., *The Self-Made Tapestry: Pattern Formation in Nature*, Oxford University Press, pp 287 (1998).

Keywords: Liesegang rings, reaction-diffusion processes, self-critically.
PACS: 47.27.e, 05.70.Jk, 05.65.+b, 05.60.-k, 51.20.+d.

Number 4A060

Estudio experimental sobre la dinámica lenta debida a la aparente solidificación en diferentes sistemas físicos

Ruth Bustos Ramírez, FFIA-UV, *Carlos Jácome Martínez,* FFIA-UV, *Karen Volke Sepúlveda* IFUNAM, *Adrián Huerta,* FFIA-UV

En el presente trabajo se muestran algunos avances de los experimentos que realizan como proyecto de tesis alumnos de la Universidad Veracruzana. En estos sistemas físicos se analiza la dinámica lenta de dichos sistemas.

1) Atrapamiento Laser de partículas coloidales usando pinzas ópticas (Ruth Bustos, Verano de investigación científica de la AMC en el IFUNAM bajo la supervisión de la Dra. Karen Volke) Se estudian las propiedades dinámicas y estructurales de un sistema de pequeñas partículas coloidales (esferas de vidrio borosilicato con diámetros de 5 a 15 micras suspendidas en agua destilada) en interacción con un potencial externo Producido ópticamente mediante un patrón de franjas de interferencia (tipo Young). Se analiza el efecto del potencial sobre las partículas al variar la razón de tamaño entre el periodo de las franjas y el radio de las esferas. Se pretende estudiar los casos de muestras monodispersas y bidispersas, donde para el último caso, la relación de tamaño entre las dos componentes del sistema también jugará un papel muy importante en la evolución dinámica y estructural. Los resultados se compararán con sistemas macroscópicos como son esferas de hidrogel confinadas sobre superficies rugosas.

2) Sistema con pocos discos sobre una mesa de aire (Carlos Jácome, avance del proyecto de tesis) Estos experimentos pretenden abordar el tema del retardamiento dinámico de los arreglos estructurales de discos con coraza dura, lo cual es de interés por sus similitud con algunos sistemas vítreos. Para lo cual se usa un pequeño número (no termodinámico) de discos duros para entender los movimientos colectivos que dan inicio a las dinámicas lentas, a través de los mecanismos de atascamiento propuestos [1]. El arreglo experimental consistirá en una caja sobre una mesa de aire, donde se pondrán los discos y cuyas paredes se le harán vibrar y se grabara el movimiento.

Ambos estudios se analizarán utilizando las técnicas de seguimiento de partículas elaborado por el Dr. Alejandro Vázquez, obteniendo las posiciones de los centros de los discos. Se estudiará su dinámica lenta a través de la función de autocorrelación temporal, así como otras propiedades estructurales y "termodinámicas" [2,3].

Se espera que este tipo de experimentos complementen la información obtenida a través de cálculos teóricos y simulaciones computacionales de diversos mecanismos de atascamiento y arresto dinámico. Así como la observación de diferentes efectos como puede ser el colapso granular [4].

Referencias:
[1] A. Huerta, et al., Phys. Rev. E, 74, 061106 (2006)
[2] Robin J. Speedy, Physica A, 210, 341-351 (1994); Physica A, 262, 76 -87(1999)
[3] Akinori Awazu, Phys. Rev. E, 63,032102 (2001)
[4] Jan Tobochnik, Phys. Rev. E., 60 7137 (1999)

Number 4A061

Estudio del atrapamiento de partículas en modelos de celdas

Ariam Mora Hernández, ariam.mora@gmail.com, Facultad de Física, Universidad Veracruzana; *Ruth Bustos Ramirez,* Facultad de Física, Universidad Veracruzana; *Adrián Huerta,* adrian.huerta@gmail.com, Facultad de Física, Universidad Veracruzana; *Hector Cerecedo,* hcerecedo@uv.mx, Facultad de Física, Universidad Veracruzana

En este trabajo se presenta un estudio de diferentes celdas que contienen discos duros con diferentes diámetros. Se presentan una interpretación de los resultados "termodinamicos" y el retardamiento dinámico en términos del muestreo de las partículas en su paisaje de energías. Se analizan y se compara con las condiciones de atrapamiento de partículas y se compara con los casos reportados previamente, Huerta et al, JCP 2006. Se hace una comparación cualitativa con diferentes experimentos diseñados con este propósito.

Number 4A062

Estudio de la frustración del mecanismo de congelamiento de un sistema de discos duros

Virginia Carrasco Fadanelli, fadanellivc@gmail.com, Facultad de Física e I.A. Depto. Física, Universidad Veracruzana; *Adrián Arturo Huerta Hernández,* adrian.huerta@gmail.com, Facultad de Física e I.A. Depto. Física, Universidad Veracruzana

En el presente trabajo se reporta un estudio sistemático de la frustración del mecanismo de congelamiento "freezing" originalmente propuesto para un sistema de discos duros monodisperso en Huerta et al, Phys. Rev. E, 061106 (2006). Lo anterior se hace mediante la introducción de un sistema bidisperso, controlando la relación de diámetros. Manteniendo una concentración equimolar. Se interpretan los resultados termodinámicos, estructurales y dinámicos en términos de su paisaje de energías “energy landscape”. Observando un comportamiento vítreo cuando la relación de diámetros es lo suficientemente grande para impedir el mecanismo de congelamiento del sistema propuesto originalmente.

Number 4A063

Signature of Thermal Rigidity Percolation

Adrián Arturo Huerta Hernández, adrian.huerta@gmail.com, Facultad de Física e I.A. Depto. Física, Universidad Veracruzana

To explore the role that temperature and percolation of rigidity play in determining the macroscopic properties, we propose a model that adds translational degrees of freedom to the spins of the well known Ising hamiltonian. In particular, the Ising model illustrate the long-standing idea that the growth of correlations on approach to a critical point could be describable in terms of the percolation of some sort of “physical cluster”.

For certain parameters of this model we observe two well defined peaks of C_V, that suggest the existence of two kinds of ``physical percolation", namely connectivity and rigidity percolation. Thermal fluctuations give rise to two different kinds of elementary excitations, i.e. droplets and configuron, as suggested by Angell in the framework of a bond lattice model approach. The later is reflected in the fluctuations of redundant constraints that gives stability to the structure and correlate with the order parameter.

Journal of Physics: Conference Series **475** (2013) 011002 doi:10.1088/1742-6596/475/1/011002

Laudation in honor of Professor Miguel Ángel Jiménez Montaño

Antero Ramos-Fernández
INBIOTECA, Universidad Veracruzana. México
E-mail: antramos@uv.mx

Abstract. During our academic event, a laudatory ceremony in honor of Professor Miguel Ángel Jiménez Montaño was carryed out and a brief account of his achievements was presented. Professor Jiménez Montaño is a founding member of the Faculty of Physics of the University of Veracruz, Campus Xalapa (founded in 1962). Professor Jiménez Montaño is currently the Dean of this Faculty and one of the most respected Mexican Physicist in the research areas of Biophysics and Computational Molecular Biology.

- Institution and labor unit: Universidad Veracruzana, Faculty of Physics and Artificial Intelligence.
- Specialty: Biophysics and Computational Molecular Biology (Bioinformatics).
- Doctorate: Doctor of Science (Physics Statistics), Nicolaus Copernicus University, Torun, Poland, January 1976.

- Current position: Full-time Professor.
- SNI member since 1984, currently at level II.
- Dean of the Faculty of Physics and Artificial Intelligence.
- Member of the Mexican Academy of Sciences.
- He has directed 37 thesis of all levels (32 Bachelor, 3 Master and 2 Ph.D. theses).

Dr. Jiménez Montaño obtained the Physicist title from the Faculty of Sciences at National Autonomous University of Mexico (UNAM) in 1967, a master's degree in science from the University of Wisconsin, USA, in 1969 and a Ph.D. from the University of Nicholas Copernicus, Poland, 1976. In 1982 he was a Fulbright Fellow in the Department of Biophysics and Biochemistry, University of California, San Francisco, where he worked with Dr. Hugo M. Martinez, a pioneer in bioinformatics.

He is the author of 68 publications in specialized journals, which have received more than 250 citations, 21 book chapters and 9 release articles, two of which have won awards in national competitions with the first and second place, respectively. He has participated in 32 international and 52 national meetings and has given over eighty undergraduate and graduate courses.

For ten years he was professor and researcher at the University of the Americas, Puebla. He has been a visiting researcher at universities in Mexico and Germany. In 1989 he received the Research Award and in 2004 Dean Award, both from the Universidad Veracruzana.

His research interests include three areas related to evolutionary processes, which are as follows: The structure of the genetic code, technological evolution and informational measures and algorithmic complexity of sequences of symbols and nerve signals. Along with Werner Ebeling, in 1980, published two basic papers: The first, is the first article in the literature in which a syntactic approach is applied to the study of DNA and proteins and which introduces a new measure of sequences complexity [1], the second is a Markov model of technology diffusion, which helped launch a line of research in Evolutionary Economics [2]. In 1992 he introduced the first representation of genetic code as a Boolean hypercube with six dimensions and subsequently released to the public the corresponding computational tool called "HyperGCode", which has recently been applied to problems related with the mutability of immunoglobulin genes with important and promising results.

Dr. Jiménez Montaño just completed the research project: Symmetries and Amino Acid Substitutions in Randomness in Proteins, during a sabbatical in the Division of Mathematics, Science, and Technology, Nova Southeastern University, Fort Lauderdale, Florida, in collaboration with Prof. Dr. Matthew He. Currently has initiated a research project on Influenza A hemagglutinin epitopes. He recently wrote the article: "The Fourfold Way of The Genetic Code" [3].

References

[1] Ebeling W, Jiménez-Montaño M A 1980 On Grammars, Complexity, and Information Measures of Biological Macromolecules *Mathematical Biosciences* **52**, 53-71

[2] Jiménez-Montaño M A, Ebeling W 1980 A Stochastic Evolutionary Model of Technological Change *Collective Phenomena* **3**, 107-114

[3] Jiménez-Montaño M A 2009 The fourfold way of the genetic code *Biosystems **98(2)** 105-14*

Peer review statement

All papers published in this volume of *Journal of Physics: Conference Series* have been peer reviewed through processes administered by the proceedings Editors. Reviews were conducted by expert referees to the professional and scientific standards expected of a proceedings journal published by IOP Publishing.

Journal of Physics: Conference Series **475** (2013) 012001 doi:10.1088/1742-6596/475/1/012001

An efficient method to compute the scattering properties of long periodic waveguides

A Alcázar-López, J A Méndez-Bermúdez and G A Luna-Acosta
Instituto de Física, Benemérita Universidad Autónoma de Puebla, Apartado Postal J-48, Puebla 72570, Mexico
E-mail: `aalcazar@ifuap.buap.mx`

Abstract. By properly combining finite element techniques and the transfer matrix approach we propose a method to calculate numerically the scattering properties of non-integrable very long periodic waveguides at a low computational cost. We verify the performance of our proposal by comparing with standard finite element method computations of conductance for three different waveguide geometries.

1. Introduction

The complex scattering of waves (electronic, electromagnetic, acoustic, etc) through guiding devices has been a subject of interest for a long time. In particular, it is well known that transport properties depend strongly on the time- and length-scales involved, being the waveguide length L one of the most relevant scales. Even though there are well established theoretical approaches to study transport (for example, in mesoscopic systems we can mention theories of random matrices or ballistic sigma-models) it is desirable to verify them by the use of numerical experiments. However, due to computational standard limitations, a serious problem one has to face when performing numerical transport experiments is to approach the often invoked theoretical limit $L \to \infty$.

In this paper we consider the electronic/electromagnetic wave transport through non-integrable two-dimensional (2D) waveguides. We focus our attention on periodic waveguides and show that by properly combining finite element methods and the transfer matrix approach we are able to obtain the scattering properties of very long periodic waveguides at a low computational cost.

The outline of this paper is as follows. In Section 2 we review the concepts of scattering and transfer matrices and describe the method we propose to compute the scattering properties of periodic waveguides. In Section 3 we introduce the generalized ripple billiard which is the non-integrable 2D waveguide model we use to verify the performance of our proposal. Then, in Section 4 we validate our method by comparing with standard finite element method computations of conductance for three different waveguide geometries. Finally, we conclude in Section 5.

2. Definitions and Method

2.1. The scattering matrix S

The S-matrix is the most fundamental quantity for analyzing wave scattering phenomena in various fields of physics, for it provides us with the most complete scattering data [1]. The

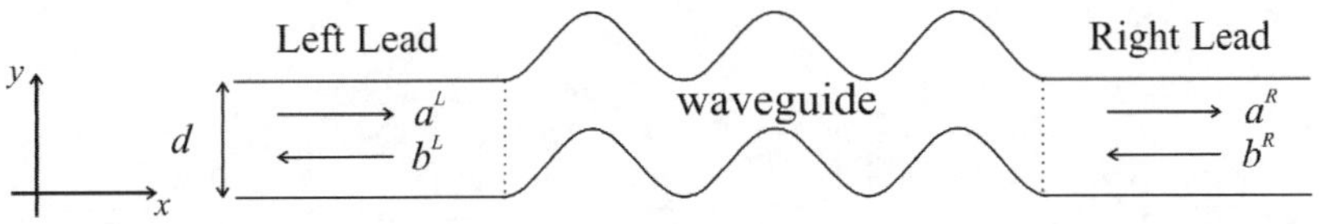

Figure 1. Scheme of a two-dimensional periodic waveguide connected to collineal semi-infinite leads of width d.

S-matrix relates incoming waves to outgoing waves,

$$\psi_{out} = S\psi_{in} \ , \tag{1}$$

where ψ_{in} and ψ_{out} stand for vectors specifying, respectively, waves coming into and going out of an interaction region. For a system composed of a 2D waveguide of arbitrary shape connected to two collineal semi-infinite leads, say left (L) and right (R) leads, the solutions for the wave functions in the leads are

$$\Phi^{L,R}(x,y) = \sum_{m=1} \left[a_m^{L,R}\exp(ik_m^{L,R}x) + b_m^{L,R}\exp(-ik_m^{L,R}x)\right]\phi_m^{L,R}(y) \ , \tag{2}$$

where

$$\phi_m^{L,R}(y) = \sqrt{\frac{2}{d_{L,R}}}\sin\left(\frac{m\pi y}{d_{L,R}}\right) \ , \tag{3}$$

is the component of the wavefunction along the y-axis, perpendicular to the direction of propagation (x-axis); d_L stands for the width of the left lead which may be different from the width d_R of the right lead. For simplicity we shall use $d = d_L = d_R$. See Figure 1. The sum in Equation (2) is over all the propagating modes supported by the leads at a given Fermi energy E whose expression on the leads is

$$E = \frac{\hbar^2}{2\mathbf{m}}\left(k_m^2 + \frac{m^2\pi^2}{d^2}\right) \ , \tag{4}$$

where k_m and $m\pi/d$ are, respectively, the longitudinal and transversal momentum components of the total wave vector with magnitude $K = \sqrt{2\mathbf{m}E}/\hbar$.

With this notation, the S-matrix and the incoming and outgoing waves can be written in the form

$$S = \begin{pmatrix} t & r' \\ r & t' \end{pmatrix} , \qquad \psi_{in} = \begin{pmatrix} a^L \\ b^R \end{pmatrix} , \qquad \psi_{out} = \begin{pmatrix} a^R \\ b^L \end{pmatrix} . \tag{5}$$

The symbols t, t', r, and r' are $M \times M$ matrices, where M is the highest mode given by the largest m beyond which the longitudinal wave vector $k_m = \sqrt{2\mathbf{m}E/\hbar^2 - m^2\pi^2/d^2}$ becomes complex.

The elements of the transmission (t and t') and reflection (r and r') matrices are the transmission and reflection amplitudes given, respectively, by $t_{mn}(E) = (a_n^R/a_m^L)\sqrt{k_n/k_m}$, $t'_{mn}(E) = (b_n^L/b_m^R)\sqrt{k_n/k_m}$, $r_{mn}(E) = (b_n^L/a_m^L)\sqrt{k_n/k_m}$, and $r'_{mn}(E) = (a_n^R/b_m^R)\sqrt{k_n/k_m}$. Here, a_m^L (a_n^R) is the amplitude of the forward traveling plane wave $\exp[ik_m^{L,R}(x)]\sqrt{2/d}\sin(m\pi y/d)$ on the left (right) lead corresponding to the m-th transversal mode. Similarly, b_n^L (b_m^R) is the amplitude of the backwards traveling plane wave $\exp[-ik_m^{L,R}(x)]\sqrt{2/d}\sin(m\pi y/d)$ on the left (right) lead. See [2, 3] for details. The *squared* modulo element $\mid t_{n,m}\mid^2$ ($\mid t'_{n,m}\mid^2$) gives the probability amplitude for a left (right)-incoming mode m to be transmitted to the right (left) lead into the mode n. Similarly, $\mid r_{n,m}\mid^2$ ($\mid r'_{n,m}\mid^2$) is the probability for a left (right)-incoming mode m to be reflected to the left (right) lead into mode n.

Journal of Physics: Conference Series **475** (2013) 012001 doi:10.1088/1742-6596/475/1/012001

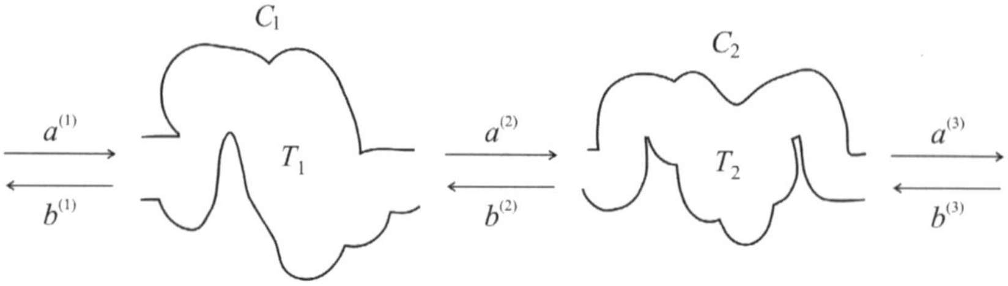

Figure 2. Scheme of a two-dimensional waveguide composed by two cavities C_1 and C_2 (with transfer matrices T_1 and T_2, respectively) connected in series.

2.2. *The transfer matrix T*

The transfer-matrix method can be used when the total system can be broken into a sequence of subsystems that interact only with adjacent subsystems. Then, having as a reference the scattering setup of Figure 1, the T-matrix relates waves in the left lead to waves in the right lead as

$$\psi_R = T\psi_L \ . \tag{6}$$

With the notation above the T-matrix and the waves in the left and right leads are written as

$$T = \begin{pmatrix} \alpha & \beta \\ \gamma & \delta \end{pmatrix} , \qquad \psi_L = \begin{pmatrix} a^L \\ b^L \end{pmatrix} , \qquad \psi_R = \begin{pmatrix} a^R \\ b^R \end{pmatrix} . \tag{7}$$

A useful property of the T-matrix in the study of scattering systems is the *serial multiplication*: Consider two waveguide cavities C_1 and C_2, see Figure 2, whose transfer matrices are T_1 and T_2, respectively. If the amplitudes of the waves related through T_1 are $(a^{(1)}, b^{(1)})$ and $(a^{(2)}, b^{(2)})$ (the left and right wave coefficients corresponding to C_1) and the amplitudes of the waves related through T_2 are $(a^{(2)}, b^{(2)})$ and $(a^{(3)}, b^{(3)})$ (left and right wave coefficients corresponding to C_2), then the T-matrix of the combined scattering system composed by the cavities C_1 and C_2 connected in series is given by the matrix product $T = T_2 T_1$, where T relates the left $(a^{(1)}, b^{(1)})$ and right $(a^{(3)}, b^{(3)})$ wave coefficients of the combined scattering system. Moreover, the serial multiplication property can be generalized to any finite number of cavities: Lets consider a waveguide scattering system composed by N cavities C_i connected in series, each one having a transfer matrix T_i, then the transfer matrix of the complete waveguide system is given by

$$T = \prod_{i=1}^{N} T_i \ . \tag{8}$$

2.3. *Proposal*

Since both, the S-matrix and the T-matrix, describe an scattering process they could be expressed in terms of the other's matrix elements. For the scattering setup we consider here, see Figure 1, they are given as [4]

$$T(S) = \begin{pmatrix} t - r'[t']^{-1}r & r'[t']^{-1} \\ -[t']^{-1}r & [t']^{-1} \end{pmatrix} , \tag{9}$$

$$S(T) = \begin{pmatrix} -[\delta]^{-1}\gamma & [\delta]^{-1} \\ \alpha - \beta[\delta]^{-1}\gamma & \beta[\delta]^{-1} \end{pmatrix} . \tag{10}$$

Then, the procedure we propose to obtain the scattering properties of periodic waveguides is as follows: (i) compute the scattering matrix S_0 of the unitary cell C_0, one period of the waveguide, by standard finite element method (FEM) computations; (ii) construct the corresponding transfer matrix T_0 by the use of Equation (9); (iii) calculate the transfer matrix T of the waveguide composed by N unitary cells connected in series by the use of Equation (8), which in this case reduces to $T = (T_0)^N$ since the scattering system is periodic; (iv) compute the scattering matrix S of the waveguide by the use of Equation (10). The advantage of our approach is that the FEM is used only for one cell, allowing for higher geometrical resolution, and hence more accurate calculations of transport quantities than in the standard method where the FEM is used for the whole length of the waveguide. The iteration of the transfer matrices implies lower computational cost than FEM computations.

Once the S-matrix is known it is possible to compute transmission, reflexion, shot noise, conductance, etc. See for example [4]. In particular, we will be interested below in the dimensionless conductance, which is well described by the Landauer-Buttiker formula [5]

$$G = \mathrm{Tr}(tt^\dagger) \ . \tag{11}$$

3. The waveguide model

To test the method described above we use a 2D periodic waveguide which is composed by N periods (unitary cells) of the *generalized ripple billiard*, defined by two walls given by the functions

$$\begin{aligned} g(x) &= d + A_1\xi_1(x) \ , \\ f(x) &= A_2\xi_2(x) \ , \end{aligned} \tag{12}$$

where d is the average width of the billiard, $A_{1,2}$ stand for the amplitudes of modulation, and $\xi_{1,2}(x)$ are periodic functions with period L_x: $\xi_{1,2}(x + L_x) = \xi_{1,2}(x)$. See Figure 3.

When $\xi_1(x) = \cos(2\pi x/L_x)$, $L_x = 2\pi$, and $A_2 = 0$ in Equation (12) the standard ripple billiard is recovered. See for example [6], Chapter 6. An attractive feature of the generalized ripple billiard is that its classical phase space undergoes the generic transition to global chaos as the amplitudes $A_{1,2}$ increase. Then, results from the analysis of this system are applicable to a large class of systems, namely non-degenerate, non-integrable Hamiltonians [6, 7]. Various transport and dynamical properties of the ripple billiard have been investigated in both, classical [2, 3, 8] and quantum regimes [2, 3, 9, 10, 11, 12, 13, 14, 15] in its two versions: finite (one or few periods of modulation) [2, 3, 8, 10, 11, 15] and infinite [12, 13, 14]. Hence, the ripple billiard has become a paradigm in studies of *quantum chaos*.

Below we use three waveguide geometries characterized by the choice of $g(x)$ and $f(x)$ as follows.

3.1. Waveguide with one rippled wall

Here we consider the standard ripple billiard as in [2, 3]; so we choose $\xi_1(x) = \cos(2\pi x/L_x)$, $L_x = 2\pi$, and $A_2 = 0$ in Equation (12). See Figure 3(a).

3.2. Waveguide with rippled walls and constant width

Here we chose $\xi_1(x) = \xi_2(x) = \cos(2\pi x/L_x)$, $L_x = 2\pi$, and $A_1 = A_2$ in Equation (12); so that $g(x) - f(x) = d$. See Figure 3(b).

3.3. Waveguide with rippled walls and constant cross section

For this case we write $g(x)$ and $f(x)$ in the parametric form [16] $\vec{f}(t) = (x(t), f(t))$ and $\vec{g}(t) = \vec{f}(t) + d\widehat{N}$, respectively, with $\widehat{N} = \vec{N}(t)/||\vec{N}(t)||$ and $\vec{N}(t) = (x''(t)f'^2(t) - x'(t)f'(t)f''(t),$

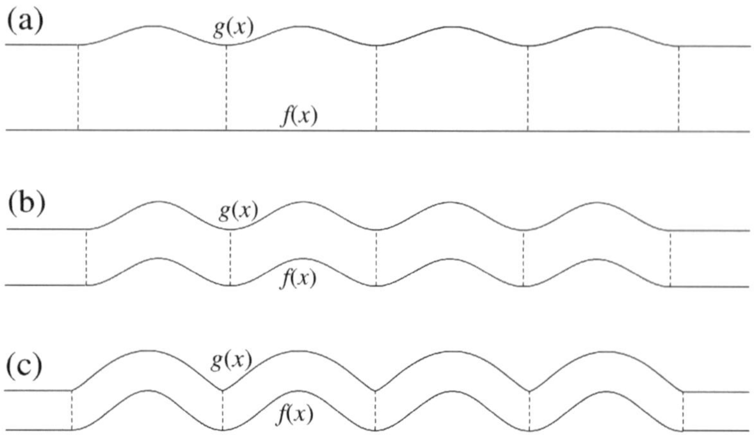

Figure 3. (a) Waveguide with one rippled wall, (b) waveguide with rippled walls and constant width, and (c) waveguide with rippled walls and constant cross section. Here, the size of all waveguides is equal to four unitary cells; i.e. $N = 4$.

$f''(t)x'^2(t) - f'(t)x'(t)x''(t))$. By choosing $\xi_2(x) = \cos(2\pi x/L_x)$ and $L_x = 2\pi$ in Equation (12); i.e. $f(x) = A_2\cos(x)$, we get for the parametrization of $g(x)$

$$\vec{g}(t) = \left(t + d\frac{A_2\sin(t)}{\sqrt{A_2^2\sin^2(t)+1}}\ ,\ A_2\cos(t) + \frac{d}{\sqrt{A_2^2\sin^2(t)+1}} \right) . \quad (13)$$

Here, the constant cross section of the waveguide is d. See Figure 3(c). Waveguides with constant cross section are also known as *unidirectional waveguides* since, it their classical limit, they show perfect particle transmission. See for example [16].

4. Results

In Figures 4, 5, and 6 we show plots of the dimensionless conductance G as a function of the normalized energy E/E_0 for waveguides with one rippled wall, waveguides with rippled walls and constant width, and waveguides with rippled walls and constant cross section, respectively. See also Figure 3. E_0 is given by Equation (4) with $k_m = 0$ and $m = 1$. The values of the geometrical parameters are given in the corresponding figure captions. In all three cases we present results for waveguides composed by $N = 2$, 5, 10, 25, and 50 unitary cells.

In Figures 4-6 black curves correspond to the calculation of G using the standard finite element methods (see details in [17]). While the corresponding computation of G, based on the transfer matrix approach, is shown as red dots. We observe a good *global* correspondence of both sets of data. However, closer inspection reveals important differences that indicate that our approach is more efficient and accurate. Specifically, the standard finite element method shows gaps not produced by our method, see, e.g, Figure 4, $N = 25$ for $E/E_0 < 4$. We believe these gaps are incorrect given that the standard method shows also various places where G reaches values higher than allowed by flux conservation, that is, higher than the corresponding number of open modes, see, e.g., Figure 4, $N = 25$ in $6 \leq E/E_0 \leq 8$. These errors appear because the number of finite elements per unit cell N_s used in the standard method is smaller than the corresponding number N_c used for a single cell in our combined method. N_s is necessarily smaller than N_c since the standard method requires larger computational resources. Further evidence that our method is more accurate is that it reproduces the expected $N - 1$ small oscillations in the transmission bands for periodic systems, see Figures 4-6 for $N > 10$.

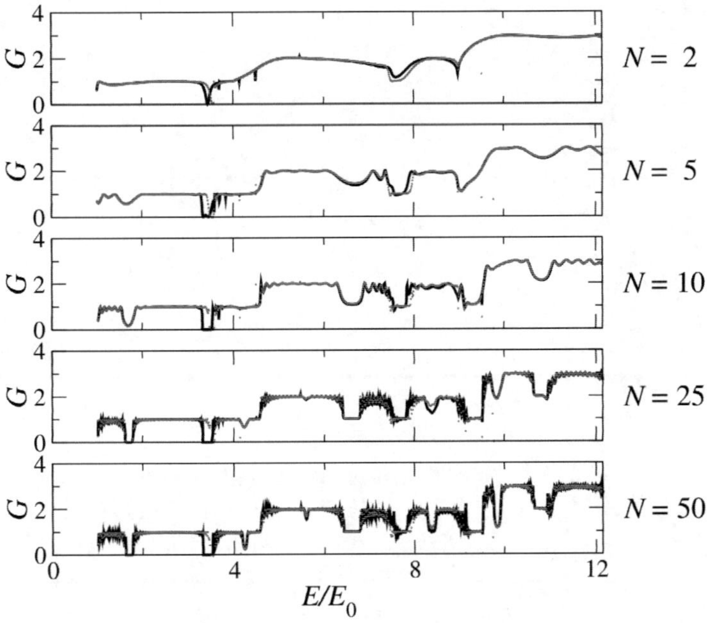

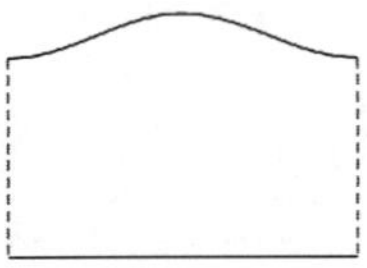

Figure 4. Conductance G as a function of the energy E/E_0 for waveguides with one rippled wall and size N. Here, $A_1 = 2\pi/10$ and $d = 2\pi$.

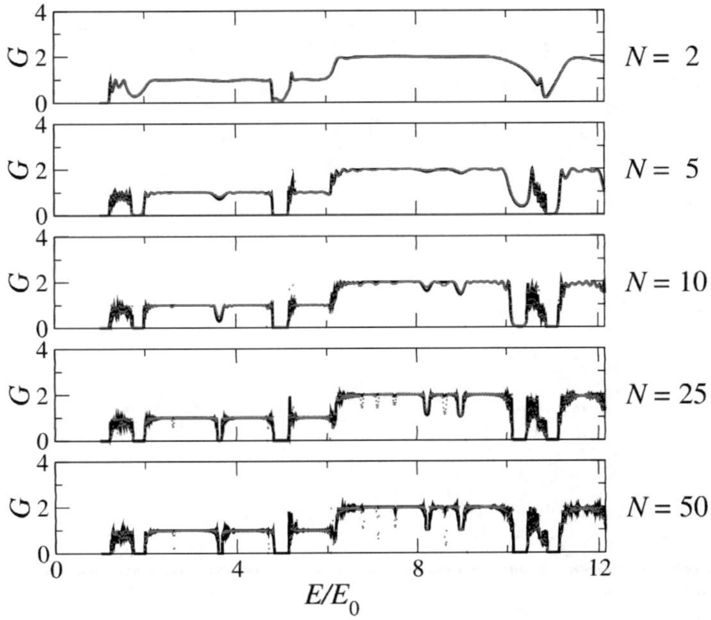

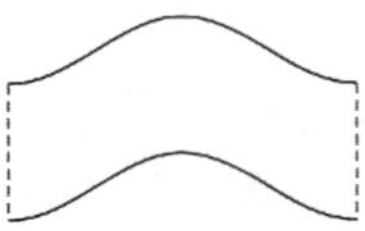

Figure 5. Conductance G as a function of the energy E/E_0 for waveguides with rippled walls, constant width d, and size N. Here, $A_1 = 2\pi$ and $d = 1.65\pi/2$.

5. Conclusions

We have proposed a method, based on a combination of finite element methods and the transfer matrix approach, to calculate the scattering properties of non-integrable periodic waveguides. Even though we have used the generalized ripple billiard to validate our proposal, the applicability of our method should not be restricted to this waveguide geometry.

We stress that our proposal offers a very efficient and low computational cost technique, as compared with standard finite element methods. As a rough example, we mention that the calculation of the conductance G reported in Figures. 4-6, using the standard finite element methods (black curves), for the waveguides of size $N = 50$ took about 30hrs. While the

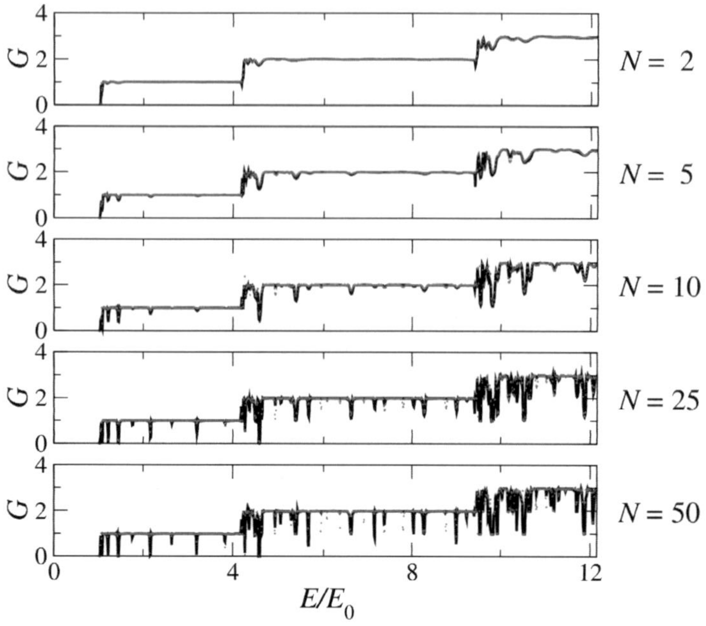

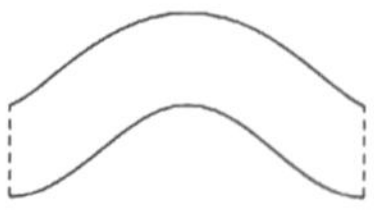

Figure 6. Conductance G as a function of the energy E/E_0 for waveguides with rippled walls, constant cross section d, and size N. $A_2 = \pi^{-1/2}$ and $d = 2^{1/2}$.

corresponding computation of G, based on the transfer matrix approach (red dots), took only 20mins (moreover, consider that most of this time was used to obtain the scattering matrix of the unit cell S_0).

We expect to successfully apply this method to calculate statistically the scattering properties of surface disordered waveguides, where large waveguide ensembles are needed.

Acknowledgments
This work was partially supported by VIEP-BUAP (project MEBJ-EXC10-I), México.

6. References
[1] Taylor J R 1972 *Scattering Theory* (New York: Wiley)
[2] Luna-Acosta G A, Méndez-Bermúdez J A, Šeba P and Pichugin K N 2002 *Phys. Rev.* E **65** 046605
[3] Méndez-Bermúdez J A, Luna-Acosta G A, Šeba P and Pichugin K N 2002 *Phys. Rev.* E **66** 046207
[4] Mello P A and Kumar N 2004 *Quantum Transport in Mesoscopic Systems* (New York: Oxford University Press)
[5] Landauer R 1957 *IBM J. Res. Dev.* **1** 223; Landauer R 1988 *IBM J. Res. Dev.* **32** 336; Buttiker M 1988 *IBM J. Res. Dev.* **32** 317; Buttiker M 1986 *Phys. Rev. Lett.* **57** 1761
[6] Reichl L E 2004 *The Transition to Chaos* (New York: Springer-Verlag)
[7] Lichtenberg A J and Lieberman M A 1992 *Regular and Chaotic Dynamics* (New York: Springer-Verlag)
[8] Luna-Acosta G A, Krokhin A A, Rodriguez M A and Hernandez-Tejeda P H 1996 *Phys. Rev.* B **54** 11410
[9] Luna-Acosta G A, Na K, Reichl L E and Krokhin A 1996 *Phys. Rev.* E **53** 3271
[10] Akguc G B and Reichl L E 2000 *J. Stat. Phys.* **98** 813
[11] Li W, Reichl L E and W B 2002 *Phys. Rev.* E **65** 56220
[12] Luna-Acosta G A, Méndez-Bermúdez J A and Izrailev F M 2000 *Phys. Lett.* A **274** 192
[13] Luna-Acosta G A, Méndez-Bermúdez J A and Izrailev F M 2001 *Phys. Rev.* E **64** 036206
[14] Luna-Acosta G A, Méndez-Bermúdez J A and Izrailev F M 2002 *Physica* E **12** 267
[15] Huckestein B, Ketzmerick R and Lewenkopf C H 2000 *Phys. Rev. Lett.* **84** 5504
[16] Alcázar-López A, Méndez-Bermúdez J A and Luna-Acosta G A *Rev. Mex. Fís.* in press
[17] Nazmitinov R G, Pichugin K N, Rotter I and Šeba P 2001 *Phys. Rev.* E **64** 056214

Journal of Physics: Conference Series **475** (2013) 012002 doi:10.1088/1742-6596/475/1/012002

Fractal dimension algorithms and their application to time series associated with natural phenomena

F Cervantes-De la Torre[1], J I González-Trejo[1], C A Real-Ramírez[1] and L F Hoyos-Reyes[1]

[1] Departamento de Sistemas, División de Ciencias Básicas e Ingeniería, Universidad Autónoma Metropolitana-Azcapotzalco, Av. San Pablo 180, Col. Reynosa Tamaulipas, Delegación Azcapotzalco, C.P. 02200, México. D. F., México

E-mail: `fcdt@correo.azc.uam.mx`

Abstract. Chaotic invariants like the fractal dimensions are used to characterize non-linear time series. The fractal dimension is an important characteristic of systems, because it contains information about their geometrical structure at multiple scales. In this work, three algorithms are applied to non-linear time series: spectral analysis, rescaled range analysis and Higuchi's algorithm. The analyzed time series are associated with natural phenomena. The disturbance storm time (Dst) is a global indicator of the state of the Earth's geomagnetic activity. The time series used in this work show a self-similar behavior, which depends on the time scale of measurements. It is also observed that fractal dimensions, D, calculated with Higuchi's method may not be constant over-all time scales. This work shows that during 2001, D reaches its lowest values in March and November. The possibility that D recovers a change pattern arising from self-organized critical phenomena is also discussed.

1. Introduction

Solar storms consist of three major components: solar flares, solar proton events and coronal mass ejections (CMEs). Not all solar storms produce all of these elements, but the largest solar storms tend to do it. CMEs can interact with Earth's magnetic field to produce a geomagnetic storm, this produce a temporary disturbance of the Earth's magnetosphere and an equatorial ring of currents, differential gradient and curvature drift of electrons and protons in the near Earth region [12].

There is a global index, the disturbance storm time (Dst), which was devised as a mean for characterizing the level of disturbance observed in the equatorial regions. As it has been long observed, the north-south horizontal component of the geomagnetic field becomes depressed during major geomagnetic storms, and this is more pronounced in equatorial and low-latitude regions. Several studies proved that the degree and extent of this depression are useful tools for characterizing the energy transfer from solar wind into the Earth's magnetosphere. They also provide an estimate of the energy density of the energetic particles in the Earth's ring currents.

The Dst index is computed once per hour, and their measurements are usually expressed in nano-Tesla (nT). The Dst index has negative values. A severe geomagnetic storm is defined as any event with a Dst value lower than $-500nT$. An estimated Dst value for the "1859 Carrington event" (described later in the paper) was $-1760nT$ [8]. The storm responsible for the Quebec

Journal of Physics: Conference Series **475** (2013) 012002 doi:10.1088/1742-6596/475/1/012002

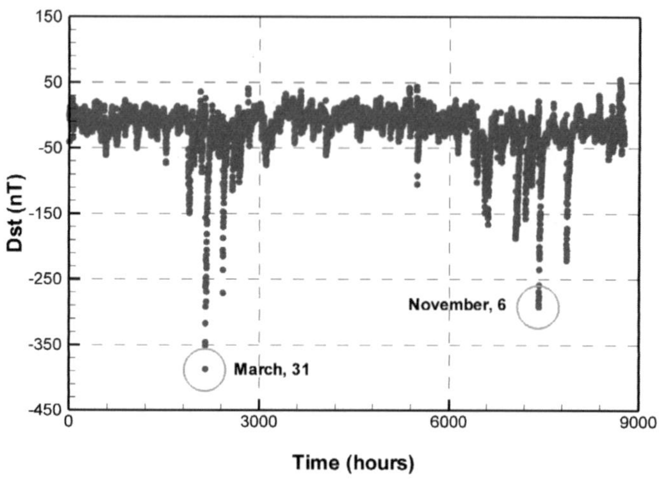

Figure 1. Dst time series for 2001. The intense magnetic storms occurred on March 31st and the November 6th, with minimum Dst values of $-387nT$ and $-292nT$ respectively.

power outage, which occurred in 1989 (also described later in this work), registered a Dst value of $-589nT$.

There are several space weather phenomena associated with geomagnetic storms [12]: (i) shifting of the Van Allen radiation belt and geomagnetically induced currents (GICs), which can flow through power transmission grids (as well as pipelines and undersea cables) and lead to power system problems, (ii) ionospheric disturbances which cause radio and radar scintillation, (iii) disruption of navigation by magnetic compass, and (iv) auroral boreal displayed at much lower latitudes than normal.

Solar storms vary in size and impact on Earth. One of the largest solar storms occurred in September of 1859 (Dst = -1,760 nT). This particular solar storm is known as the "Carrington flare". In 1989, from August 28th to September 4th, auroral displays, often called as northern or southern lights, spanned on several continents and were observed around the world. A British amateur astronomer, Richard Carrington, recorded the solar outburst, a white-light flare. According to modern experts, the "Carrington flare" were actually two intense geomagnetic storms. Across the world, telegraph networks experienced disruptions and outages as a result of the currents generated by the geomagnetic storms. The economic costs associated with a catastrophic event similar to the Carrington flare could reach several trillion dollars [11].

On March 13th, 1989, a geomagnetic super-storm ($Dst = -589nT$) affected Canadian and U.S. power systems, resulting in a major power outage for nine hours for the majority of the Quebec region and the northeastern of United States. The Hydro-Quebec grid's geographic location and its 1,000 km transmission lines made it susceptible to geomagnetic storm. Central and southern Sweden also experienced power losses when GICs disrupted six $130kV$ power lines. The GICs flowed through the power system, causing severe damages to seven static compensators on the La Grande network in the Hydro-Quebec grid. The loss of the compensators resulted in a system disturbance and severe equipment damage. After nine hours, 83 percent of the total power was restored, but a million customers remained without electric power. The total cost of the Hydro-Quebec incidents is estimated to be $6 billion. Since the incident, the Canadian government has set up protective measures at the Hydro-Quebec sit e, such as transmission-line series capacitors, whose cost was more than $1.2 billion, which prevent the system from being damaged again by the GICs.

Because our civilization has evolved into a technology dependent society, today a solar storm of this magnitude or greater could produce a global catastrophe.

Journal of Physics: Conference Series **475** (2013) 012002 doi:10.1088/1742-6596/475/1/012002

2. Scaling law and invariants quantities

This section presents a brief discussion about certain quantities, invariant under smooth coordinate transformations. The theory of nonlinear dynamical systems provides new tools and quantities for the characterization of irregular time-series data through universal scaling laws, such as the spectral analysis, rescaled range analysis and Higuchi's algorithm.

2.1. Spectral exponent β

The time evolution of a dynamic system is represented by the time variation $X(t)$ or (when sampled at regular intervals) time series of its dynamic variables. Any function $X(t)$ may be usually represented as the superposition of periodic components. The determination of their relative strengths is called spectral analysis.

If a time series $X(t)$ is specified over a time interval T, the mean signal $\bar{X}(t)$ is given by

$$\bar{X}(t) = \frac{1}{T}\int_0^1 X(t)dt \tag{1}$$

The variance σ^2, of the signal $X(t)$, is defined by

$$\sigma^2(X(t)) = \mathrm{Var}(X(t)) = \frac{1}{T}\int_0^1 [X(t) - \bar{X}(t)]^2 dt \tag{2}$$

and the standard deviation σ is the square root of the variance.

The mean and the variance are the first two moments of the time series. The time series $X(t)$ can be represented in the frequency domain f, in terms of the amplitude $A(f,T)$, which is the Fourier transform of $X(t)$:

$$A(f,T) = \int_{-\infty}^{\infty} X(t)e^{2\pi i f t}dt \tag{3}$$

The inverse Fourier transform is

$$X(t) = \int_{-\infty}^{\infty} A(f,T)e^{-2\pi i f t}df \tag{4}$$

The quantity $\mid A(f,T) \mid^2$ is the contribution to the total energy of $X(t)$ from components with frequencies in $[f, f+df]$. In real time series, the samples are picked up in a finite interval $0 < t < T$, in such a way that the effect of finite time series shall be taken into account. The FFT method (Fast Fourier Transform) is the appropriate tool to analyze this kind of systems [3]. The power spectral density of $X(t)$ is defined by:

$$s(f) = \lim_{T\to\infty} \frac{1}{T} \mid A(f,T) \mid^2 \tag{5}$$

The quantity $s(f)df$ is the power in the time series associated with the frequency in the interval $[f, f+df]$. If a time series is fractal, then it satisfies the following power law relation:

$$s(f) \propto f^{-\beta} \tag{6}$$

Where β is a constant that defines the kind of dynamic behavior of the time series $X(t)$. For example, $\beta = 0$ for white noise-like systems, which are uncorrelated and have a power spectrum that is independent of the frequency. Another relevant case is $\beta = 1$, the so-called flicker or $1/f$ noise systems, which are moderately correlated. For Brownian noise-like systems, $\beta = 2$, which are strongly correlated.

2.2. Hurst exponent H

The Hurst exponent is commonly used as a measure of the geometric fractal scaling in a data series [10]. If the series $X(t)$ is a self-affine fractal, then $X(bt)$ is statistically equivalent to $b^H X(t)$, where H is the Hurst exponent. Many methods for estimating Hurst's exponent have been proposed and used in the literature. Each of these methods has specific advantages and disadvantages. In our research, we focus on classical methods of rescaled range analysis [7].

The rescaled range R/S statistics for discrete time series (X_t) is defined as follows:

$$Y(t,\tau) = \sum_{i=0}^{t-1}[X_i - \langle X \rangle_\tau] \tag{7}$$

$$R(\tau) = \max_{0\leq t \leq \tau-1} Y(t,\tau) - \min_{0\leq t \leq \tau-1} Y(t,\tau) \tag{8}$$

$$S(\tau) = \left(\frac{1}{\tau}\sum_{t=0}^{\tau-1}(X_t - \langle X \rangle_\tau)^2\right)^{\frac{1}{2}} \tag{9}$$

$$R/S(\tau) = \frac{R(\tau)}{S(\tau)} \tag{10}$$

We can now apply

$$\frac{R}{S} \propto \tau^H \tag{11}$$

The values of the Hurst exponent vary between 0 and 1. A Hurst exponent value of $H = 0.5$ indicates a random walk process (a Brownian motion). In a random walk, there is no correlation, this is uncorrelated time series. If $0 \leq H \leq 0.5$, the process is said to be antipersistent. The system is covering smaller distances than a random walk process. This means that an increase will tend to be followed by decrease (or decrease will be followed by an increase). This behavior is sometimes called mean reversion. For $0.5 < H \leq 1$, the time series belongs to a persistent process. This series covers more distance than a random walk process. Thus, if the system increases in one period, it is more likely to keep increasing in the next period.

2.3. Higuchi's algorithm

In this section, we briefly discuss the Higuchi's algorithm. This is a technique for calculating the fractal dimension D, of a time series. The power spectrum analysis has been used as a useful and efficient method to analyze irregular time series, especially if the Power Spectrum follows the Power Law (6). The exponent β in (6) is considered to be the index (invariant) for representing the irregularity of a time series. We have demonstrated in [5] that in many cases, the usage of the Higuchi's fractal dimension D, is more appropriate than the spectral exponent β.

In order to obtain the fractal dimension D, Higuchi [6] considered a finite set of observations, taken at a regular interval:

$$X(1),\ X(2),\ X(3),\ \ldots,\ X(N). \tag{12}$$

From this series, a new one X_k^m, must be constructed, which is defined as follows:

$$X_k^m;\ X(m),\ X(m+k),\ X(m+2k),\ldots,\ X\left(m + \left[\frac{N-m}{k}\right]k\right), \tag{13}$$

with ($m = 1, 2, \ldots, k$); and where $[\cdot]$ denotes the Gauss notation, that is the bigger integer, and both k and m are integers. m and k indicate the initial time and the interval time, respectively.

For a time interval equal to k, one gets k sets of new time series. For example, for $k = 4$ and $N = 100$, four new time series are obtained

$$\begin{array}{c} X_4^1 : X(1), X(5), X(9), \ldots, X(97) \\ X_4^2 : X(2), X(6), X(10), \ldots, X(98) \\ X_4^3 : X(3), X(7), X(11), \ldots, X(99) \\ X_4^4 : X(4), X(8), X(12), \ldots, X(100) \end{array} \tag{14}$$

Higuchi [6], defines the length of the curve associated to each time series, X_k^m as follows:

$$L_m(k) = \frac{1}{k}\left(\sum_{i=1}^{\left[\frac{N-m}{k}\right]} (X(m+ik) - X(m+(i-1)k))\right)\left(\frac{N-1}{\left[\frac{N-m}{k}\right]k}\right) \tag{15}$$

where the term

$$\frac{N-1}{\left[\frac{N-m}{k}\right]k}, \tag{16}$$

represents a normalization factor. Higuchi takes the average value $\langle L(k)\rangle$ of the lengths associated to the time series given by Equation (15).

If the average value follows a power law:

$$\langle L(k)\rangle \propto k^{-D}, \tag{17}$$

then the curve is fractal with dimension D. Higuchi's algorithm can be applied even over time series that are not stationary. This fact represents an advantage over spectral analysis [5] and Hurst's algorithm.

The spectral exponent β is related with the fractal dimension D of the time series, and with exponent H, know as the Hausdorff measure, by means of the following relation [4, 10]:

$$\beta = 2H + 1 = 5 - 2D \tag{18}$$

Higuchi [6] showed that if $1 \leq \beta \leq 3$, then $D = (5 - \beta)/2$. He also shows that the following limits are held:

$$\text{if } \beta \to 0 \text{ then } D \to 2 \tag{19}$$

which corresponds to uncorrelated white noise. The second limit is:

$$\text{if } \beta \to 3 \text{ then } D \to 1 \tag{20}$$

Since the values of the fractal dimension D for Dst index time series are in the interval $[1, 2]$, equations (18), (19) and (20) can be used for analyzing it.

3. Time evolution of the index Dst

We study the evolution of the Dst index along the 2001 year. In this year, two intense magnetic storms were registered. One of them occurred on March 31st, and the other one was on November 6th (see Figure 1). The minimum Dst values were $-387nT$ and $-292nT$, respectively.

Through the power laws (6), (11) and (17), we calculated the fractals exponents β, H and D.

The analysis of data belonging the months of March, April and November, is shown in Figures 2, 4 and 6, respectively. The upper panel on each of these figures shows the time evolution of

Journal of Physics: Conference Series **475** (2013) 012002 doi:10.1088/1742-6596/475/1/012002

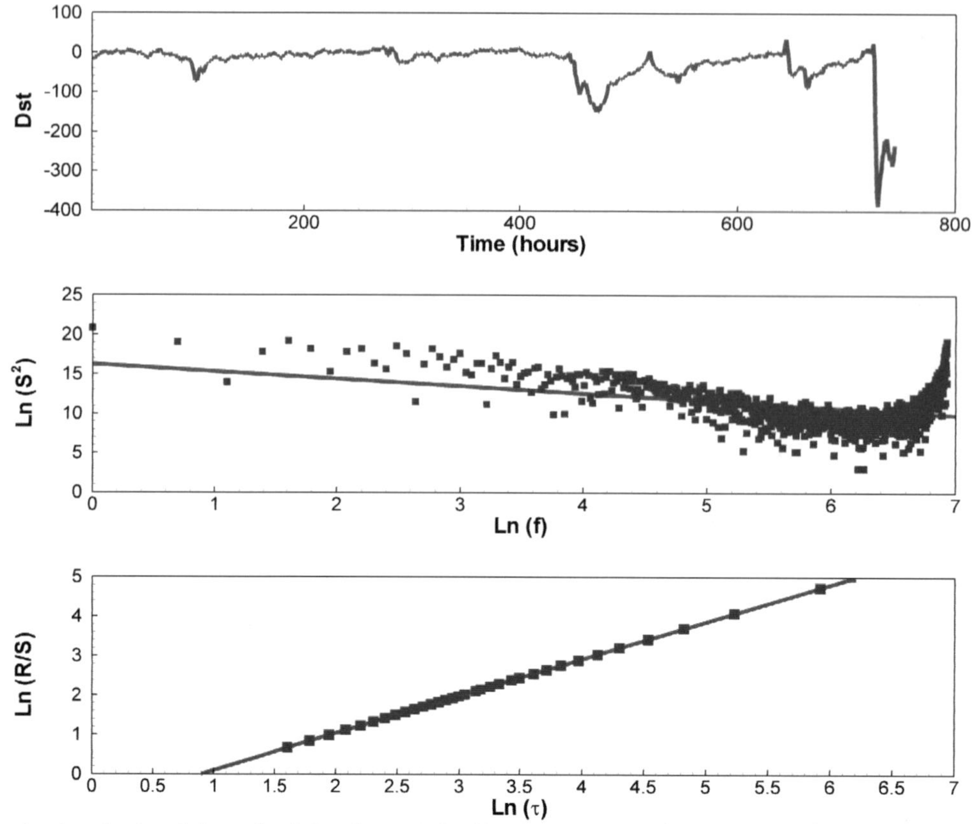

Figure 2. Analysis of data for March month. Dst time series (upper panel). Power laws of the spectral analysis (middle panel). Rescaled range analysis (bottom panel).

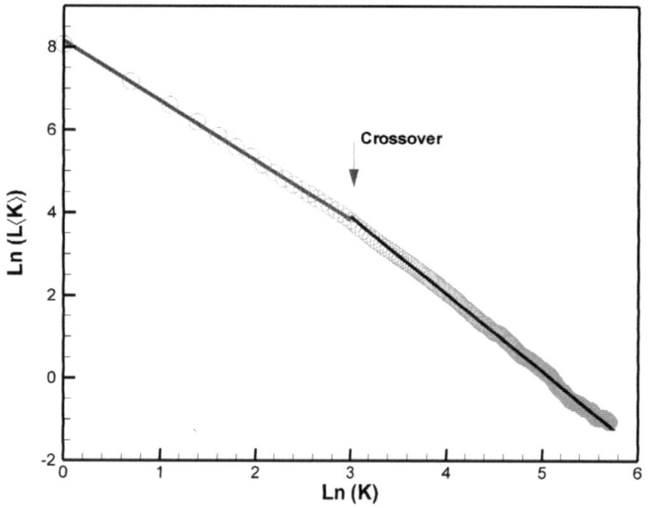

Figure 3. Analysis of data for March month trough Higuchi's algorithm.

the Dst index. The middle panel displays the results of the spectral analysis. The bottom panel shows the rescaled range and the Hurst's algorithm analysis for the corresponding month. The analysis of the Dst index time series through Higuchi's algorithm for the months of March, April

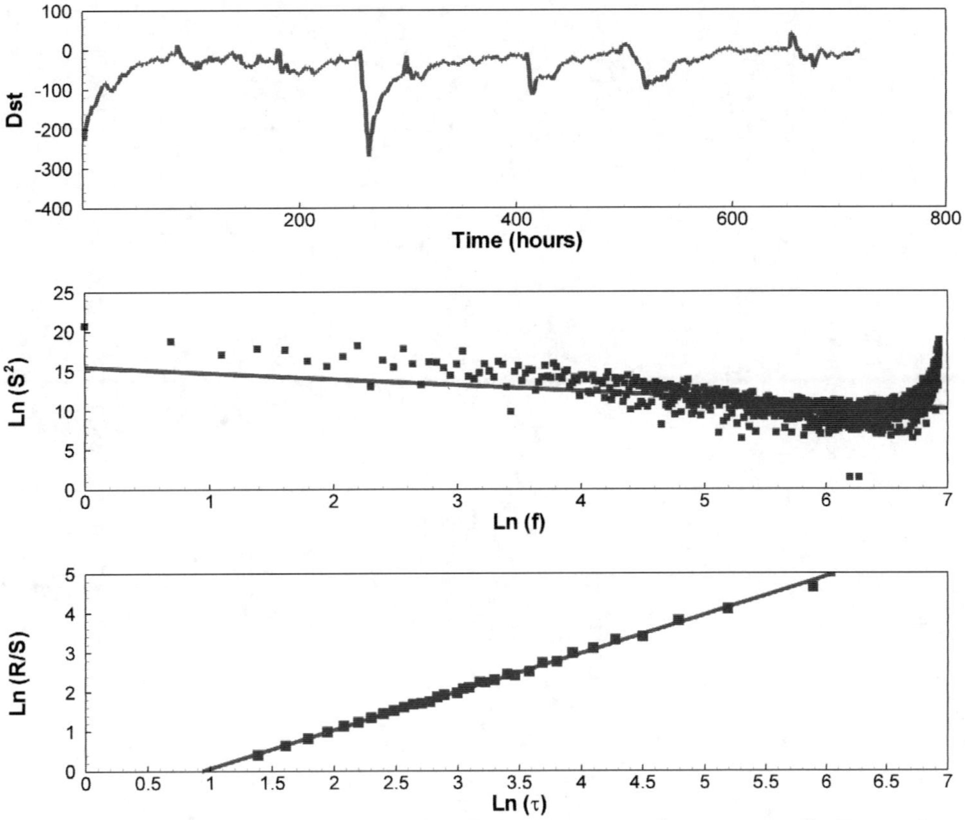

Figure 4. Analysis of data for April month. Dst time series (upper panel). Power laws of the spectral analysis (middle panel). Rescaled range analysis (bottom panel).

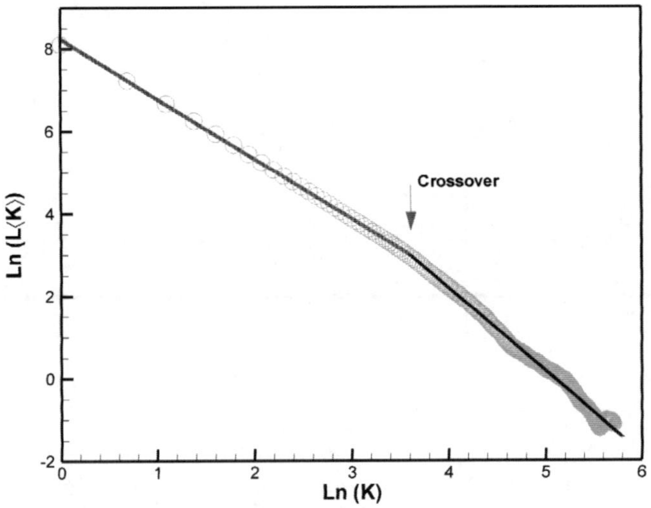

Figure 5. Analysis of data for April month trough Higuchi's algorithm.

and November, is shown in Figures 3, 5 and 7, respectively.

The best least-squares fit for the spectral analysis are reported in Table 1.

The values of the correlation coefficient show very poor results. In Figures 2, 4 and 6, the

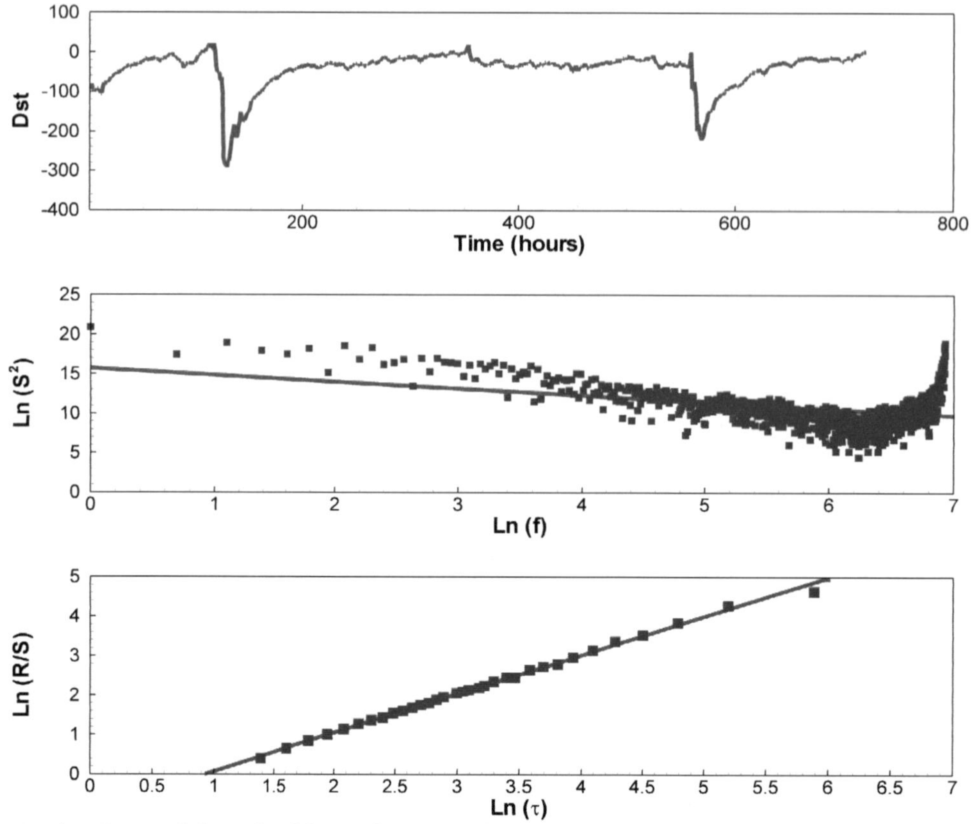

Figure 6. Analysis of data for November month. Dst time series (upper panel). Power laws of the spectral analysis (middle panel). Rescaled range analysis (bottom panel).

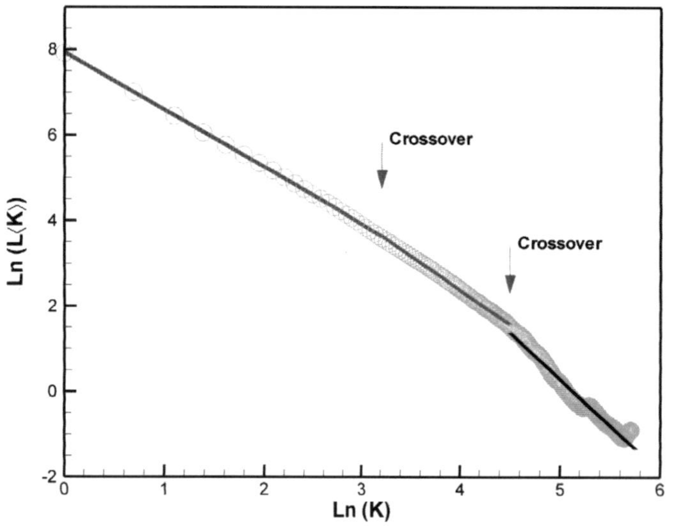

Figure 7. Analysis of data for November month trough Higuchi's algorithm.

power spectra obtained by the FFT-method show noisy fluctuations superposed on the power law spectrum. Thus, the unambiguous determination of the exponent β is difficult.

Journal of Physics: Conference Series **475** (2013) 012002 doi:10.1088/1742-6596/475/1/012002

Table 1. Spectral Analysis

Month	Fractal exponent	
March	$\beta = 0.9221 \pm 0.07666$	$R^2 = 0.1232$
April	$\beta = 0.7648 \pm 0.06314$	$R^2 = 0.1247$
November	$\beta = 0.8552 \pm 0.06858$	$R^2 = 0.1312$

Table 2. Rescaled range analysis

Month	Fractal exponent	
March	H $= 0.9417 \pm 0.004806$	$R^2 = 0.9981$
April	H $= 0.9718 \pm 0.004336$	$R^2 = 0.9985$
November	H $= 0.9828 \pm 0.004573$	$R^2 = 0.9984$

Table 3. Higuchi's algorithm

Month	Fractal exponent	
March	D1 $= 1.4693 \pm 0.009344$	$R^2 = 0.99891$
	D2 $= 1.8843 \pm 0.005491$	$R^2 = 0.99770$
April	D1 $= 1.4395 \pm 0.007237$	$R^2 = 0.99937$
	D2 $= 1.9975 \pm 0.009496$	$R^2 = 0.99387$
	D1 $= 1.3558 \pm 0.005275$	$R^2 = 0.99953$
November	D2 $= 1.6284 \pm 0.005694$	$R^2 = 0.99933$
	D3 $= 2.0189 \pm 0.023000$	$R^2 = 0.97719$

The best least-squares fit for the rescaled range and the Hurst's algorithm are reported in Table 2.

The results of the Higuchi's algorithm applied to Dst time series for the months of March, April and November are reported in Table 3.

Although the statistical results of the rescaled range analysis are good, Higuchi's algorithm apparently contains more information about the dynamics of the time series. We found that when Higuchi's algorithm is applied to Dst index time series, a crossover behavior is revealed. For March and April months, we found that $\langle L(k) \rangle$ exhibits a crossover between two distinct fractal dimension D. The analysis applied to November data revealed three values for D.

Several values of D are contained in the interval $(1.3, 1.7)$, whereas there are other values of$D$ too close to 2, which correspond to a uncorrelated, white noise like signal. Changes in the fractal dimension D can be associated with changes in the dynamics of the Dst index time series.

The D values of Dst for 2001 year between 1.3 and 1.7, corresponds to values of the spectral exponent β, between 1.6 and 2.4; that is, some values in the range of Fractional Brownian

Motion [10]. If β is in the interval $(1.6, 2.4)$, then the exponent H, is in the interval $(0.3, 0.7)$ (see equation 2), indicating that some process has long range autocorrelations or antipersistence [9]. That is, the signal has a behavior such that an increasing trend in the past implies a decreasing trend in the future and vice versa. For Brownian noise, $H = 0.5$, $D = 1.5$ and $\beta = 2$. These results agree with those obtained by Balasis *et al.* [2].

4. Concluding remarks

In this work, we compared three analysis techniques, the spectral exponent β, calculated by means of the FFT algorithm, the Hurst exponent H, calculated by rescaled range analysis, and the fractal dimension D, calculated by using the Higuchi's algorithm.

We show that the FFT-methods leads to very poor correlation coefficients. Despite the Hurst exponent H has good statistical properties, the existence of different dynamics in the time series is not shown in detail.

On the other hand, the usage of the Higuchi's method leads to very precise values of the fractal dimension D, associated with the Dst time series. This algorithm also shows the complexity (crossover existence) of the time series studied.

For the case studied in this work, we found that D corresponds to representative values of Fractional Brownian noise. A possible explanation of these results is related with the concept of self-organized criticality (SOC) [1]. The SOC concept was developed for complex systems, which are reminiscent of typical geological structures. The notion of SOC was proposed by Bak *et al.* [1] as a general principle governing the behavior of a spatially extended dynamical system with both, temporal and spatial degree of freedom. According to this principle, composite open systems having many interacting elements organize themselves into a stationary critical state with no length or time scales others than those imposed by the finite size of the system. The critical state is characterized by spatial and temporal power laws.

Acknowledgments

The Dst data were provided by the World Data Center for Geomagnetism, Kyoto. (http://swdcwww.kugi.kyoto-u.ac.jp)

Authors acknowledge the financial support from Sistema Nacional de Investigadores (SNI - CONACYT). The data numerical analysis was done at the Laboratorio de Computo Cientifico, Departamento de Sistemas, at Universidad Autonoma Metropolitana - Azcapotzalco.

References

[1] Bak P and Tang C 1989 Earthquake as a self-organized critical phenomenon *J. Geophys. Res.* **54** 15635-37
[2] Balasis G, Ioannis A D, Anastasios A and Konstantinos E 2008 Detection of dynamical complexity changes in Dst time series using entropy concepts and rescaled range analysis *Geophys. Res. Let.* **35** L14102
[3] Birgham E O 1988 *The fast Fourier transform and its applications* (New Jersey: Prentice Hall)
[4] Burlaga L F and Klein L W 1986 Fractal structure of the interplanetary magnetic field. *J. Geophys. Res.* **91A1** 347-350
[5] Cervantes-De la Torre F, Ramírez-Rojas A, Pavía-Miller C G, Angulo-Brown F, Yépez E and Peralta J A 1999 A comparison between spectral and fractal methods in electrotelluric time series *Rev. Mex. Fis.* **45** 298-302
[6] Higuchi T 1988 Approach to an irregular time series on basis of the fractal theory *Physica* D **31** 277-283
[7] Hurst H E 1951 Long term storage capacity of reservoirs *Trans. Am. Soc. Civ. Eng.* **116** 770-779
[8] Lankhina G S, Alex S, Tsurutani B T, and Gonzalez W D 2004 Research on historical records of geomagnetic storms *Proc. of the Int. Astronomical Union* vol. 2004 issue IAUS226 (Cambridge University Press) pp 3-15
[9] Rangarajan G and Ding M 2000 Integrated approach to assessment of long range correlation in time series data. *Phys. Rev.* E **61** 4991-5001
[10] Turcotte D L 1992 *Fractals and chaos in geology and Geophysics* (Cambridge University Press)
[11] U.S. House Homeland Security Committee, 2009 http://www.dhs.gov/files/programs/gc_1225921753386.shtm
[12] Wikipedia http://en.wikipedia.org/wiki/Solar_storm

Journal of Physics: Conference Series **475** (2013) 012003 doi:10.1088/1742-6596/475/1/012003

Hierarchical Structures in Granular Matter

J González-Gutiérrez[1], J L Carrillo-Estrada[1] and J C Ruiz-Suárez[2]

[1] Instituto de Física, Benemérita Universidad Autónoma de Puebla, Apartado Postal J-48, Puebla 72570, México.

21 CINVESTAV-Monterrey, Parque de Investigación e Innovación Tecnológica km 9.5 de la Autopista Nueva al Aeropuerto, CP 66600 Apodaca NL, México

E-mail: `carrillo@ifuap.buap.mx`

Abstract. Granular matter, under the proper conditions of vibration, exhibits a behavior that closely resembles that of gases, liquids or solids. In a vibrated mix of glass particles and magnetic steel particles, it is also possible to observe aggregation phenomena, as well as, processes of reconstruction of the generated clusters. In this work we discuss the effects of the so called granular temperature on the evolution of the agglomerates generated by the magnetic interactions. On the basis of a fractal analysis and the measured mass distribution, we analyze experimental results on the static structural aspects of the aggregates originated by two methods we call: granular diffusion limited aggregation (GDLA) and growth limited by concentration (GLC).

1. Introduction

Granular fluids composed by a mix of glass particles and magnetic steel particles inside a vibrated container, exhibit structural transformations and changes in their physical properties that, at certain extent, can be modulated by the external vibration amplitude, the concentration of magnetic particles and the magnitude of their dipole [1, 2]. In the presence of a magnetic field the structural changes generated by the aggregation of the magnetic particles can be roughly described as the formation of rings, chains and more complex clusters. There has been discussed in the literature that the structure and some of the growth characteristics of the clusters generated by magnetic interactions in granular fluids are consistent with some recently reported numerical simulations based on the dipolar hard sphere model [3, 4]. However, these extensive numerical simulations and some theoretical works, have not been able to conclusively determine the existence of the experimentally observed phase transitions.

A vibrated system composed by a mix of glass particles and paramagnetic iron particles, with no applied magnetic field, does not exhibits any aggregation phenomenon. When an external magnetic field is applied, a magnetization is induced in the steel paramagnetic particles, then, they may interact and for suitable amplitude and frequency of vibration some aggregation phenomena could occur. It has been shown that in magnetorheological dispersions of non Brownian magnetic particles in the presence of an external field, the predominant interaction driving the aggregation processes is the many body dipolar magnetic force among the particles. In those dispersions there occurs some well defined sequential stages in the aggregation processes that generate multifractal clusters. In these stages the viscosity of the liquid matrix has also a sequentially increasing influence [5, 6]. This paper analyzes experimentally the effects of the granular temperature on the characteristics of the structures generated by aggregation of magnetic particles due to the application of an external static magnetic field. This is done by taking different values for the ratio between the vibration acceleration and the gravity acceleration. This ratio, usually denominated Γ parameter is directly related to the so called granular temperature. Here we present a comprehensive discussion of the structural characteristics of the aggregates obtained by following two experimental methods. The processes of aggregation are recorded by using a digital camera. Films and photographs obtained during the formation of the clusters allow us to perform a detailed analysis of the structures in terms of some measures of the complexity, in particular in terms of the mass fractal dimension and the mass spatial distribution. In section II, we briefly describe the experimental procedures and setups. In Sec. III the experimental results of the evolution of the structure in the granular fluid are presented, and the discussion is made by comparing the clusters grown by the GDLA and GLC methods. Finally in Sec. IV, some remarks and comments are made.

2. Experimental Procedures and Setups

Our system is composed by a mix of steel and glass spherical particles inside a vibrated container. The apparatus consists of a three-dimensional cell ($15x15x3cm$). The measured acceleration of the cell, relative to the gravity acceleration is quantified by the parameter $\Gamma = (A\omega^2)/g$, where A and ω are respectively the amplitude and frequency of the vibration, and g is the acceleration due to gravity. The parameter Γ was varied between 1.67 and 2.56. The system is horizontally leveled to ensure that the plate is uniformly accelerated. The particles used in our experiments are paramagnetic steel spheres with a diameter of d=1.61 mm and mass m= 0.017 gr. We also introduce in the container 2027 glass particles with a diameter of d=2 mm and mass m= 0.0074 gr. This is done to incorporate additional randomness into the system by increasing the number of collisions. This also ensures that as the steel particles aggregate (condense), the "granular temperature" of the system does not go to zero. The glass particles play the role of a thermal bath because a large amount of glass particles collide with the paramagnetic particles, allowing reach small fluctuations in the value of the mean kinetic-energy per particle. This last quantity is associated with the so called granular temperature.

Thus, the granular temperature is defined as $T_g = \frac{1}{2}m\langle v^2\rangle$. Where m is the mass of a granular particle and $\langle v^2\rangle$ is the mean square speed of the particles. Blair and Kudrolli [5] found that for small values of parameter Γ, T_g depends linearly with Γ.

The concentration, ϕ, is defined as the ratio between the number of paramagnetic particles n_1 and the total number of the particles n_2.

A magnetic interaction among the steel particles was induced by placing a spherical magnet centered under the base of the cell. The magnetic field strength of this magnet is $\vec{M} = 12$ kG . In this configuration the magnetic field lines has approximately a radial configuration. Image data are acquired by means of a digital camera Pixelink 2000. The experimental setup is illustrated in Figure 1.

In this work we study, varying the Γ parameter, the structural characteristics of the aggregates grown by means of two different methods: granular diffusion limited aggregation (GDLA) and growth limited by concentration (GLC). We name GDLA the process whereby when a paramagnetic particle undergoing a random walk becomes adhered to another particle or to a cluster by the action of a potential, another particle is immediately introduced into the cell. This process was carried out for 325 paramagnetic particles. One by one, we introduce paramagnetic particles within the system through an orifice located at a height $h = 0.5$ cm on a side wall of the cell. On the other hand, GLC is that process in which a set of 325 paramagnetic particles are introduced simultaneously into the vibrating cell. Of course, the most remarkable difference with the first growth method appears at the early stages of the aggregation process, at those stages many particles become aggregated due to the dipolar interaction induced by the external field. We explore the patterns of aggregation generated for GDLA and GLC with a robust

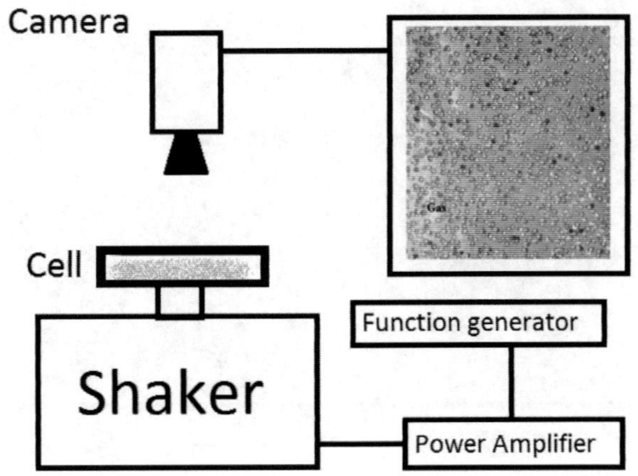

Figure 1. Sketch of the experimental set-up.

coverage of values of the parameters of growth, keeping the number $n_1 = 325$ of paramagnetic particles. The observed aggregation processes in the GLC case are as follows. When the spherical magnet is placed under the cell center, the particles quickly form chain configurations around the magnet because locally this head-to-tail alignment is energetically favorable. However, many particles during the growth become aggregated laterally to the primary chains. Depending on the conditions of granular temperature and concentration, two additional phenomena can be observed in this processes: When the length of the primary chain is larger than 4 particles, the chain bends into a more compact structure. This effect can be seen as a widening in the primary chain. On the other hand, when the length of the primary chain is < 4 particles, it is possible to observe a side branching. Therefore new chains grow laterally. These observations agree with those discussed by Daniel Blair and A. Kudrolli [1]. They report that the formation of rings for aggregates larger than 4 particles are energetically more favorable than the formation of chains of equal length.

The comparison between Figure 2(a) showing a fibrous structure generated with GDLA and Figure 2(b) showing the structure generated GLC with the same value of the other physical parameters, allows to distinguish some significative differences: for instance, the structure generated by GDLA shows branches more elongated than GLC. One may infer that GLC is more affected by lateral aggregation. It can be physically explained as follows: when magnet is applied under the cell, it can be interpreted as if the kinetic energy of a magnetic particle were suffered an abrupt decrement, under these conditions the paramagnetic particle becomes unable to explore its whole phase space and quickly it felt sticked to the chains sides. Thus, this is why one may expect that the process of lateral aggregation should be affected by the particle concentration. On the other hand, the collisions among the glass and the steel particles introduce stochasticity into the system which could detach particles from the cluster introducing a limit in the mean size of the aggregate. Only the most bonded configurations remain unchanged. Therefore, when in the system there are not many collisions, some other different configurations could appear. Is in this context that we wish to explore the effects of the granular temperature on the characteristics of the structure.

By varying the Γ value we change the granular temperature. We found that in certain interval, relatively high values of the granular temperature induce a higher degree of compaction in the clusters . Figure 2(c) and Figure 2(d) shows this effect on a fibrous structure generated by

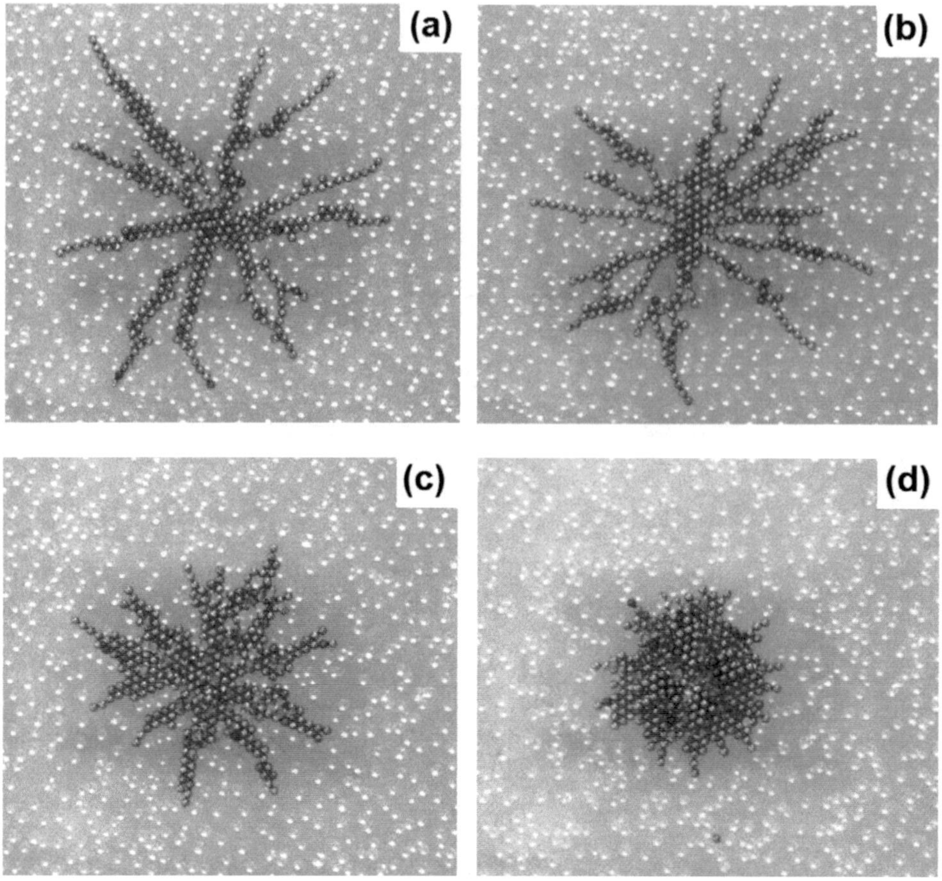

Figure 2. Figure 2(a) shows the fibrous structures generated with GDLA, $n_1 = 325$ steel particles, volume fraction $\phi = 0.138$ and $\Gamma = 1.67$. Figure 2(b) shows the fibrous structures generated by GLC under the same physical conditions we used to generate the clusters of Figure 2(a). Figure 2(c) shows the static structure generated by GDLA with $\Gamma = 2.12$. Figure 2(d) shows the structure generated by GDLA with $\Gamma = 2.56$.

GDLA with $\Gamma = 2.12$. At a much higher granular temperature, $\Gamma = 2.56$ (see Figure 2(d)), the cluster never reaches a static structure, namely, as soon as the magnetic particles aggregate they are rapidly detached by effects of collisions with the glass particles.

3. Static Structure

To study the pattern formation, we firstly discuss the fractal aspects of the fibrous structure generated by GDLA and GLC. In this analysis, the mass fractal dimension and the radial distribution function of the cluster structure were measured on digital pictures. The method used in this paper to measure the mass fractal dimension is a variation of the standard box counting method, adapted to explore radial and angular correlations in systems affected by potentials with radial or axial symmetries [5, 6]. In this method, the mass fractal dimension is defined by the power law: $M \propto r^D$ where M is the average mass contained in a circle of gyration radius r. This mass is measured in an ensemble to properly extract the information of the correlations. If a scaling relation of this form fits well the experimental data, then the exponent D, with a value in the interval $1 < D < 2$, is called the mass fractal dimension. On

Journal of Physics: Conference Series **475** (2013) 012003 doi:10.1088/1742-6596/475/1/012003

the other hand, the two-dimensional radial distribution of mass, for discrete values of the radius is defined by:

$$g(r_i) = \frac{M(r_i + \Delta) - M(r_i)}{\pi[(r_i + \Delta)^2 - r_i^2]}. \tag{1}$$

Here Δ is a small increment in the radius, r_i, or equivalently, the separation between two contiguous circles of the set used to determine D and $g(r_i)$. In this procedure the magnitude of Δ can be varied to evaluate the correlations with more spatial detail. This quantities as well as some other quantitative measures of the complexity have been used to investigate the fractal characteristics of the complex structures generated in rheological suspensions by the application of external fields. A detailed discussion on the application of this method can be seen in reference [6].

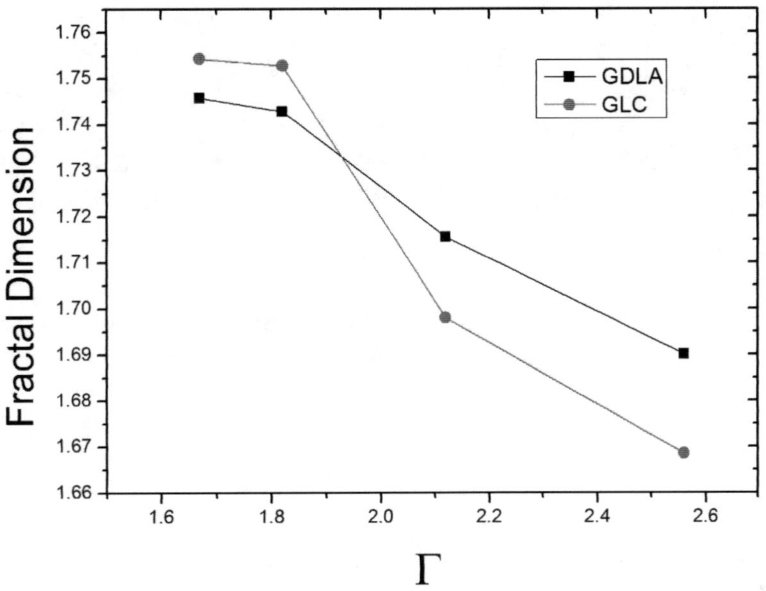

Figure 3. The mass fractal dimension D as function of Γ.

We measure these quantities in photographs obtained by means a digital camera Pixelink 2000. Operatively, the procedure is as follows: digital photographs of the structure are obtained from the whole structure of the granular media. First we make a high-contrast treatment of the images to define a single plane in the structure. Afterwards, we numerically draw a set of equally separated concentric circles, starting with a circle with a diameter of the order of the size of the steel particles, up to circles as large as the observation field allows. The separation between contiguous circles, Δ, also can be varied. Experimentally we have found that if Δ is taken to be of the order or less than the diameter of the particles, and if the ensemble has at least ten clusters, quantitatively the results are stable. Obviously, in a given circle the number of pixels, N, spanned by the particles is proportional to the mass contained in that circle.

To observe the characteristics of the structure at larger scales, we show our measurements extended up to 20 circles.This procedure was repeated, selecting randomly different sites of the photograph as centers of the set of circles. Then the average of the number of pixels for corresponding circles are taken in order to capture the correlations existing in the structures formed by the particles. The mass fractal dimension is determined by fitting a straight line to

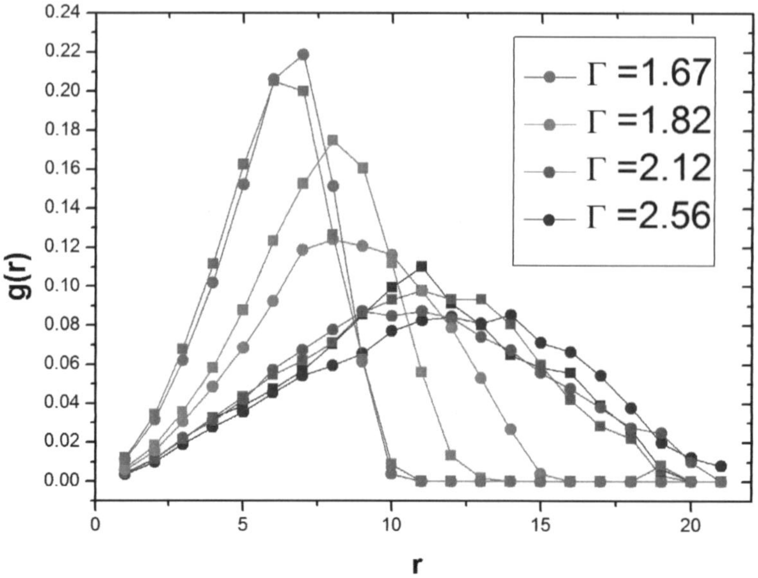

Figure 4. The behavior of the mass distribution of the aggregates is shown for $\Gamma = 1.67, 1.82, 2.12$ and 2.56. The squares correspond to GDLA and the circles correspond to GLC.

the graph of $log_{10}N_i$ versus $log_{10}r_i$, where N_i is the average number of pixels contained in the circle of radius r_i. The fitting was done by means of a standard less squares procedure, taking the dispersion of the number of pixels as the tolerance parameter.

Our results indicate that the agglomerates formed by both procedures GDLA and GLC are mostly monofractal structures. The numerical value of the mass fractal dimension depends strongly and non linearly on the Γ parameter value. Figure 3 shows the behavior of mass fractal dimension, D, for several values of the granular temperature parameter $\Gamma = 1.67, 1.82, 2.12, 2.56$. The red curve corresponds to GDLA and the black one corresponds to GLC. Both curves decrease as the temperature increases, however, granular temperature affects less the mass fractal dimension of the clusters grown by GDLA than those grown by GLC. Thus, for both procedures of aggregation, higher values of temperature propitiate the formation of less ordered clusters. Nevertheless, the relatively slower formation of clusters as it occurs in the GDLA method in comparison to GLC, propitiates the formation of more stable, and for high granular temperatures, more ordered structures.

Finally, we quantify by means of the expression (2), the spatial mass distribution of the aggregates generated in the system at different values of the granular temperature parameter Γ. Figure 4 shows the behavior of the mass distribution, $g(r)$, for the final configurations of the clusters attained for different values of Γ. As it was expected, the behavior of the distribution indicates that the compactness of the aggregates attains shorter values as the granular temperature parameter increases.

4. Conclusions

We have experimentally studied aggregation phenomena in a vibrated granular system. The procedure here proposed allows us to analyze the effect of the magnetic interactions on the kinetics of the aggregation of magnetic particles immersed in a thermal bath formed by glass particles. The structural properties of the cluster generated by two different methods were studied. We have shown that this granular system exhibits a rich variety of complex patterns of aggregation. Clear differences in the the degree of order of the aggregates generated by GDLA and GLC procedures were found. Clusters generated by the GDLA procedure are, comparatively, more stable and at high granular temperatures more ordered and compact than those generated by GLC.

Acknowledgments

We acknowledge the partial financial support by CONACyT México under the grant No. 104616 and VIEP-BUAP, under the grant CAEJ-EXC11-1. J. G. G. acknowledges a fellowship from CONACyT.

References

[1] Blair D L and A Kudrolli 2003 *Phys. Rev.* E **67** 021302
[2] Snezhko A, Aranson I S and Kwok W K 2005 *Phys. Rev. Lett.* **94** 108002
[3] van Leeuwen M E and Smit B 1993 *Phys. Rev. Lett.* **71** 3991
[4] Camp P J, Shelley J C and Patey G N 2000 *Phys. Rev. Lett* **84** 115
[5] Carrillo J L, Donado F and Mendoza M E 2003 *Phys. Rev.* E **68** 061509; Carrillo J L, Mendoza M E and Donado F 2005 *J. Stat. Mech.* P06001 doi:10.1088/1742-5468/2005/06/P06001
[6] Donado F, Carrillo J L and Mendoza M E 2008 *Journal of magnetism and magnetic materials* **320** e354-e357; Donado F, Sandoval U and Carrillo J L 2009 *Phys. Rev.* E **79** 011406

Journal of Physics: Conference Series **475** (2013) 012004 doi:10.1088/1742-6596/475/1/012004

Automatic classification of acetowhite temporal patterns to identify precursor lesions of cervical cancer

K Gutiérrez-Fragoso[1], H G Acosta-Mesa[2], N Cruz-Ramírez[2] and R Hernández-Jiménez[3]

[1] Biomedical Research Center, Universidad Veracruzana. México
[2] School of Physics and Artificial Intelligence, Department of Artificial Intelligence, Universidad Veracruzana. México
[3] Obstetrician and Gynaecologist, Private Practice. México

E-mail: kagutierrez@uv.mx, heacosta@uv.mx, ncruz@uv.mx, roheji@msn.com

Abstract. Cervical cancer has remained, until now, as a serious public health problem in developing countries. The most common method of screening is the Pap test or cytology. When abnormalities are reported in the result, the patient is referred to a dysplasia clinic for colposcopy. During this test, a solution of acetic acid is applied, which produces a color change in the tissue and is known as acetowhitening phenomenon. This reaction aims to obtaining a sample of tissue and its histological analysis let to establish a final diagnosis. During the colposcopy test, digital images can be acquired to analyze the behavior of the acetowhitening reaction from a temporal approach. In this way, we try to identify precursor lesions of cervical cancer through a process of automatic classification of acetowhite temporal patterns. In this paper, we present the performance analysis of three classification methods: kNN, Naïve Bayes and C4.5. The results showed that there is similarity between some acetowhite temporal patterns of normal and abnormal tissues. Therefore we conclude that it is not sufficient to only consider the temporal dynamic of the acetowhitening reaction to establish a diagnosis by an automatic method. Information from cytologic, colposcopic and histopathologic disciplines should be integrated as well.

1. Introduction

The worldwide estimates of incidence, mortality and prevalence of cancer in 2008 presented by the World Health Organization (WHO) reported that cervical cancer remains the second leading cause of death in women. Early diagnosis of precursor lesions of this cancer has set itself as a challenge. The most common screening test is the Pap smear; if the presence of abnormalities are reported in the result, the next step is a colposcopy test [15]. The colposcopy allows us to visualize the uterine cervix using a microscope fitted with a light source. Colposcopic appearance of a tissue is constituted by three main factors: the appearance of the epithelium, the composition of the underlying stroma and the configuration of the surface [25]. During the colposcopy test, the appearance of the cervix is observed and a solution of 3% acetic acid is spread on the epithelium, which produces a change from the usual pink tissue to a whitish color. This reaction is called acetowhitening [13]. The effect of the acetic acid is more evident and disappears more slowly in high-grade lesions (HSIL) and invasive cancer in early stages compared

Journal of Physics: Conference Series **475** (2013) 012004 doi:10.1088/1742-6596/475/1/012004

with low-grade lesions (LSIL) and subclinical changes associated with human papillomavirus (HPV). However, acetowhite appearance is not exclusive to high-grade lesions and cancer in early stages; it is also observed in other conditions such as immature squamous metaplasia, congenital transformation zone, epithelial regeneration and healing process (associated with inflammatory processes), leukoplakia (hyperkeratosis) and condyloma [22].
In order to establish the diagnosis of cervical cancer, presence of malignant cells in cytology, appearance of malignant images and histopathological confirmation are required [19]. That is, the final diagnosis depends on the visual sampling of the cervix to obtain a representative biopsy. This procedure is based on the appearance of the tissue and the reaction produced by acetowhitening. Nevertheless, there are discrepancies on how each specialist proceeds and this is associated with the subjectivity of different observers. Because of this issue, some methods for automatically classifying precursor lesions of cervical cancer using colposcopic images have been developed to try to establish an appropriate diagnosis. However, the work done so far by means of a time series approach do not have an integral methodology to acquire, process and analyze the images. In general, they have a reduced amount of cases [6, 7, 20, 23, 24].
In this work, we present the performance analysis of three automatic classification methods using time series to describe the dynamics of the acetowhitening reaction for different types of cervical tissue. The methods used are: kNN, Naïve Bayes, and C4.5. The temporal representation of the acetowhitening phenomenon was obtained from a sequence of digital images acquired during the colposcopy test. This paper is structured in three sections. In the first section, the subject preparation, the data acquisition process, the preprocessing techniques and the automatic classification methods are described in detail. In the second section, the results and a discussion of the findings are explained. Finally, in the third section, the conclusions and some proposals for future analysis are presented.

2. Materials and Methods

2.1. Subjects preparation

In this study, 200 women were included. Within the total quota of patients, in 100 cases a tissue sample or biopsy was obtained because some changes in the appearance of the cervical epithelium were observed by the colposcopist and these alterations led to suspicion of a lesion. In the other 100 patients, the specialist did not find changes that suggest the presence of a lesion and it was not necessary to obtain a biopsy. Of the total quota, 93 cases were positive for precursor lesions of cervical cancer and 107 negative. All of the patients were referred to the Medical Specialties Center of the State of Veracruz (CEMEV) "Dr. Rafael Lucio" because in the analysis of Pap smear, test abnormalities were reported. The age average was 34 years (SD = 9), 88% claimed not to smoke, 54% reported having one sexual partner, the age average of first sexual intercourse was 18 years (SD = 4), 40% had bilateral tubal obstruction (OTB) as a method of family planning and only 2% used oral hormonal contraceptives. The patients signed an informed consent. Subsequently, the colposcopic test was performed.

2.2. Colposcopy

The technique of colposcopy began by explaining the procedure, the patient was placed in the gynecological position on the examination table. After this, a speculum was placed and the cervical mucus was cleaned by cotton swabs impregnated with saline solution. The appearance of cervical tissue was observed and approximately three milliliters of 3% acetic acid solution were spread in the cervical area. A cotton swab was placed in the lower part of the cervix to absorb the excess solution. In cases where a biopsy was obtained, solution of Monsel was used to coagulate the bleeding at the site where the tissue sample was taken.

Journal of Physics: Conference Series **475** (2013) 012004 doi:10.1088/1742-6596/475/1/012004

2.3. Data acquisition

A set of digital images was obtained during colposcopic test. The acquisition was performed using a colposcope Vasconcellos CP-M1225 with a camera STC-N63BJ. The green filter was used to acquire the images because a previous study had shown that in this wavelength range the whitened areas were better highlighted [7]. The dimension of the images was 352 x 240 pixels with a sampling frequency of 1 frame/second. The images were stored as separate files in BMP format. A tool was developed for the acquisition and it was implemented in MATLAB 7.0. Before the application of acetic acid, 10 images were obtained as a reference to calculate the percentage of color change of the tissue. Then, 180 images were acquired during a period of 3 minutes. When the acquisition process was completed, the region where the biopsy was obtained was selected by the colposcopist on one of the images previously acquired. In the cases where it was not necessary to obtain a biopsy, a representative region of the kind of tissue was selected in the image. The computer processing of the images was done in grayscale.

2.4. Preprocessing

During the image acquisition process, slight movements occur commonly, which are attributed to nervousness, muscle tone and breathing of the patient. Therefore, a technique was used to align the sequence of images and achieve anatomical correspondence among them. This process is called registration and it is essential for the analysis. There are various registration methods but, basically, they can be based directly on the image intensity values (area-based methods) or can be accomplished using some features calculated from the images (feature-based methods). Because colposcopic images do not contain many differences through the sequence, an area-based method was chosen. The classical method in this category is the normalized cross-correlation (CC). This method takes advantage of the image intensities and this similarity metric is calculated by pairs of windows from the input and reference images until its maximum is reached [27]. The input and the reference images are updated starting with the first and second images of the sequence respectively, then the input and the reference images are redefined by the second and the third images and so on.

2.5. Time series extraction

The set of sequential images acquired at time t and represented in two dimensions (x,y) with an intensity value I according to the levels in the gray scale, allows us to construct a time series based on the intensity value of each pixel over the time (Acetowhite response function, *Awrf*). In order to compare the time series taken from different subjects, a standardization method was applied, which calculates the percentage of change of the signal with respect to the reference period. The values of the time series are divided by the mean value of its basal period [2]. In this study, three representations of the time series were considered: standardized data, data adjusted to a polynomial model and polynomial model parameters. The first representation refers to the standardized data by calculating the percentage of change. The last two correspond to the following polynomial model:

$$Awrf = \theta_0 + \theta_1 t + \frac{\theta_2}{t} + \frac{\theta_3}{t^2} + \frac{\theta_4}{t^3} \tag{1}$$

where:
$Awrf$ = acetowhite response function
θ = explanatory variables
t = time series

The polynomial model was obtained experimentally by analyzing the behavior of the time series [2]. The parameters θ were also used as a compact representation of the time

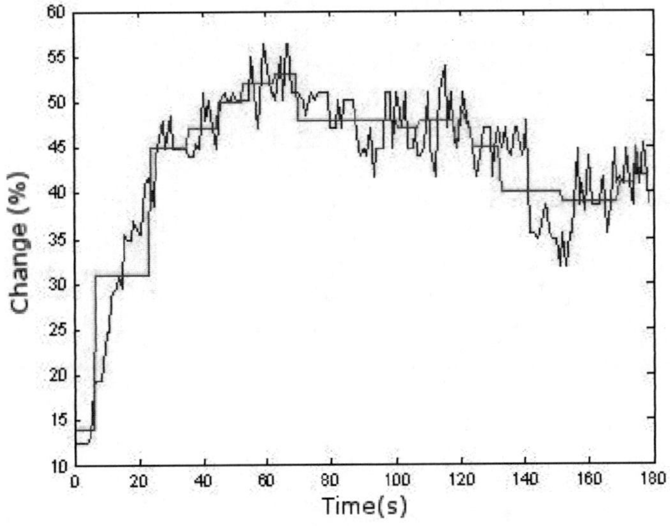

Figure 1. Example of representation PLA

series. Because time series databases are often extremely large, some methods to reduce the dimensionality have been developed. There are methods to produce approximations of time series through discretization schemes. The discretization process is focused on mapping variables with continuous values into discrete values. This mechanism has been widely used to compress data and facilitate their computational treatment. The reduction of dimensionality in the x-axis is obtained by dividing the total length of the time series into fragments of a certain size (*word size*). It is also necessary to establish a number of intervals in the y-axis to compress the values of the time series (*alphabet size*) [12]. In this work, the discretization scheme was obtained by the method developed in [21], in which the word size and alphabet is optimized as a single parameter. The approach used by the authors was evolutionary programming. The discretization scheme obtained allowed us to establish the size of the segments in order to divide the length of the time series. Two criteria to discretize the time series were used:

- Piecewise Linear Approximation (PLA). This method computes the average of the values in each segment on the x-axis. Then the average value is mapped to a discrete value, searching the interval in y-axis in which it is included [5]. The segment size (*word size*) and the intervals (*alphabet size*) were established according to the discretization scheme.
- Piecewise Slope Approximation (PSA). This algorithm is similar to the previous one but in this case, the slope is calculated for each segment and this value is mapped among 7 possible values: 3 negative values, 3 positive values and the number 0 represents no change.

We decided to use these discretization methods to be able to compare our results with those obtained previously [4]. Although both of the studies utilized the discrete representations mentioned above (PLA and PSA), in [4] the word and alphabet parameters were assigned directly considering all segments of the same size whereas in this work the length of these parameters was variable and it was established by the discretization scheme obtained through the method developed in [21].

Journal of Physics: Conference Series **475** (2013) 012004 doi:10.1088/1742-6596/475/1/012004

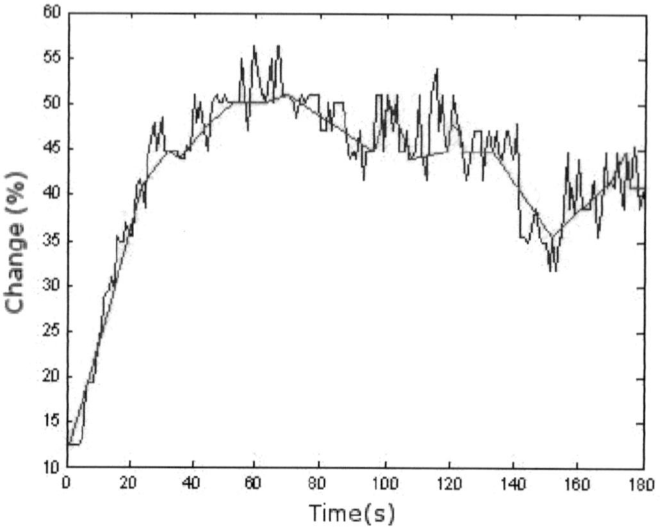

Figure 2. Example of representation PSA

2.6. Databases

It was mentioned in *section 2.3* that after the acquisition of the images, the colposcopist selected a region where a biopsy was obtained or a representative region of the tissue type. Evaluating the automatic classification methods, 5 time series databases were incorporated, they were constructed as follows: one database included a time series of a pixel within the region from which a biopsy was obtained. The remaining databases were constructed using the average of the time series of windows of different sizes within the region. In this way, we obtained the average time series from windows of 7x7, 11x11, 15x15 and 19x19 pixels. Every database included one time series obtained from the colposcopic image sequence of each patient.

2.7. Supervised Learning

Supervised learning is an area of machine learning in which models are constructed from a set of observations presented as examples. The goal of these methods is to predict the label of the class of a new observation given the model constructed from a set of training data, which can be represented by a database containing observations and corresponding labels of the classes. When the label of the class is categorical, learning is called classification [11]. There are different models for the classification process such as k-nearest neigbors (kNN), Naïve Bayes (NB) and decision trees (ID3, C4.5 and 4.8) among others [14]. We used the classification methods kNN, NB and C4.5 in this work and each is described below.

2.7.1. k Nearest Neighbors (kNN). In this method, given an unclassified example the class is assigned based on similar observations with the new example from a training dataset. When the value of k is equal to 1, the class of the more similar observation of the training set is assigned; otherwise, the new label example takes the most frequent class of the k observations. The observations in the dataset are the time series extracted from colposcopic images. There are different ways to measure the similarity but the most common is the Euclidean distance [11].

2.7.2. Naïve Bayes (NB). This method can predict the probability that a new example belongs to a class given the observations (time series) contained in the database. This method is based

Journal of Physics: Conference Series **475** (2013) 012004 doi:10.1088/1742-6596/475/1/012004

on Bayes' theorem, which is useful because it provides a way to calculate these probabilities.

$$p(c_j|d) = \frac{p(d|c_j)p(c_j)}{p(d)} \tag{2}$$

where:
$p(c_j|d)$ = probability of class c_j given the observation d
$p(d|c_j)$ = probability of the observation d given class c_j
$p(c_j)$ = probability of occurrence of class c_j
$p(d)$ = probability of occurrence of the observation d

2.7.3. C4.5. The induction of a decision tree is learned from a set of training observations with known class labels. The decision tree is a structure resembling a flow chart just as a tree where each internal node denotes a test of an attribute. In this case each discrete value of the time series was considered as an attribute. The decision tree has branches and each branch represents a departure from the test and each terminal node ("leaf node") has a class label. The node at the top of the tree is the root node [10].

The general strategy to build a decision tree is:

- The algorithm takes as input a data partition D. Initially, this partition consists of the full set of training observations (time series) with their associated class labels. A list of attributes (discrete values of the time series) that describe the observations and a selection method, which specifies a procedure for selecting the attribute that "best" discriminates the observations according to the class, are also considered.
- The tree starts with a single node N that represents the training observations in D.
- If the observations in D are all of the same class, the node N becomes a leaf node and is labeled with that class.
- Otherwise, the algorithm uses the attribute selection method to determine the criterion of discrimination or division of the observations. This criterion indicates which attribute evaluated at node N provides the "best" way to separate the observations of D on individual classes. The selection criterion also indicates which branch should grow from the node N.
- For each of the outputs of the attribute evaluated by the selection criterion grows a branch from node N and the observations in D are divided in each branch according to different attribute values [10].

It should be mentioned that for the method kNN the time series were processed with continuous values but the methods NB and C4.5 used the discretized representations PLA and PSA.

2.8. Statistical methods

There are some methods used in order to assess and compare the learning algorithms. The cross-validation method is one of them and consists of dividing the data into two sets: training and validation. In the basic form of cross-validation, the database is divided into k-partitions (k-fold cross validation, k-fold CV) of equal or almost equal size. The procedure consists in making k iterations of training and validation executed consecutively. Thus, within each iteration, a different partition of data is maintained for validation while the remaining k-1 partitions are used for learning. Additionally a stratification procedure can be applied, which is done to reorganize the data in order to ensure that each partition is a good representation of the proportion of classes in the full data set [18]. The leave-one-out method (LOO) is a special case of cross-validation where the training set is composed with the data except for one observation,

Journal of Physics: Conference Series **475** (2013) 012004 doi:10.1088/1742-6596/475/1/012004

Table 1. Confusion matrix

Actual \Predicted	Class = 1	Class = 0
Class = 1	f_{11}	f_{10}
Class = 0	f_{01}	f_{00}

which is used to validate the model. The procedure is applied as many times as examples the set of data has [18].

Furthermore, the evaluation of the performance of a classification model is based on the number of test cases correctly and incorrectly predicted by the model. These calculations are tabulated in a table called confusion matrix (1). In this work, f_{01} is the number of cases of class 0 (negative) incorrectly predicted as class 1 (positive). According to the entries in the confusion matrix, the total number of correct predictions made by the model is $(f_{11} + f_{00})$ and the total number of incorrect predictions is $(f_{10} + f_{01})$. This information can be summarized in a metric to compare the performance of different methods such as accuracy [26], which is defined as follows:

$$accuracy = \frac{\text{number of correct predictions}}{\text{total number of predictions}} = \frac{f_{11} + f_{00}}{f_{11} + f_{10} + f_{01} + f_{00}} \tag{3}$$

Sensitivity is also a metric to assess the performance of a classification model, it refers to the number of positive cases (precursor lesions of cervical cancer) actually identified as positive by a test. On the other hand, specificity is the number of negative cases (no cervical cancer precursor lesions) identified as negative by the test. The metrics of accuracy, sensitivity and specificity are expressed in percentages.

$$sensitivity = \frac{f_{11} * 100}{f_{11} + f_{10}} \tag{4}$$

$$specificity = \frac{f_{00} * 100}{f_{00} + f_{01}} \tag{5}$$

3. Results and Discussion

The results of kNN using the leave-one-out method (LOO) were obtained with a tool implemented in Matlab. The assessment of kNN, NB, and C4.5 using k-fold CV was obtained using Weka software module explorer 3.7.1. Table 2 summarizes the best results obtained from different automatic classification methods based on the acetowhite temporal patterns ($Awtp$) under different representations. The metrics of sensitivity, specificity and accuracy were evaluated. The results obtained in [3, 4] and those reported in [16] were included for comparative purposes.

In the kNN method, the table 2 shows that higher accuracy values correspond precisely to those obtained in this work using LOO with both: the normalized data representation and the data adjusted to polynomial model (70%). This shows an improvement over that reported in [3]. Particularly, there is an increase in the metric of specificity. Comparing the results obtained in this work using NB and C4.5 methods, the highest value of accuracy was achieved with C4.5 and the discretized representation PLA (71%). However, making a general comparison among all of the methods on table 2, it can be observed that the highest accuracy is obtained using the method NB (PLA) [4].

Journal of Physics: Conference Series **475** (2013) 012004 doi:10.1088/1742-6596/475/1/012004

Table 2. Comparative summary of the classification methods and its representations using acetowhite temporal patterns. The name of each method was coded as follows: automatic classification method, statistical analysis method and data representation. The letter *k* in the header of the table represents the number of neighbors for kNN method.

	Methods	Window	k	Sensitivity(%)	Specificity(%)	Accuracy(%)
a	kNN LOO adjusted [3]	NA	20	71	59	67
b	kNN LOO normalized	1	3	68	71	70
c	kNN LOO adjusted	1	15	61	77	70
d	kNN LOO parameters	1	25	51	66	59
e	kNN k-fold CV normalized	19	10	68	69	69
f	kNN k-fold CV adjusted	1	25	60	75	68
g	kNN k-fold CV parameters	19	5	58	72	66
h	NB PLA [4]	NA	NA	67	85	76
i	NB PSA [4]	NA	NA	61	80	70
j	NB k-fold CV PLA	7	NA	60	76	69
k	NB k-fold CV PSA	15	NA	67	67	67
l	C4.5 k-fold CV PLA	11	NA	65	77	71
m	C4.5 k-fold CV PSA	1	NA	53	73	64
n	Colposcopist [16]	NA	NA	91	57	74

To investigate the behavior of the classification methods in this work, a class-level analysis (these results are not shown in this paper) was carried out and showed the presence of similarity between acetowhite temporal patterns of precursor lesions of cervical cancer and normal cases. This could explain the lower values of accuracy obtained in this study compared with those reported in [3, 4, 6].

Clinically, this finding can be interpreted from two points of view. First, it is necessary to consider that the acetowhite appearance is not exclusive in early stages of cervical cancer, which means that the dynamics of this reaction may be similar between cases considered as negative to be precancerous lesions and actually abnormal cases [22]. Moreover, it is possible that the difficulty faced by specialists to establish a proper diagnosis has been also a problem of classification methods when they are based only on the temporal dynamics of acetowhitening phenomenon.

4. Conclusions and Future work

In this paper, we assessed the performance of three classification methods using a temporal approach. The analysis showed the similarity of acetowhite temporal patterns of precancerous lesions and normal cases. This can be explained by the difficulty of discrimination between some normal and abnormal epitheliums even for colposcopist and apparently this was also a problem for the automatic classification methods. Furthermore, because the acetowhite appearance is not always associated with a precancerous lesion, the acetowhite temporal patterns by themselves apparently do not constitute a sufficient element to discriminate between normal and abnormal tissues by an automatic method. Therefore, it is advisable to consider the characteristics of the cervical epithelium additionally to the acetowhitening reaction.

Subsequent studies might include features such as patterns of blood vessels (punctuation and mosaic), shape of borders, location and size of the lesion. It is also important to integrate cytologic, colposcopic, and histopathologic data to establish a proper diagnosis.

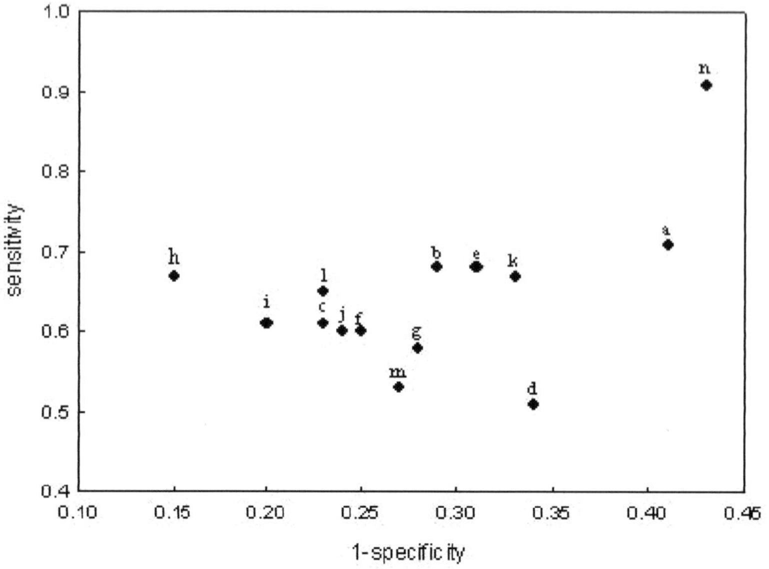

Figure 3. ROC curve

This work also provided a set of colposcopic image sequences. This data will be part of a repository to evaluate different methods of preprocessing and classification. This will allow the continuation of research on automatic classification of cervical cancer precursor lesions.

Acknowledgments

The authors thank the Mexican National Council for Science and Technology for the economic support of this project under the research grant: Fondo Sectorial de Investigación en Salud y Seguridad Social SSA/IMSS/ISSSTE-CONACYT (Salud-2008-01-86566) and the doctoral scholarship (171310). The authors also thank the valuable collaboration of Dr. Antonio Alberto Martínez Virues, Dr. Luis Landeros López, and Dr. Hormisdas Alvarado Carrasco.

References

[1] Acosta-Mesa H G, Cruz-Ramírez N, Llaguno-Roque J L, Hernández-Jiménez R, Cocotle-Ronzón B E 2007 Clasificación de patrones temporales para caracterizar lesiones cervico uterinas en imágenes colposcópicas *Avances en la Ciencia de la Computación* (México: Sociedad Mexicana de Ciencia de la Computación)

[2] Acosta-Mesa H G, Cruz-Ramírez N, Hernández-Jiménez R, García-López D A 2007 Modeling aceto-white temporal patterns to segment colposcopic images *Lecture Notes in Computer Science* (Springer)

[3] Acosta-Mesa H G, Cruz-Ramírez N, Hernández-Jiménez R, and Cocotle-Ronzón B E 2009 Aceto-white temporal patterns classification using k-NN to identify precancerous cervical lesion in colposcopic images *Comput Biol Med* **39** 9 778-784

[4] Acosta-Mesa H G, Cruz-Ramírez N, Gutiérrez-Fragoso K, Barrientos-Martínez R E, Hernández-Jiménez R 2010 Assessing the possibility of identifying precancerous cervical lesions using aceto-white temporal patterns in *Decision Support Systems Advances* Devlin G (Ed) InTech

[5] Allgower E L and Kurt G 1988 Estimates for piecewise linear approximations of implicity defined manifolds *SIAM Journal of Numerical Analysis* **24** 452-469

[6] Balas C J, Themelis G C, Prokopakis E P, Orfanudaki I, Koumantakis E and Helidonis E S 1999 In vivo detection and staging of epithelial dysplasias and malignancies based on the quantitative assesment of acetic acid tissue interaction kinetics *Photochemistry and Photobiology B: Biology* **53** 153-157

[7] Balas C J 2001 A novel optical imaging method for the early detection, quantitative grading, and mapping of cancerous and precancerous lesions of cervix *IEEE Transactions on Biomedical Engineering* **48** 1 96-104

[8] Brown L G 1992 A survey of image registration techniques *ACM Computing Survey* **24** 4 325-376

[9] Conzuelo-Q A E 2002 *Nuevas Alternativas en el Tratamiento de Papilomavirus* (México: Editorial Prado)

[10] Han J and Kamber M 2006 *Data Mining: Concepts and Techniques* (USA: Elsevier)

[11] Hastie T, Tibshirani R, and Friedman J 2001 *The elements of statistical learning (Data mining, Inference and Prediction)* (USA: Springer)

[12] Keogh E and Pazzani M 2000 A simple dimensionality reduction technique for fast similarity search in large time series databases *Proc. of the 4th Pacific-Asia Conf. on Knowledge Discovery and Data Mining, Current Issues and New Applications* (UK: Springer-Verlag London)

[13] Maddox P, Szarewski A, Dyson J and Cuzick J 2004 Cytokeratin expression and acetowhite change in cervical epithelium *Journal of Clinical Pathology* **47** 1 15-17

[14] Mitchell T M 1997 *Machine Learning* (USA: McGrawHill)

[15] World-Health-Organization(WHO) 2008 The GLOBOCAN project http://globocan.iarc.fr/

[16] World-Health-Organization(WHO) 2007 Control integral del cáncer cervicouterino. Guía de prácticas esenciales

[17] De Palo G, Dexeus S and Chanen W 2007 *Patología y tratamiento del tracto genital inferior* (España: Elsevier)

[18] Payam R, Lei T, and Huan L 2009 Cross validation in *Encyclopedia of Database Systems* Tamer zsu M, Ling L (Eds) (EUA: Springer)

[19] Pérez-Palacios G 1997 Norma Oficial Mexicana NOM-014-SSA2-1994, para la prevención, detección, diagnóstico, tratamiento, control y vigilancia epidemiológica del cáncer cervicouterino Diario Oficial de la Federación. Gobierno de México

[20] Pogue B W, Kaufman H B, Zelenchuk A, Harper W, Burke E E and Harper D M 2001 Analysis of acetic acid-induced whitening of high-grade squamous intraepithelial lesions *Journal of Biomedical Optics* **6** 4 397-403

[21] Rechy-Ramírez F, Acosta-Mesa H G, Mezura-Montes E, and Cruz-Ramírez N 2011 Time series discretization using evolutionary programming Sidorov B *Proc. of the 10th Mexican International Conf. on Artificial Intelligence MICAI 2011* (Berlin: Springer-Verlag)

[22] Sellor J W and Sankaranarayanan 2003 *Colposcopy and treatment of cervical intraepithelial neoplasia. A beginner's manual* (Francia: International Agency for Research on Cancer, IARC)

[23] Schmid-Saugeon P, Pitts J D, Kaufman H B, Zelenchuk A and Harper D M 2004 Time-resolved imaging of cervical acetowhitening *DRAFT* 1-42

[24] Stefanaki I M, Tosca A D, Themelis G C, Vazgiouraki E M, Dokianakis D N, Panayiotidis J G, et al. 2001 In vivo detection of human papilloma virus induced lesions of anogenital area after application of acetic acid: a novel and accurate approach to a trivial method *Journal of Photochemistry and Photobiology* **65** 115-121

[25] Syrjänen K J 2005 The colposcopy, cytology and histopathology of genital HPV infections *CME Journal of Gynecologic Oncology* **10** 46-41

[26] Tan P N, Steinbach M, and Kumar V 2006 *Introduction to Data Mining* (Boston: Pearson Addison Wesley)

[27] Zitova B and Flusser J 2003 Image registration methods: a survey *Image and vision computing* **21** 11 977-1000

Journal of Physics: Conference Series **475** (2013) 012005 doi:10.1088/1742-6596/475/1/012005

An Overview on Synergy between Mathematics and Biology

Matthew He
Division of Math, Science, and Technology
Nova Southeastern University
Ft. Lauderdale, Florida, USA

E-mail: hem@nova.edu

Abstract. Recent progress in the determination of genomic sequences has yielded many millions of gene sequences. But what do these sequences tell us and what are the generalities and rules that are governed by them? It seems that we understand very little about genetic contexts required to "read" them. There is more to life than the genomic blueprint of each organism. Life functions within the natural laws that we know and the ones we do not know. Mathematics can be used to understand life from the molecular to the biosphere level. This paper provides a brief overview of major historical events of molecular biology and genetics, current interface of emerging field of bioinformatics, and future challenges and perspectives between mathematics and biology.

1. Introduction

Traditionally the study of biology is from morphology to cytology and then to the atomic and molecular level, from physiology to microscopic regulation, and from phenotype to genotype. The recent development of bioinformatics begins with the research on genes and moves to molecular sequence, then to molecular conformation, from structure to function, from systems biology to network biology and further investigates the interactions and relationships between genes, proteins, and structures. This new reverse paradigm sets the starting point of a biological investigation as theoretical one. It sets a new line of investigation with a unifying principle and extensively uses mathematical tools to quantitatively and analytically clarify the ever-changing phenomena of life.

It's well known there is more to life than the genomic blueprint of each organism [16]. Life functions within the natural laws that we know and the ones that we do not know. Life is founded on mathematical pattern of the physical world. Genetics exploits and organizes these patterns. Mathematical regularities are exploited by the organic world at every level of form, structure, patterns, behavior, interaction, and evolution [2, 16]. Essentially all knowledge is intrinsically unified and lies on a small number of natural laws [9]. Mathematics helps us understand how monomers become polymers necessary for the assembly of cells. Mathematics can be used to understand life from the molecular to the biosphere level including the origin and evolution of organisms [6, 12], the nature of the genomic blueprints and the universal genetic code as well as ecological relationships. Here we briefly walk through the history of interaction between molecular biology and mathematics.

Journal of Physics: Conference Series **475** (2013) 012005 doi:10.1088/1742-6596/475/1/012005

Mendel's genetic experiments and laws of heredity: The discovery of genetic inheritance by Gregor Mendel back in 1865 was considered as the start of genetics history [8]. He did experiments on the cross-fertilization of different colors of the same species. The genetic experiments Mendel did with pea plants and took him eight years (1856-1863). During this time, Mendel grew over 10,000 pea plants, keeping track of progeny number and type. He carefully recorded the data and performed mathematical analysis of the data. Mendel illustrated the process that the inheritance of traits could be more easily explained if it was controlled by factors passed down from generation to generation. He concluded that genes come in pairs. Genes are inherited as distinct units, one from each parent. He also recorded the segregation of parental genes and their appearance in the offspring as dominant or recessive traits. He published his results in 1865. He recognized the mathematical patterns of inheritance from one generation to the next. Mendel's Laws of Heredity are usually stated as following:

- **The Law of Segregation:** a gene pair defines each inherited trait. Parental genes are randomly separated to the sex cells so that sex cells contain only one gene of the pair. Offspring therefore inherit one genetic allele from each parent.
- **The Law of Independent Assortment:** Genes for different traits are sorted from one another in such a way that the inheritance of one trait is not dependent on the inheritance of another.
- **The Law of Dominance:** An organism with alternate forms of a gene will express the form that is dominant.

In 1900, Mendel's work was independently rediscovered by DeVries, Correns, and Tschermak. Each of them confirmed Mendel's discoveries. Mendel's own method of research is based on the identification of significant variables, isolating their effects, measuring these meticulously, and eventually subjecting the resulting data to mathematical analysis. Thus his work is directly informed by contemporary theories of mathematics, statistics and physics.

Origin of species: Charles Darwin [5] published "On the Origin of Species by Means of Natural Selection" or "The Preservation of Favored Races in the Struggle for Life" in 1895. His key work was that evolution occurs through the selection of inherent and is transmissible rather than acquired characteristics between individual members of a species. Darwin's landmark theory did not specify the means by which characteristics are inherited. The mechanism of heredity had not been determined at that time.

First genetic map: In 1910, after the rediscovery of the Mendel's work, Thomas Hunt Morgan [1] did crossing experiments with the fruit fly (Drosophila Melanogaster) at the Columbia University. He proved that the genes responsible for the appearance of a specific phenotype were located on chromosomes. He also found that genes on the same chromosome do not always assort independently. Furthermore he suggested that the strength of linkage between genes depended on the distance between them on the chromosome. That is, the nearer two genes lie on a chromosome, the greater the chance of being inherited together. Likewise the farther away they are from each other, the more chance of being separated by the process of crossing-over. The genes are separated when a crossover takes place in the distance in between the two genes during cell division. Morgan's experiments also lead to Drosophila's unusual position as one of the best-studied organisms and most useful tools in genetic research to this day. In 1911, Alfred Sturtevant, then an undergraduate researcher in the laboratory of Thomas Hunt Morgan mapped the locations of the fruit fly genes. This was the first genetic map ever made.

Transposable genetic elements: In 1944 Barbara McClintock [13] discovered that genes can move on a chromosome. Genes can jump from one chromosome to another. At that time she studied the inheritance of color and pigment distribution in corn kernels at the Carnegie Institution Department of Genetics in Cold Spring Harbor, New York. At age 81 she was awarded a 1983 Nobel Prize. It is believed that transposons may be linked to some genetic

Journal of Physics: Conference Series **475** (2013) 012005 doi:10.1088/1742-6596/475/1/012005

disorders such as hemophilia, leukemia, and breast cancer. And transposons may have played a crucial role in evolution.

DNA double helix: In 1953, James Watson and Francis Crick [17] proposed a double helix model of DNA. DNA is made of three basic components, a sugar, an acid and an organic "base". The base always was one of the four nucleotides: adenine (A), cytosine (C), guanine (G) or thymine (T). These four different bases are categorized in two groups: purines (adenine and guanine) and pyrimidines (thymine and cytosine). Back in 1950 Erwin Chargaff found that in DNA the amounts of adenine (A) and thymine (T) are about the same, as are the amounts of guanine (G) and cytosine (C). These relationships became known later as "Chargaff's Rules" and led to much speculation about the three dimensional structure DNA would have. Rosalind Franklin, a British chemist, used the X-ray diffraction technique to capture the first high-quality images of the DNA molecule. Franklin's colleague Maurice Wilkins showed the pictures to James Watson, an American zoologist, who had been working with Francis Crick, a British biophysicist, on the structure of the DNA molecule. These pictures gave Watson and Crick enough information to propose the double-stranded, helical, complementary, anti-parallel model for DNA in 1953. Crick, Watson, and Wilkins shared the Nobel Prize in medicine and physiology for the discovery that the DNA molecule has a double-helical structure in 1962. Rosalind Franklin, whose images of DNA helped lead to the discovery, died of cancer in 1958 and, under Nobel rules, was not eligible for the prize. In 1957 Francis Crick and George Gamov worked out the "Central Dogma", explaining how DNA functions to make protein. Their "sequence hypothesis" posited that the DNA sequence specifies the amino acid sequence in a protein. They also suggested that genetic information flows only in one direction, from DNA to messenger RNA to protein, the central concept of the central dogma.

Genetic code: The genetic code was finally "cracked" in 1966. Marshall Nirenberg, Heinrich Mathaei and Severo Ochoa [11] demonstrated that a sequence of three nucleotide bases, a codon or triplet, determines each of the 20 amino acids found in nature. This means that there are 64 possible combinations (43=64) for 20 amino acids. The formed synthetic mRNA by mixing the nucleotides of RNA with a special enzyme called polynucleotide phosphorylase. This resulted in the formation of a single-stranded RNA in this reaction. The question was how this 64 genetic codes could code for the twenty different amino acids, Nirenberg and Matthaei synthesized poly(U) by reacting only uracil nucleotides with the RNA synthesizing enzyme, producing -UUUU-. They mixed this poly(U) with the protein synthesizing machinery of E. Coli in vitro and observed the formation of a protein. This protein turned out to be a polypeptide of phenylalanine. They showed a triplet of uracil must code for phenylalanine. Philip Leder and Nirenberg found an even better experimental protocol to solve this fundamental problem. By 1965 the genetic code was almost completely solved. They found that the "extra" codons are merely are redundant: Some amino acids have one or two codons, some have four, and some have six. Three codons (called stop codons) serve as stop signs for RNA synthesizing proteins.

First recombinant DNA molecules: In 1972, Paul Berg of Stanford University (USA) [9] created the first recombinant DNA molecules by combining the DNA of two different organisms. He used a restriction enzyme to isolate a gene from a human-cancer-causing monkey virus. Then, he used lipase to join the section of virus DNA with a molecule of DNA from the bacterial virus lambda, creating the first recombinant DNA molecule. He realized the risks of his experiment and temporarily terminated it before the recombinant DNA molecule was added to E. coli, where it would have been quickly reproduced. He proposed a one-year moratorium on recombinant DNA studies while safety issues were addressed. Berg later resumed his studies into recombinant DNA techniques, and was awarded the 1980 Nobel Prize in chemistry. His experiments paved the road to the field of genetic engineering and the modern biotechnology industry.

DNA sequencing and database: In early 1974, Frederick Sanger [15] from U.K. Medical Research Council was first invented the DNA sequencing techniques. During his experiments to uncover the amino acids in bovine insulin, he developed the basics of modern sequencing methods. Sanger's approach involved copying DNA strands which would show the location of the nucleotides in the strands. To apply Sanger's approach, scientists had to analyze the composite collections of DNA pieces detected from four test tubes, one for each of the nucleotides found in DNA (Adenosine, Cytosine, Thimidine, Guanine). Then they needed to be arranged in the correct order. This technique is very slow and tedious. It takes many years to sequence only a few million letters in a string of DNA. Almost simultaneously, the American scientists Alan Maxam and Walter Gilbert were creating a different method called the cleavage method. The base for virtually all DNA sequencing was the dideoxy-chain terminating reaction developed by Sanger.

In 1980 Kary Mullis invented polymerase chain reaction (PCR) [3]. The PCR is a method for multiplying DNA sequences in vitro. The purpose of the PCR is to make a huge number of copies of a specific DNA fragment, a gene for instance. The use of thermostable polymerase allows the dissociation of newly formed complimentary DNA and subsequent annealling or hybritization of the primers to the target sequence with minimal loss of enzymatic activity. PCR can be necessary to receive enough starting template for instance sequencing.

Established in 1988 as a national resource for molecular biology information, the National Center for Biotechnology Information (NCBI) carries out diverse responsibilities. NCBI creates public databases, conducts research in computational biology, develops software tools for analyzing genome data, and disseminates biomedical information - all for the better understanding of molecular processes affecting human health and disease. NCBI conducts research on fundamental biomedical problems at the molecular level using mathematical and computational methods.

Human Genome Project: In 1990, the U.S. Human Genome Project [10] started as a 15-year effort coordinated by the U.S. Department of Energy and the National Institutes of Health. The project originally was planned to last 15 years, but rapid technological advances have accelerated the expected completion date to 2003. Project goals were to:

- identify all the genes in human DNA,
- determine the sequences of the 3 billion chemical base pairs that make up human DNA, store this information in databases,
- improve tools for data analysis,
- transfer related technologies to the private sector, and
- address the ethical, legal, and social issues (ELSI) that may arise from the project.

In 1991, working with Nobel laureate Hamilton Smith, Venter's genomic research project (TIGR) created the 'shotgunning' method. A method at first was controversy among Venter's colleagues who called it crude and inaccurate. However, Venter cross-checked his results by sequencing the genes in both directions, achieving a level of accuracy that greatly impressed his initial sceptical rivals. Within a year, TIGR published the entire genome of Haemophilus influenzae, a bacterium with nearly 2 million nucleotides. The draft human genome sequence was published on February 15th 2001, in the journals Nature (publically funded Human Genome Project) and Science (Craig Venter's firm Celera).

2. Living Organisms and Mathematics

Mathematics has a fundamental role in understanding the complexities of living organisms. For example, the genetic code-triplets of three bases in messenger ribonucleic acid (mRNA) that encode for specific amino acids during the translation process have some interesting and mathematical logic in their organization [4]. An examination of this logical organization may allow us to better understand the logical assembly of the genetic code and life.

On the first stage there was investigation on so-called "standard genetic code". In the last decades some other variants of the genetic code were revealed which are described in a website http://www.ncbi.nlm.nih.gov/Taxonomy/Utils/wprintgc.cgi and which differ from the standard genetic code in some correspondences among 64 triplets, 20 amino acids and stop-codons. One noticeable feature of the genetic code is that some amino acids are encoded by several different but related base codons or triplets. There are 64 triplets or codons. In the case of the standard genetic code three triplets (UAA, UAG, and UGA) are nonsense codons - no amino acid corresponds to their code. The remaining 61 codons represent 20 different amino acids. The genetic code is encoded in combinations of the four nucleotides found in DNA and then RNA. There are 16 possible combinations (42) of the four nucleotides of nucleotide pairs. This would not be sufficient to code for 20 amino acids [11]. The solution is mathematically simple. During the self-assembly and evolution of life, a codon or triplet evolved that provides for 64 or 43 possible combinations. This simple code determines all the proteins necessary for life.

The genetic code is also degenerate. For example, up to 6 different codons are available for some amino acid. Another noteworthy aspect of biological messages is that minimal information is necessary to encode the messages [11] and the messages can be encoded and decoded and put to work in amazingly short periods of time. A bacterial Escherichia coli cell can grow and divide in 1/2 an hour depending on the growth conditions. Mathematically, it could not be simpler.

Mathematics as applied to understanding biology has countless uses. It is used to elucidate trends, patterns, connections, and relationships in a quantitative manner that can lead to important discoveries in biology. How can math be used to understand living organisms? One way to explore this relationship is to use examples from the bacterial world. The reader is also referred to an excellent text by Stewart [16] that illustrates how math can be used to elucidate a fuller understanding of the natural world. For example, the exponential growth of bacterial cells is essential information that is one of the foundations of microbiology research. Exponential growth over known periods of time is essential in the understanding of bacterial growth in countless areas of research. The ability to use math to describe growth per units of time is an excellent example of the interrelationship between math and the capability to understand this aspect of life. For example, the basic unit of life is the cell, an entity of one. Bacteria also multiply by dividing. Remember that life is composed of matter and matter is composed of atoms and those atoms especially in solids are arranged in an efficient manner into molecules that minimize the energy needed to take on specific configurations. Often these arrangements or configurations are repeating units of monomers that make up polymers. Stewart [16] described it very well in his excellent book when he posed the question. "What could be more mathematical than DNA?" The ability of DNA to replicate itself exactly and at the same time change ever so slightly allows evolutionary changes to occur. The mathematical sequences of 4 different bases (adenine, thymine, guanine and cytosine) in DNA are the blueprint of life. Again, the order of the 4 bases determines the mRNA (messenger ribonucleic acid) sequence and then the protein that is synthesized. DNA in a cell is also capable of precisely replicating itself in a cell. The replicated DNA can then partition into each new cell when one cell divides and becomes 2 cells. The DNA can only replicate with the assistance of enzymes that unwind the DNA and allows the DNA strands to act as templates for the synthesis of the second strand. The ability of a cell to unwind its DNA, replicate or copy new strands and then partition them between 2 new cells has a mathematical basis. The four bases are paired in a specific manner - A (adenine) with T (thymine), C (cytosine) with G (guanine) on the opposite strands along a sugar phosphate backbone. Each strand can contain all 4 bases in any order. However, A must bond with T and C with G on opposite strands. This precise mathematical pairing must be obeyed [4].

Living organisms also have amazing mathematical order and symmetry. The repeating units of fatty acids, glycerol and phosphate that make up a phospholipid membrane bilayer

Journal of Physics: Conference Series **475** (2013) 012005 doi:10.1088/1742-6596/475/1/012005

are one example. An excellent example of mathematical symmetry is the S-layer in many Archaea bacterial (prokaryotes consisting of methanogens, most extreme halophiles and hyperthermophiles and Thermoplasma) cell walls that exhibit a hexagonal configuration. A cell that can assemble the same repeating units countless times is efficient and reduces the numbers of errors incorporated into the assembly. This is exactly the characteristic that is needed for a living cell to grow and divide. Yet, a little bit of change can occur over time.

From a chaotic lifeless environment on the early Earth, life self-assembled with the cell as the basic unit, with mathematically precise order, symmetry and base pairing in DNA as the genetic blueprint and with triplet codons as the genetic code for protein synthesis. Math can be used to understand life from the molecular to the biosphere level. For example, this includes the origin and evolution of organisms, the nature of the genomic blueprints and the universal genetic code as well as ecological relationships. Math helps us look for trends, patterns and relationships that may or may not be obvious to scientists. Math allows us to describe the dimensions of genes, sizes of organelles, cells, organs and whole organisms. Without this knowledge, a paucity of information would still exist on many aspects of life.

3. Converting Biological Information to Knowledge

The biological information we gain allows us to learn about ourselves, about our origins, and about our place in the world. We have learned that we are quantitatively strongly related to other primates, mice, zebrafish, fruit flies, roundworms, and even yeast. The findings should induce some modesty, by learning seeing how much we share with all living organisms. The information we are gaining is not just of philosophical interest, but also intended to help humanity to lead healthy lives. Knowledge about primitive organisms provides much information about shared metabolic features, and hints about diseases that affect humans in an economical and ethically acceptable manner.

Knowledge from many scientific disciplines and their subfields has to be integrated to achieve the goals of bioinformatics. It was believed [18] that all knowledge is intrinsically unified, and that behind disciplines, as diverse as physics and biology, anthropology and the arts, lies a small number of natural laws. Applying the knowledge can lead to new scientific methods, to new diagnostics and to new therapeutics.

At the beginning of the "genomic revolution", a bioinformatics concern was the creation and maintenance of a database to store biological information, such as nucleotide, amino acid, and protein sequences. Development of this type of database involved not only design issues but the development of complex interfaces whereby researchers could both access existing data as well as submit new or revised data. Ultimately, all of this information must be combined to form a comprehensive picture of normal cellular activities. Therefore, the field of bioinformatics has evolved such that the most pressing task now involves the analysis and interpretation of various types of data, including nucleotide, amino acid sequences, protein domains, and protein structures and interactions. Important research branches within bioinformatics include the development and implementation of tools that enable efficient access to, and use and management of, various types of information and new algorithms and statistics with which to assess relationships among members of large data sets, such as methods to locate a gene within a sequence, predict protein structure and/or function, and cluster protein sequences into families of related sequences. The process of converting data to knowledge may be illustrated as in Figure 1.

4. Big Pictures: Informatics

Informatics is the study of the structure, behaviors, and interactions of natural and artificial computational systems. Informatics studies the representation, processing, and communication of information in natural and artificial systems. It has computational, cognitive and social

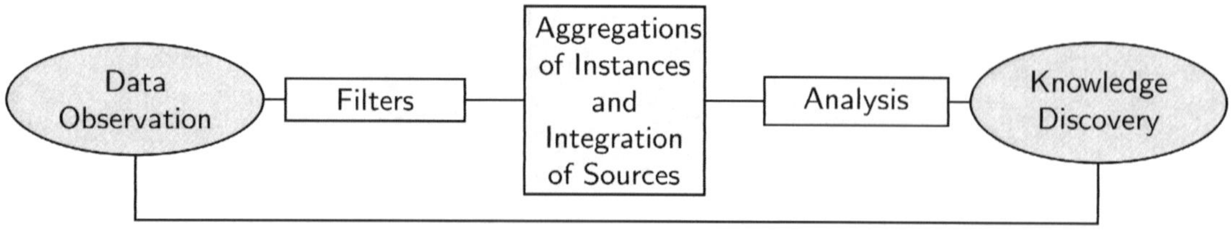

Figure 1. Process of converting data to knowledge.

aspects. The central notion is the transformation of information - whether by computation or communication, whether by organisms or artifacts. Information building blocks may be conceptually as illustrated by Table 1.

Table 1. Information Building Blocks (Monomer to Polymer).

Monomer	**Polymer**
Nucleotides: • Adenine (A) • Cytosine (C) • Guanine (G) • Thymine/Uracil(T/U)	DNA: ACTGGTAGCCTTAGA... RNA: ACUGGUAGCCUUAGA...
Amino Acids: • Cysteine (Cys) • Alanine (Ala) • Proline (Pro)	Protein: Met-Cys-Gly-Pro-Pro-Arg...
Letters: $A, B, C \ldots$	Words: CAT, GO, FRIEND...
Symbols: $0, 1$	Binary Code: $1001011100101\ldots$
Monomial: 1, x, $x^2, \ldots$	Polynomial: $P(x), \ldots$
Line: $l_1, l_2, l_3, \ldots$	Polygons: triangle, rectangle,...

Understanding informational phenomena such as computation, cognition, and communication enables technological advances. In turn, technological progress prompts scientific enquiry. The science of information and the engineering of information systems develop hand-in-hand. Informatics is the emerging discipline that combines the two. In natural and artificial systems, information is carried at many levels, ranging, for example, from biological molecules and electronic devices through nervous systems and computers and on to societies and large-scale distributed systems. It is characteristic that information carried at higher levels is represented by informational processes at lower levels. Each of these levels is the proper object of study for some discipline of science or engineering. Informatics aims to develop and apply firm theoretical and mathematical foundations for the features that are common to all computational systems.

In its attempts to account for phenomena, science progresses by defining, developing, criticizing and refining new concepts. Informatics is developing its own fundamental concepts of communication, knowledge, data, interaction and information, and relating them to such phenomena as computation, thought, and language.

Informatics has many aspects and encompasses a number of existing academic disciplines - artificial intelligence, cognitive science and computer science. Each takes part of informatics as its natural domain: in broad terms, cognitive science concerns the study of natural systems; computer science concerns the analysis of computation, and design of computing systems; artificial intelligence plays a connecting role, designing systems which emulate those found in nature. Informatics also informs and is informed by other disciplines, such as mathematics, electronics, biology, linguistics and psychology. Thus informatics provides a link between disciplines with their own methodologies and perspectives, bringing together a common scientific paradigm, common engineering methods and a pervasive stimulus from technological development and practical application.

Computational systems, whether natural or artificial, are distinguished by their great complexity, as regards both their internal structure and behavior, and their rich interaction with the environment. Informatics seeks to understand and to construct (or reconstruct) such systems, using analytic, experimental and engineering methodologies. The mixture of observation, theory and practice will vary between natural and artificial systems. In natural systems, the object is to understand the structure and behavior of a given computational system. The theoretical concepts underlying natural systems ultimately are built on observation and are themselves used to predict new observations. For artificial systems, the object is to build a system that performs a given informational function. The theoretical concepts underlying artificial systems are intended to secure their correct and efficient design and operation. Computer language systems have been evolving and communicating with biological data as part of computational systems. The computer languages and their interfaces with various data types are illustrated below Table 2.

Table 2. Communications between Computer Languages and Data Types and BioModules*.

Computer Languages	Design Goals
FORTRAN	Numerical analysis
LISP	Symbolic computation
C	System programming
C++	Objects, speed, compatibility with C
Java	Objects, internet
Perl	System administration
Python	General programming

* BioModules = Bio + Languages

Informatics provides an enormous range of problems and opportunities. One challenge is to determine how far, and in what circumstances, theories of information processing in artificial devices can be applied to natural systems. A second challenge is to determine how far principles derived from natural systems are applicable to the development of new kinds of artificial systems. A third challenge is to explore the many ways in which artificial information systems can help to solve problems facing mankind and help to improve the quality of life for all living things. One can also consider systems of mixed character; a question of longer term interest may be to what extent it is helpful to maintain the distinction between natural and artificial systems.

5. Challenges and Perspectives

The interaction between biology and mathematics has been a rich area of research for more than a century. The interface between them presents challenges and opportunities for both mathematicians and biologists.

Due to the explosion of biological data with the advent of new technologies that can organize the plethora of data, unique opportunities for research and new challenges have surfaced within the last ten to twenty years. For biology, the possibilities range from the level of the cell and molecule to the biosphere. For mathematics, the potential is great in traditional and non-traditional areas such as statistics and differential equations, knot theory, and topology. Stochastic processes and Markov chains in statistics have their origins in biological questions. Modeling the success (survival) over many generations of a family name led to the development of the subject of branching processes. Furthermore biological applications have stimulated the study of ordinary and partial differential equations, especially regarding problems in chaos, fractal geometry, and bifurcation theory.

Further interactions between mathematics and biology have presented new opportunities and challenges. A number of fundamental mathematical and biological issues cut across all of these challenges.

- How do we incorporate variation among individual units in nonlinear systems and biological systems?
- How do we explain the interactions among phenomena that occur on a wide range of scales and molecular levels, of space, time, and organizational complexity?
- What is the relation between pattern and process both in mathematical and biological systems?

It is in the analysis of these issues that mathematics is most essential and holds the greatest potential. These challenges such as aggregation of components to elucidate the behavior of ensembles, integration across scales, and inverse problems are basic to all sciences, in particular to biological sciences, and a variety of techniques exist to deal with them and to begin to solve the biological problems that generate them. However, the uniqueness of biological systems shaped by evolutionary forces will pose new difficulties, mandate new perspectives, and lead to the development of new mathematics. The excitement of this area of science is already evident, and is sure to grow in the years to come [7].

References

[1] Allen G 1978. *Thomas Hunt Morgan: the man and his science* (Princeton University Press)
[2] Anderson P W 1995 Physics: The opening to complexity *Proc Natl Acad Sci USA* **92** 6653-54
[3] Bartlett J M S and Stirling D 2003 A Short History of the Polymerase Chain Reaction *PCR Protocols* **226** 3-6.
[4] Cullman G and Labouygues J M 1984 The mathematical logic of life *Proceedings of the 7th International Conference on the Origins of Life*, ed Dose K, Schwartz A W and Thiemann W H P (The Netherlands: D. Reidel Publishing Company)
[5] Darwin C 1859 *On the Origin of Species by Means of Natural Selection* (London: John Murray)
[6] Edelstein-Keshet L 2005 *Mathematical Models in Biology, Classics in Applied Mathematics* (SIAM)
[7] Hastings A and Palmer M A 2003 A bright future for biologists and mathematicians? *Science* **299** 2003-04
[8] Henig R M 2009 *The Monk in the Garden: The Lost and Found Genius of Gregor Mendel, the Father of Modern Genetics* (New York: Houghton Mifflin)
[9] Human Genome Project http://www.genome.gov/25520302
[10] Human Genome Project http://www.ornl.gov/sci/techresources/Human_Genome/home.shtml
[11] Leavitt S 2004 Deciphering the Genetic Code: Marshall Nirenberg *National Institute of Health (NIH)* Retrieved 2009-10-05
[12] Murray J D 2003 *Mathematical Biology* (Berlin: Springer Verlag)
[13] Pasachoff N 2006 *Barbara McClintock, Genius of Genetics* (Enslow Publishers, Inc.)
[14] Prescott L M, Harley J P and Klein D A 1993 *Microbiology* (USA: Wm. C. Brown Publishers)
[15] Sanger F, Donelson J E, Coulson A R, Kössel H and Fischer D 1974 Determination of a nucleotide sequence in bacteriophage f1 DNA by primed synthesis with DNA polymerase *J Mol Biol.* **90** (2) 315-33
[16] Stewart I 1998 *Life's Other Secret* (USA: John Wiley and Sons, Inc.)

[17] Watson J D and Crick F H C 1953 A structure for deoxyribose nucleic acid *Nature* **171** 737-738
[18] Wilson E 1998 *Consilience: The Unity of Knowledge* (Random House)

Journal of Physics: Conference Series **475** (2013) 012006 doi:10.1088/1742-6596/475/1/012006

Data integration, systems approach and multilevel description of complex biosystems

Enrique Hernández-Lemus

Computational Genomics Department, National Institute of Genomic Medicine (INMEGEN), Periférico Sur 4809 Col. Arenal Tepepan, Tlalpan, 14610 México City, México.
Also at Center for Complexity Sciences, National Autonomous University of México (UNAM), Torre de Ingeniería, Circuito Escolar s/n, 04510, México City, México

E-mail: ehernandez@inmegen.gob.mx

Abstract. Recent years have witnessed the development of new quantitative approaches and theoretical tenets in the biological sciences. The advent of high throughput experiments in genomics, proteomics and electrophysiology (to cite just a few examples) have provided the researchers with unprecedented amounts of data to be analyzed. Large datasets, however can not provide the means to achieve a complete understanding of the underlying biological phenomena, unless they are supplied with a solid theoretical framework and with proper analytical tools. It is now widely accepted that by using and extending some of the paradigmatic principles of what has been called *complex systems theory*, some degree of advance in this direction can be attained. We will be presenting ways in which by using data integration techniques (linear, non-linear, combinatorial, graphical), multidimensional-multilevel descriptions (multifractal modeling, dimensionality reduction, computational learning), as well as an approach based in systems theory (interaction maps, probabilistic graphical models, non-equilibrium physics) have allowed us to better understand some problems in the interface of Statistical Physics and Computational Biology.

1. Introduction

Living matter is characterized by an entangled web of complex physicochemical processes. The origin and nature of these phenomena is extremely disparate. There are many space and time scales involved, but also a multitude of information layers intertwined, sometimes even in recursive ways. In view of this extremely involved conundrum, one is to ask *How to disentangle this plethora of complex processes as to acquire some actual understanding of the mechanisms underlying biological function?*.

Intending to answer this question, contemporary biology -in particular molecular biology, genomics and proteomics, as well as electrophysiology and imaging- is entering a new era; one characterized by extremely fast advances in its capacity of generating data in huge amounts; looking to dig-in deeper into the molecular basis of biological function. Research in biology is now turning from purely descriptive accounts to process-driven, multi-scale analyses now commonly termed *systems biology*. The rising paradigm is thus the study of biological phenomena as *complex systems*. In these analyses, an integrative vision becomes mandatory, since data alone are insufficient to create a *real* understanding of the complex processes occurring in living matter. It is not completely clear how to accomplish such a task. However, research in complex biological systems has so far revealed foundational principles such as self-organization, criticality, and robustness, but the biological implications of these phenomena are still to be revealed to a full extent.

In what follows, we will be presenting different aspects of the application of the methods of complex systems theory to problems in biological phenomena. We will be doing this on a case study basis. Section 2 deals with the first case, data integration in cancer genomics. In Section 3 we analyze the second case related with a system's approach to the coupling between metabolism and transcriptional anomalies in the onset of breast cancer. Section 4 is devoted to the general problem of dimensionality reduction -third case- as exemplified by whole genome gene expression analysis, a quite common computational biology study. The fourth case is presented in section 5 and it elaborates on multidimensional models, in particular applied to multichannel electrophysiology. Finally, Section 6 presents some brief conclusions and perspectives.

2. Case I: Data Integration

Modern high-throughput genomic experiments have paved the way to a large-scale characterization of living organisms. This usually involves the generation and, more importantly, the interpretation of data at an unprecedented scale. Computational tools and mathematical algorithms have been created in order to integrate, organize and also *mine* the gargantuan wealth of information generated. Technologies for the detection of several kinds of genomic alterations have been developed and applied to analyses of almost any living organism, even to cancer genomes. Cancer research in particular, has proven that studies based on a single technology platform result extremely limited in scope when compared with the extent of knowledge that can be acquired when using different platforms all together. For this reason, there is a need for systematic methodologies to facilitate data management, visualization and integration. The goal of these methodologies should be to permit a proper analysis of the biological implications for the findings, without sacrificing mathematical and statistical rigour and computational efficiency.

2.1. Data integration schemes in genomics

With view to the construction of an integral view of genomic alterations, a data driven combinatorial approach has been proposed [1]. It is based on the enumeration of all possible genomic alterations scenarios that may be present in a N-platform integrative analysis relying on a so-called *three-state model* applied to the set of statistically significant genes (3-MDI). Each scenario is represented as a sequence $S_1, S_2, \ldots S_N$ of states, where S_k denotes the state of a gene for platform k. Each state is defined to take values in {-1, 0, 1} -akin to spin-1 models in lattice ferromagnetism- interpreted as {`Down, NoChange, Up`}. This list represents the universe of hypotheses that describe structural variations in the genome as well as transcription activity in coding and non-coding regions. Hypotheses can be chosen for their clear biological relevance but also for their quantitative importance. We may find that a large set of genes follow a particular scenario or that genes commonly share a set of more specific scenarios leading to other important questions to be answered.

Under the 3-MDI algorithm [1], every dataset-platform is subjected to an independent low-level analysis, genes are then classified according to the proper significance levels for each technology while careful attention is given to the wide spectrum of dynamic ranges between these different data sources. The platforms $\mathcal{P}$ selected in [1] included {`RNA, miRNA, Methylation, NGS, CNV`} [Figure 1], from these, a list of highly relevant genes was generated in each set. Genes in every list were coded according to two of the three states in the three-state model. In every list of top-m_k genes can be either up or down. All k lists

Journal of Physics: Conference Series **475** (2013) 012006 doi:10.1088/1742-6596/475/1/012006

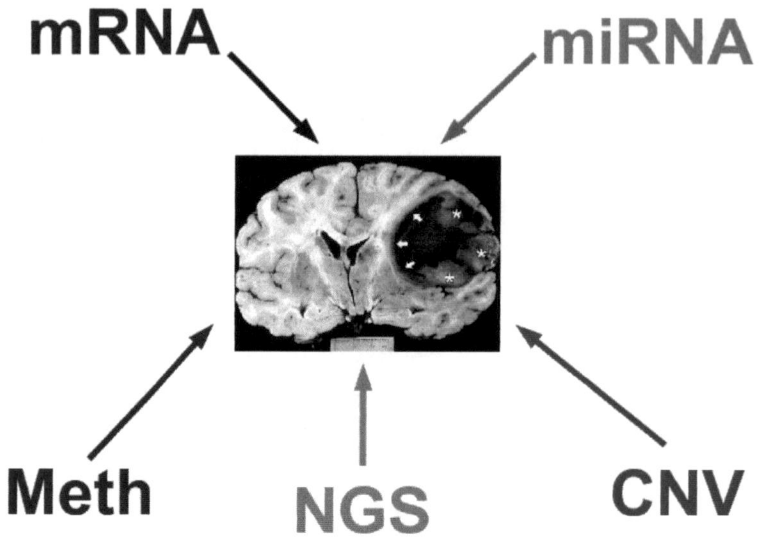

Figure 1. Multiple platform whole-genome analysis sheds light in Glioblastoma Multiforme via **data integration** [1].

are combined and basic set theory $P_i \bigcup P_j = (P_i \bigcap P_j) \bigcup (P_i \backslash P_j) \bigcup (P_j \backslash P_i)$ adds zeros when $(P_i \backslash P_j)$ indicates a zero in P_j. The combinatorial analysis can classify all possible scenarios searching for genes in 2,3,4, or all 5 platforms simultaneously. Under this approach there exist 3^k possible scenarios for a k-platform analysis assuming a three-state model. The discretization scheme proposed in 3-MDI is a finite alphabet classification scheme. This means that all of the possible states of the system correspond to a realization within the given lexicon (here the states are labeled -1 meaning subregulated, hypomethylated or deleted, 0 meaning no change and +1 meaning over-expressed, hypermethylated or duplicated (multiplicated)). Finite alphabet classification schemes have been shown to be equivalent to a class of machine learning algorithms called *Supervised learning* [2], so that that most (in theory, all) of the supervised machine learning techniques and algorithms could be applied to train our three-state model with either experimental or simulated data. This will be useful when assessing the findings of integrative genomics studies by experimental sources or with synthetic data.

2.2. Multidimensional plots

Visualization of large-scale data becomes a key aspect of the analysis, it allows to distinguish possible biological hypotheses. Important tool in this regard are multidimensional plots. *Circular multilayered plots* (a.k.a. *Circos* plots) for instance, are useful visualization aids in which a series of concentric rings are used to render the data. The circular layout is ideal for showing how different positions within our data domain relate to one another. This relationship can be quantitative, binary or any other classification scheme. Modifying the rings or *ribbons* that represent relationships, the progression and orientation of the circular segments, and so on, allow us to show a large number of connections between data points (or positions) in a clear cut and *intelligible* lay out. Circos plot have helps us to identify the most mutated chromosomes, identifying genes in each chromosome and hence combine the differential expression and methylation for the set under study as it can be seen in, for instance in Figure 2 and Figure 3 of reference [1]. The advantage of using tools such as circos plots in managing high throughput data is that they are able to be easily incorporated into data acquisition, analysis and reporting pipelines. In the field of high throughput genomics and proteomics, the usual setting is that a data pipeline is implemented as a multi-step process. On this process, data is analyzed by multiple independent tools, each passing their output as the input to the next step. Another, more comprehensive example of the afore-mentioned *data acquisition and analysis pipeline* using the multidimensional plot philosophy (and in particular circos plots) is COSMIC (the Catalogue Of Somatic Mutations In Cancer) [4, 5]. The project page states that "*... There is a vast amount of information available in the published scientific literature about these changes. COSMIC is designed to store and display somatic mutation information and related details and contains information relating to human cancers...*".

2.3. Why, what and how?

- **Why?:** Because biological systems are intrinsically multidimensional; they are characterized by many layers of information and many levels and scales of description. A single reductionist scheme fail to capture the essence of living phenomena.
- **What?:** Here we propose novel data visualization schemes in order that some hidden connections (e.g., between *trans-* gene regulation by microRNAs and *cis-* DNA methylation as coordinated mechanisms of expression) could be unraveled.
- **How?:** In this particular case [1], we used two different and to a certain extent complementary strategies for data integration. In the one hand we performed a combinatorial classification based in a three state model for different data classes. In a way this would function as a discretization scheme akin to, say, a spin-1 lattice study in ferromagnets. In the other hand, we made use of multidimensional plots to show and reveal in a *geometrical* way, some unexpected connections between these discrete states.

2.4. What do we learn?

According to the popular belief in gene regulation theories, the effect of high DNA methylation levels in a gene region is to diminish the expression of the genes in such region. Hence, a *questionable* subset in our whole genome studies of *Glioblastoma multiforme* was the one with copy number loss yet marked as hypermethylated and over-expressed (see Table 1 of reference [1]). In the case of some genes (like RRM2 and CNGA3) that are hyper-methylated their over-expression could be explained by copy number amplification of the gene. However, in other cases, the expression level may also be affected by miRNA regulation as it seems to be the case of CD74 which presents no-significant DNA copy number variations. This result seem to be counterintuitive, and even controversial according to the current biological understanding of gene regulation phenomena, but it is present in many samples within the Glioblastoma multiforme dataset studied (around 500 samples were analyzed), so we can be pretty sure it is not an artifact of the analysis, but rather a new side of gene regulation yet to be completely understood.

3. Case II: Systems Approach

3.1. An archetypal example: Cancer Genomics and Metabolism

Thermodynamic studies at the transcriptional, epigenetic, and metabolic levels have pointed out to energetics as playing a non-trivial role in the onset and development of malignancy. We will focus on the relationship between transcriptional de-regulation of a set of genes that present both transcription factor (TF) and metabolic activity while at the same time have been associated with the presence of breast cancer. In order to unveil its regulatory and thermodynamical

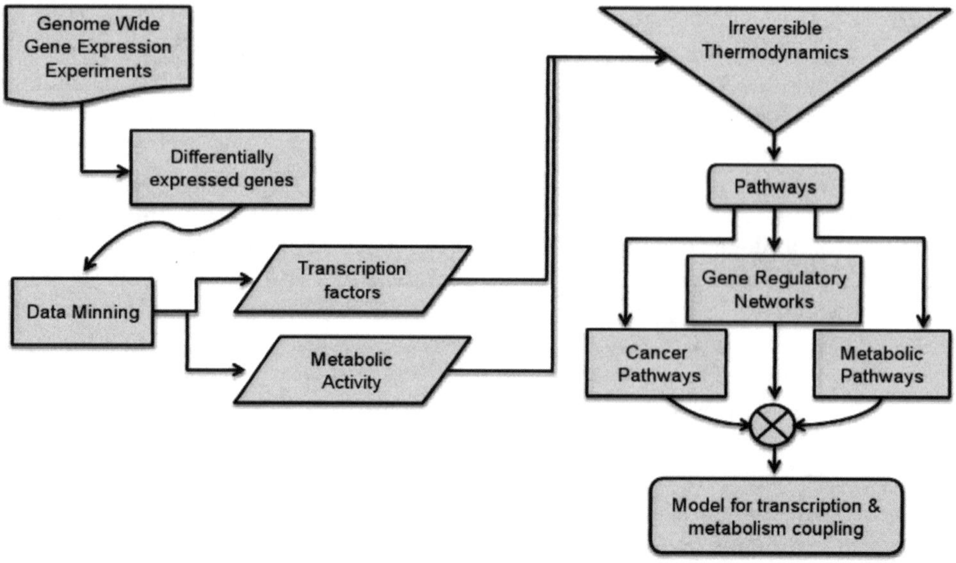

Figure 2. A **System's approach** considering both the mesoscopic thermodynamics and the molecular transcriptional regulation interactions, provide a deeper understanding of the relationship between cancer and metabolism [6].

behavior by means of gene expression data obtained from genome-wide analysis experiments in RNA from biopsy-captured tissue of both primary breast cancer and normal breast.

The role of gene interaction networks have also been extensively mentioned in relation to cancer phenomenology, it has been claimed that these network effects are, in fact much more important than individual gene contributions. Some of these networks are indeed related to energetic and metabolic processes, tyrosine-related deregulation, and immunity weakening. One usually think of tumor cells as having successful mechanisms to evade normal control and cell regulation of proliferation and apoptosis. Alterations in gene expression have become a better (but far from completely) understood component of normal development and disease progression. TFs have become a promising target for therapy. In brief, gross alterations in TF regulation would result in cascade triggering affecting both the whole cell cycle and the metabolic activity thus resulting in possible development of cancer. Many people have come to conclude that *cancer* is a *transcriptional disorder* disease, while, as we have mentioned other authors have recently turned their attention to the metabolic and energetic component, hence a possible connection between these two approaches could be found in the *energetic deregulation* $\rightarrow$ *transcriptional disorder* leading both to cascade triggering and metabolic disorders related to neoplasm formation and development. For these reasons it will result fruitful to model the role of TFs at both the energetics (thermodynamic) level and the network approach [6] [for more details of the whole system's approach taken refer to Figure 2].

3.2. How does the coupling occurs?

The complex dynamics behind even relatively simple models of transcription [16] demonstrate the necessity for a non-equilibrium thermodynamical characterization that includes the possibility to deal with fluctuations in small systems [15]. Systems outside the realms of the thermodynamic limit are characterized by large fluctuations, hence stochastic effects are to

Journal of Physics: Conference Series **475** (2013) 012006 doi:10.1088/1742-6596/475/1/012006

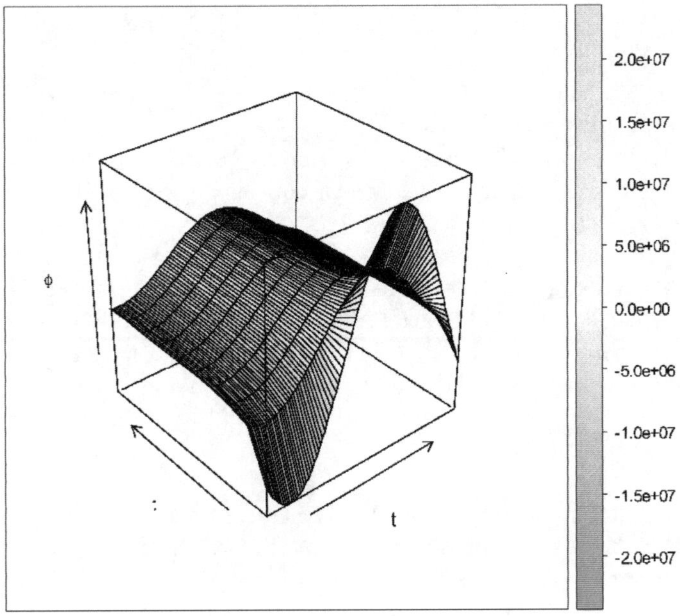

Figure 3. The coupling between energy influx and transcriptional bursting is shown to occur at low relaxation times [7].

be considered [7]. One particular instance in which stochastic effects take importance is the so-called *transcriptional burst* scenario [see Figure 3].

3.3. Why, what and how?

- **Why?:** Because, although it has been known for decades that energetic deregulation occurs in cancer cells and that it is responsible to a certain extent for neoplastic transformation and metastasis, no detailed physicochemical study was performed at the molecular and subcellular level to a whole genome extent, in order to understand the thermodynamic basis of transcriptional anomalies.
- **What?:** We develop a non-equilibrium thermodynamic formalism to study transcriptional regulation [15, 16] then we show how specific details of the energy influx may be taken into account [7]. We are applying such ideas to a specific network-based whole genome study of gene expression profiles in breast cancer samples [6] .
- **How?:** By taking into account, on one side, non-equilibrium coupling between subcellular metabolism and transcription via the related chemical potentials. We also considered the role that *transcription factors* and in particular *master regulator genes* have in the complex energetic landscape behind such couplings.

3.4. What do we learn?

Most of it is still work in progress. However, a core of four genes (MNDA, POU2AF1, SMAD3 and specially MEF2C) seem to be revealing as novel master regulators in transcriptional bursting associated with breast cancer. It is specailly encouraging since homologues of these genes (in particular of MEF2C, a family called the MADS genes) have been proven to be playing a key role in regulation between proliferation and differentiation in plants via processes akin to those correspondent in animal cells.

4. Case III: Dimensionality Reduction

Gene expression analysis is probably one of the most fertile fields to develop new biological physics theories and techniques from the theory of complex systems. The complex mechanisms behind whole genome transcriptional regulation has attracted many physicists, for the subtleties of the associated physicochemical mechanisms, for the intricacy of the implicit stochastic dynamics and also for the challenges presented in the analysis and inference of regulatory networks, both from the mathematical and computational standpoints. We have gained great insight into different aspects of such phenomena [8, 9, 10, 11, 12, 13, 14, 15, 16]. In order to do so, however researchers need to possess strong computational and mathematical skills, such as those developed in computational physics, statistical mechanics and high energy physics to successfully manage such enormous amounts of data.

With regards to the dimensionality problem, the question is that whole genome expression experiments for higher species comprise several tens of thousands of variables (namely, the mRNA concentration or gene expression for each gene) and for technical, economic, and logistical reasons, the number of experimental samples runs on the order of a few hundreds at most. As a result, it is not feasible to use classical statistical approaches. Instead, some tools developed and used in statistical physics have been applied to this end, ranging from information theoretical approaches [8, 9, 17] to maximum entropy techniques [10, 19].

4.1. The Compressive sampling scenario

The basic aspects of the mathematical theory and the computational implications of a recently developed technique called Compressive Sampling, as well as some possible applications within the scope of Computational Genomics, and Computational Biology in general are considered. The central idea is that most of the information sampled from the experiments turns out to be discarded (for being non-useful) in the final stages of biological analysis, hence it would be better if we could find an algorithm to remove selectively such information in order to get rid of the computational burden associated with processing and analyzing such huge amounts of data. Here we show that a possible algorithm for doing so it is precisely Compressive Sampling [20].

4.2. Why, what and how?

- **Why?:** Because current (and even more future) datasets in genomics -and also in other instances, such as proteomics, electrophysiology, high energy physics, etc.- are huge (several Gigabytes in length often, even some Terabytes now and very likely in the Petabyte range in the near future) and at the same time they are extremely noisy and redundant, so that most of this wealth of data is NOT recovered as usual information in the final stages of analysis. So, as of today its data management is a burden and they constitute in important challenges in the analysis stages.
- **What?:** We propose as a proof-of-concept the implementation of non-linear data compression techniques at the acquisition stage in the case of whole genome gene expression experiments for a thousand-plus sample dataset. The outlined implementation is based in the algorithm known as *Compressive Sampling.*
- **How?:** Compressive sampling is an algorithm able to cope and defeat with usual limitations in data management and information recovery as given by Shannon-Nyquist sampling

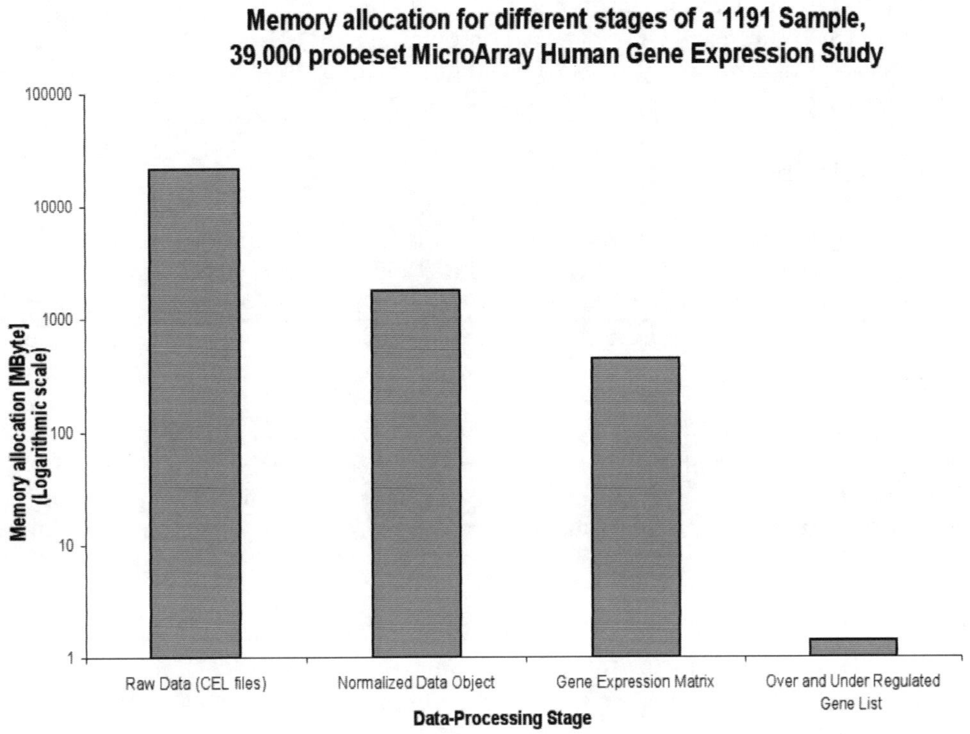

Figure 4. Memory allocation reduction in a 1191-sample whole genome gene expression analysis as depicted in [20]. Notice the logarithmic scale on y-axis.

theorem. It does so by using the fact that many large datasets that we a priori know that are compressible (i.e. redundant) possess a *sparse* matrix representation in some basis -in general orthonormal- so that l_0-norm and l_1-norm based minimizations are computationally tractable optimization problems yielding a singular value decomposition (SVD) submatrix much smaller than the original. Compressive sampling can be used even in random matrices so we can be dealing with noisy datasets.

4.3. What do we learn?

In principle, we are answering the question: how to get all the relevant information contained in a huge analysis dataset, say a 21 Gb raw gene expression experimental database [20] by *just* analyzing much smaller objects, in the mentioned case a 1.4 Mb matrix [see Figure 4]? This could be done after applying compressive sampling optimization and SVD of the original dataset. Sparsity of the original dataset matriz representation then plays a fundamental role in how well we can estimate signals in the presence of noise (i.e. how well we deal with *shrinkage*, and *soft-thresholding*), but also in compressibility by means of transform coding and in the ultimate case in how well we solve inverse problems (say gene network reconstruction [8, 9, 17, 19]). This si so because dimensionality reduction facilitates modeling via simple models/algorithms.

In brief, due to noise-uncertainty we can use the l_1 norm as a proxy for sparsity and hence use nonlinear sampling by convex programming instead of traditional (linear) Shannon sampling, thus largely reducing the need for individual samples. This is a very good deal if we recall that getting, processing and analyzing, a large number of good quality samples is a common burdensome challenge in biomedical research.

5. Case IV: Multidimensional models

5.1. Synchronization of spontaneous spinal cord potentials

The analysis of the interaction and synchronization of relatively large ensembles of neurons is fundamental for the understanding of complex functions of the nervous system. It is known that the temporal synchronization of neural ensembles is involved in the generation of specific motor, sensory or cognitive processes. Also, the intersegmental coherence of spinal spontaneous activity may indicate the existence of synaptic neural pathways between different pairs of lumbar segments. In this study we present a multichannel version of the detrended fluctuation analysis method (mDFA) to analyze the correlation dynamics of spontaneous spinal activity (SSA) from time series analysis. This method together with the classical detrended fluctuation analysis (DFA) were used to find out whether the SSA recorded in one or several segments in the spinal cord of the anesthetized cat occurs either in a random or in an organized manner [22].

5.2. Why, what and how?

- **Why?:** Within biological physics, we are often confronted with the non-linear analysis of the correlation structure for multidimensional time series with fractal or multi-fractal support. Most biosignals possess a complex and subtle arrangement of patters, most of them hidden behind a noisy and apparently random envelope. In some cases, for instance, synchronization phenomena are disguised within the multifractal spectrum and it is almost impossible to find them and analyze them properly.
- **What?:** In order to cope with this problem to a certain extent we are generalizing the well known detrended fluctuations analysis (DFA) of time series to deal with multidimensional signals arranged in the form of a time series vector. In this way, instead of analyzing a vector arrangement of Hurst exponents we only have single spectrum to analyze. However this spectrum contains the entire correlation structure of the multidimensional time series [see Figure 5].
- **How?:** Since, in our particular case [22] we were studying the central nervous system as an intrinsically synchronized dynamic system, as well as the role of synchronization of multiple neuronal areas in information processing, it was evident the need for a nonlinear correlation analysis that involves time series of *several inputs*. That is, to assess the long range correlation structure of *multichannel data* as a single entity. To that end we developed an *inner product*-based metric to consider the relation between the Hurst exponent and the singularity spectrum as a dual transformation. As consequence we now have a componentwise self-similar process whose vector 2-norm is taken as a time series metric and then the Hurst spectrum is calculated as in classic DFA [22].

5.3. What do we learn?

By using mDFA we found a significant synchronicity between potentials recorded from pairs of segments either rostrally (up-stream) or caudally (down-stream) to a spinal lesion. This may represent evidence for the hypothesis that left and right groups of neurons in different segments are both interconnected by pathways running in the same as well as in the opposite sides, an important recent paradigm in neurophysiology. Changes of the fractal correlation

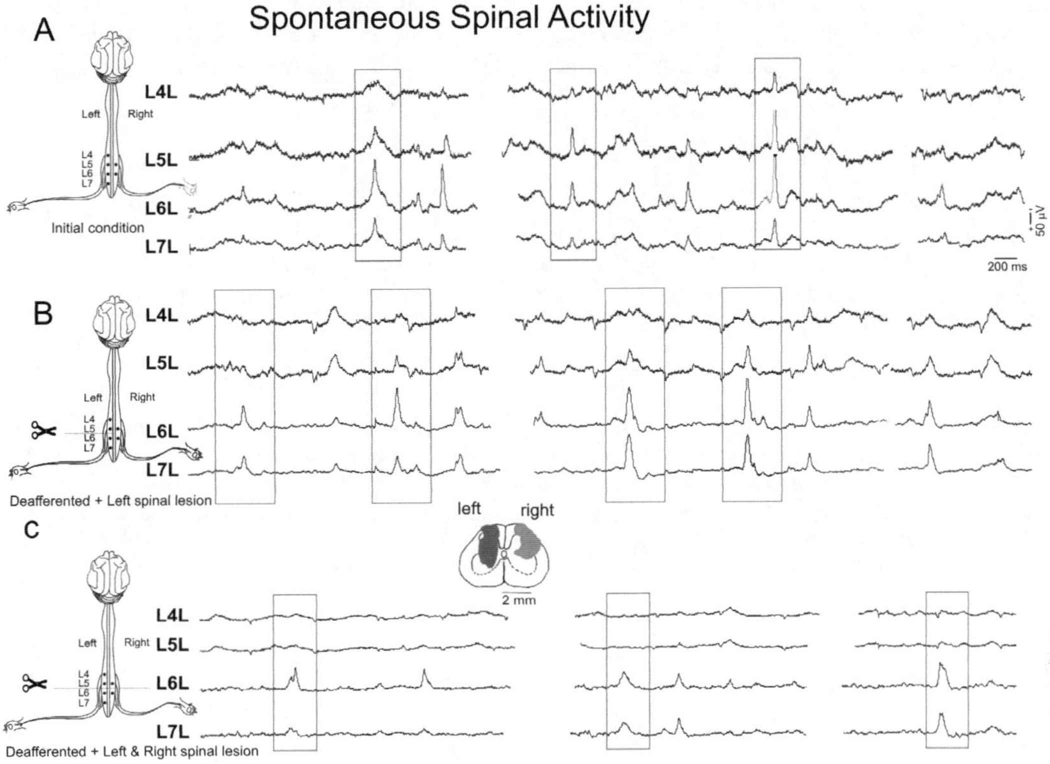

Figure 5. Synchronicity in the Spontaneous Spinal Activity can be accounted for by means of a multidimensional non-linear correlation analysis [22].

structure are believed to have a functional origin since it has been proposed that the segmental synchronizations of dorsal root reflexes and dorsal root potentials are mediated by the spinal cord connections through the lateral funiculi. In brief, it seems that not only brain neurons are connected in a complex network fashion but also spine neurons present network-like behavior in their correlation structure. mDFA also revealed an already envisioned temporal synchronization in the activity of multiple segmental signals, thus revealing spinal communication as a complex coupled phenomenon. We could also study how the intact neuroaxis and spinal damage caused both decorrelation and desynchronization of SSA signals.

6. Conclusions and perspectives

Data integration, multilevel analysis and other methods of complex system's theory and statistical physics have proved to be useful tools in the analysis of complex biological phenomena and are a means to acquire deeper understanding of the underlying phenomena. The role that such disciplines have acquired in the biological sciences is growing in importance [24], as is evident, in numerous research efforts in biology (see for instance reference [25]) and in the creation of the Office of Physical Sciences Oncology in the National Cancer Institutes in the U.S. [26] among a myriad other projects involving methods of statistical physics on one side and biology on the other. This mini-review presents the application of some of these ideas in our own research, namely in the case of data integration in cancer 'omics [1], system's biology approach to the metabolic-transcriptional coupling in breast cancer [6, 7], high throughput data management and compression in computational biology [20] and multidimensional correlation analysis in computational neuroscience [22]. The presentation here is by no means exhaustive. Further, deeper understanding may be obtained by consulting the original sources in [1, 6, 7, 20, 22] and references therein.

Acknowledgments

We gratefully acknowledge support by grant: PIUTE10-92 (ICyT-DF) [Contract 281-2010], as well as federal funding from the National Institute of Genomic Medicine (México). We also thank all of our collaborators and students involved in the reviewed works.
Disclaimer: Figures 2-5 have been used under the *Creative Commons* license of their corresponding original sources (either BY or C0).

References

[1] Baca-López, K, Correa-Rodríguez, M D, Flores-Espinosa, R, Garcia-Herrera, R, Hernández-Armenta C I, Hidalgo-Miranda A, Huerta-Verde A J, Imaz-Rosshandler I, Martínez-Rubio A V, Medina-Escareño A, Mendoza-Smith R, Rodriguez-Dorantes M, Salido-Guadarrama I, Hernández-Lemus E and Rangel-Escareño C 2011 A three-state model for multidimensional genomic data integration *Proceedings of the ninth international conference for the Critical Assessment of Massive Data Analysis CAMDA*

[2] Vapnik V N 2000 The Nature of Statistical Learning Theory 2nd ed. (Springer Verlag)

[3] http://circos.ca

[4] http://www.sanger.ac.uk/genetics/CGP/cosmic/

[5] Forbes S A, Bhamra G, Bamford S, Dawson E, Kok C, Clements J, Menzies A, Teague J W, Futreal P A and Stratton M R 2008 The Catalogue of Somatic Mutations in Cancer (COSMIC) *Current Protocols in Human Genetics* 57:10.11.110.11.26.

[6] **Baca-López K, Hidalgo-Miranda A, Mayorga M, Gutiérrez-Nájera N and Hernández-Lemus E *Non-equilibrium thermodynamics and network analysis of transcription factor regulation in breast carcinomas*, PLoS Biology (in preparation)**

[7] Hernández-Lemus E and Correa-Rodríguez M D 2011 Non-equilibrium hyperbolic transport in transcriptional regulation *PLoS ONE* **6**(7): e21558 http://dx.plos.org/10.1371/journal.pone.0021558.

[8] Margolin, A A, Nemenman I, Basso K, Wiggins C, Stolovitzky G, Dalla-Favera R and Califano A 2006 ARACNe: an algorithm for the reconstruction of gene regulatory networks in a mammalian cellular context *BMC Bioinformatics* **7**(Suppl I), S7 doi:10.1186/1471-2105-7-S1-S7

[9] Bansal M, Belcastro V, Ambesi-Impiombato A and di Bernardo D 2007 How to infer gene networks from expression profiles *Molecular Systems Biology* **3** 78

[10] Berg J 2008 Dynamics of gene expression and the regulatory inference problem *Europhysics Letters* **82** 28010

[11] Berg J 2008 Out-of-equilibrium dynamics of gene expression and the Jarzynski equality *Physical Review Letters* **100** 188101

[12] Berg J and Stauffer D 2009 Adaptive gene regulatory networks *Europhysics Letters* **88** 48004

[13] Benecke A 2008 Gene regulatory network inference using out of equilibrium statistical mechanics *Human Frontier Science Program Journal* **2**(4) 183-88

[14] Sánchez A and Kondev J 2008 Transcriptional control of noise in gene expression *Proceedings of the National Academy of Sciences, USA* **105**(13) 5081-86

[15] Hernández-Lemus E 2009 Non-Equilibrium Thermodynamics of Gene Expression and Transcriptional Regulation *Journal of Non-Equilibrium Thermodynamics* **34**(4) 371-394

[16] Hernández-Lemus E 2010 Extended Irreversible Thermodynamics of Gene Regulation *Journal of Non-Newtonian Fluid Mechanics* **165** 1029-32

[17] Baca-López K, Hernández-Lemus E and Mayorga M 2009 Information-theoretical analysis of gene expression data to infer transcriptional interactions *Revista Mexicana de Física* **55**(6) 456-66

[18] Subramanian A, Tamayo P, Mootha K V, Mukherjee S, Ebert B L, Gillette M A, Paulovich A, Pomeroy S L, Golub T R, Lander E S and Mesirov J P 2005 Gene set enrichment analysis: A knowledge-based approach for interpreting genome-wide expression profiles *PNAS* **102**(43) 15545-50

[19] Hernández-Lemus E, Velázquez-Fernández D, Estrada-Gil J K, Silva-Zolezzi I, Herrera-Hernández M F and Jiménez-Sánchez G 2009 Information theoretical methods to deconvolute genetic regulatory networks applied to thyroid neoplasms *Physica* A **388** 5057-69

[20] Hernández-Lemus E 2011 On the Application of Compressive Sampling Techniques to High Throughput Data in Computational Genomics *Theoretical and Applied Informatics* **23** 3
[21] D'haeseleer P 2005 How does gene expression clustering work? *Nature Biotechnology* **23** 12
[22] Rodríguez E E, Hernández-Lemus E, Itzá-Ortíz B A, Jiménez I and Rudomín P 2011 Multichannel detrended fluctuations analysis reveals synchronized patterns of spontaneous spinal activity in anesthetized cats *PLoS ONE* **6**(10) e26449 http://dx.plos.org/10.1371/journal.pone.0026449.
[23] Segal E, Friedman N, Koller D and Regev A 2004 A module map showing conditional activity of expression modules in cancer *Nat Genet* **36**(10) 1090-98
[24] Hernández-Lemus E 2011 Biological Physics in Mexico: Review and New Challenges *Journal of Biological Physics* **37**(2) 167-84
[25] Bisson G, Bianconi G and Torre V 2012 The dynamics of group formation among leeches *Frontiers in Physiology* **3** 133 doi: 10.3389/fphys.2012.00133
[26] http://physics.cancer.gov/

Journal of Physics: Conference Series **475** (2013) 012007 doi:10.1088/1742-6596/475/1/012007

Signature of Thermal Rigidity Percolation

Adrián Huerta

Departamento de Física, Facultad de Física e Inteligencia Artificial, Universidad Veracruzana, Circuito Gonzálo Aguirre Beltrán s/n Zona Universitaria, Xalapa, Ver. C.P. 91000, México.

E-mail: adhuerta@uv.mx

Abstract. To explore the role that temperature and percolation of rigidity play in determining the macroscopic properties, we propose a model that adds translational degrees of freedom to the spins of the well known Ising hamiltonian. In particular, the Ising model illustrate the long-standing idea that the growth of correlations on approach to a critical point could be describable in terms of the percolation of some sort of "physical cluster". For certain parameters of this model we observe two well defined peaks of C_V, that suggest the existence of two kinds of "physical percolation", namely connectivity and rigidity percolation. Thermal fluctuations give rise to two different kinds of elementary excitations, i.e. droplets and configuron, as suggested by Angell in the framework of a bond lattice model approach. The later is reflected in the fluctuations of redundant constraints that gives stability to the structure and correlate with the order parameter.

1. Introduction

In order to explore the role that the lost of degrees of freedom (dof) plays due to the decrease of temperature in a magnetic network bond forming lattice, we propose an extension of the Ising Model. In this extension, each particle, that has a spin associated, and can freely translate inside a cell, but not escape from it. The later in a similar way to the early cell-theory of liquids, where each Wigner-Seitz cell is occupied by at most one particle [1], to mimic the conditions of a particle caged inside its neighbors [2]. Although mainly of academic interest, this model could have applications in the study of real systems as the spin-crossover in solid materials [3] or in the study of thermodynamical or structural properties of magnetic gels [4], where sudden sharp properties are mainly attributed to the percolation of the bond network [5, 6]. For simplicity in this preliminary version of the model we have considered the case where all cells are occupied by one point-like particle (i.e. does not have excluded volume or area in 2D), then no interactions far from first neighbor cells can occurs, as we describe in the following.

1.1. The Model

In 2D each particle has two dof for free translation inside a cell (i.e. cell confinement restricts the motion of the particle by non-holonomic non-lagrangian constraints but does not lock or jam). The model particles has no volume exclusion to prevent other entropic effects, allowing the particles to interact only by energetic bonds. To simulate the bond we use an Ising-like interaction of the particles with its neighboring cells, the later to mimic a constraint formation. If the orientation and distance between spins are favorable, the interacting particles become correlated, in that way the later represents the decrease of the particles dof by one. Assume

Journal of Physics: Conference Series **475** (2013) 012007 doi:10.1088/1742-6596/475/1/012007

that the size of the cell is larger than the vibrations of the bond length. The hamiltonian is the following:

$$H = \sum_{<ij>} J_{ij}\sigma_i\sigma_j + \sum_i U_i^{cell}, \tag{1}$$

where $\sigma_i = -1, 1$, $< ij >$ means interactions between nearest neighboring cells and J_{ij} corresponds to the attractive energetic interaction given by

$$J_{ij} = \begin{cases} -\varepsilon & \text{for} \quad l - \Delta/2 < |r_i - r_j| < l + \Delta/2 \\ 0 & otherwise \end{cases}, \tag{2}$$

whereas U_i^{cell} represents the cell where the particle can freely move,

$$U_i^{cell} = \begin{cases} 0 & \text{inside the cell} \\ \infty & \text{outside the cell} \end{cases}, \tag{3}$$

a nonzero Δ allows bond vibrations. A representation of the system is given in Figure 1, only attractive interactions are considered as a constriction. Non-favorable energetic interactions have low probability to be observed because the particles prefer to move out to the zero interaction energy length, due to the availability of the free volume inside the corresponding cell.

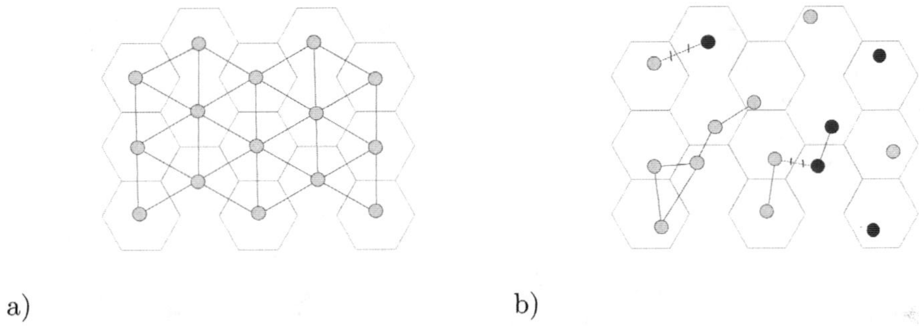

Figure 1: Extension of the Ising model on a triangular lattice, where each particle can translate inside the hexagonal cell and interacts as described in the text. a) represents a ground state configuration ($T = 0$), where all the spins points in the same direction (i.e. the magnetization is 1) and all the particles are at the favorable distance to form a bond. b) represents an idealized configuration where the temperature effect produces bond fluctuations, allowing the particles to move inside the corresponding cell. Continuous lines between particles represent favorable energetic interactions, whereas crossed lines represent non-favorable energetic interactions.

To separate the confinement of the geometric cell from the energetic confinement due to the bond formation we take $l >> \Delta$ (at least one order of magnitude). An important aspect is that the configurations produced with this model are not static, due to thermal motion of particles inside the cells and changes of the spin orientation, allows the bond formation if distance and spins are pointing in a favorable direction.

Ising model phase transition have been subject of many studies that relate it with the connectivity percolation of a proper defined cluster, namely the Fortuin-Kasteleyn "physical cluster", [7, 8]. Initially it was believed that a simple geometrical cluster made of favorable spin interactions percolates at critical temperature. However, using this definition now is clear that

Journal of Physics: Conference Series **475** (2013) 012007 doi:10.1088/1742-6596/475/1/012007

it cannot be identified with the thermal phase transition [9], since on average it is larger than a "physical cluster". Accepting this fact Coniglio and Klein suggest to distinguish between active and inactive bonds of the geometrical cluster with certain probability, [10]. On the other hand, important aspects of rigidity percolation in a field have been addressed by C. Moukarzel [11]. Of course, other very interesting aspects that we do not treat for the moment are nucleation, metastability, frustration and dilution [7, 12, 13, 14, 15].

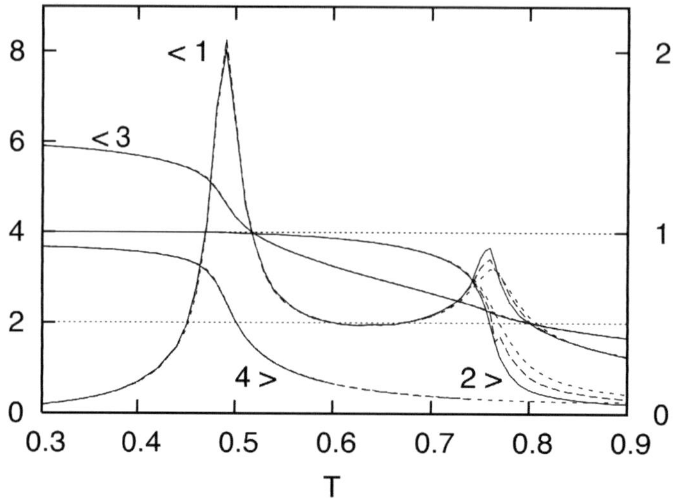

Figure 2: Energy Fluctuations (C_V, 1), magnetization (2) average coordination (3) and ψ_6 bond-orientational order parameter (4). Symbols $<$ and $>$, represent left and right scales respectively.

2. Results

The traditional Ising Model shows a second order phase transition that is reflected in the magnetization order parameter and the energy fluctuations, C_V. For the extension proposed in this paper, besides magnetization, other parameters can take the form of translational and/or bond-orientational order. Translational order can be studied through the radial distribution function and is not an issue of the present study. A quantitative measure of bond-orientational (hexagonal) order is provided by the so-called "global" bond-orientational order parameter, ψ_6, that was evaluated using the following definition:

$$\psi_6 = \left| \frac{1}{N_{nn}} \sum_{jk} \exp(i6\theta_{jk}) \right| , \tag{4}$$

where j runs over all particles in the system, k runs over all bonded nearest neighbors (nn) of particle j and N_{nn} is the total number of such nearest neighbors in the system. The angle θ_{jk} is defined between some fixed reference axis in the system and the vectors ("bonds") connecting nearest neighbors j and k.

In the Figure 2 we show the results of the standard Metropolis Monte Carlo simulation tecnique for C_V, average magnetization, average coordination and orientational-order parameter ψ_6, all as a function of the temperature for several systems sizes (900, 1600, 3600 particles). From high to low temperatures the first peak of C_V corresponds to the spontaneous magnetic order of the system as happens in the usual Ising model. However, the main difference that we clearly

Journal of Physics: Conference Series **475** (2013) 012007 doi:10.1088/1742-6596/475/1/012007

see is a second maximum of C_V at lower temperature. In Figure 3 we show some examples of the configurations at low, intermediate and high temperatures (i.e. below, between and above the C_V peaks). At intermediate temperatures the magnetic order is high but ψ_6 still shows high degree of orientational disorder. In Figure 3b we can see spins pointing in the opposite direction as happens in the usual Ising Model due to the elementary thermal excitations (that produce the usual droplet formation) but in this case in an orientational disordered state. The fact that at low temperatures ψ_6 shows high degree of bond-orientational order, rises the idea of a different kind of elementary excitation that produces orientational disorder. We can see the effect of these excitations in the disordered spots surrounded by large regions of ordered particles in Figure 3a. In other words, when the magnetic order is large, thermal fluctuations produce islands of spin pointing in the opposite direction (droplets). In a similar way in this model when the orientational order is large, thermal fluctuations produce orientational disorder, due to the addition of translational degrees of freedom allowing the particles to displace by 'breaking and forming bonds' with their neighboring cells. Austen Angell refers to that kind of configurational excitations as configuron [16].

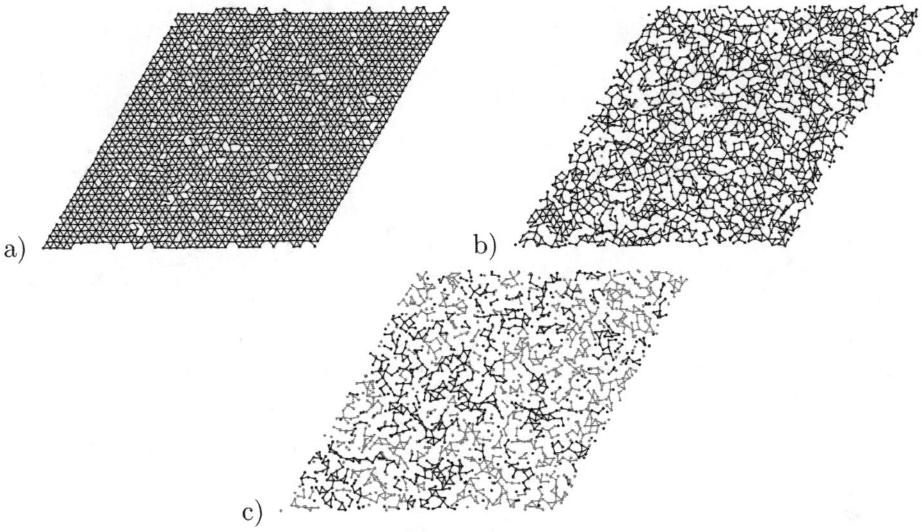

Figure 3: Configurations at a) $T = 0.4$, b) $T = 0.6$ and c) $T = 0.9$. The spin of particles in black point up, whereas particles in red point down.

To give a description of the configurational excitations we have mesured the orientational order of the system, ψ_6. We have observed that the orientational parameter correlates well with the second peak of C_V, which does not show the usual finite size effect with the increase of the size of the system, as we can see in Figure 2. Up to droplet formation, the second peak appears when the system is fully magnetized (i.e. when most of the spins are pointing in the same direction). Then, for temperatures below the maximum of the second peak, a different kind of order appears and is reflected in the consequent increase of the value of ψ_6, as temperature decreases.

3. Discussion

From the average coordination plot, shown in Figure 2, we can recognize that magnetization occurs even when the system is not full coordinated and corresponds to coordinations slightly larger than 2 and below 4.

Journal of Physics: Conference Series **475** (2013) 012007 doi:10.1088/1742-6596/475/1/012007

The coordination 4 is crucial from the rigidity percolation point of view, since mean field Maxwell constraint counting in 2D predicts the loss of dof at this coordination for central forces. The interaction between particles only occurs between those particles that belong to neighboring cells. This interaction contributes with a favorable term in the hamiltonian when the orientation of the spin and the position between them are appropriate. The later allows us to consider a favorable interaction as a constriction, so the number of remaining dof of the structure is given by the total number of dof for N sites (equal to $2N$) minus the number of independent constraints. A redundant or linearly dependent constraint only imposes additional reinforcement to an already rigid cluster connected by favorable interactions, and that should be reflected in the energy fluctuations.

A key quantity is the remaining dof normalized per dof, $f = dof/2N$. We define the total number of constraints per dof as $n_c = n_i + n_r$, where the number of independent (redundant) is n_i (n_r), and then we can generally write,

$$f = \frac{2N - (2Nn_c - 2Nn_r)}{2N} = 1 - n_c + n_r = 1 - n_i \tag{5}$$

Neglecting the redundant constraints n_r in the last equation, as first done by Maxwell, we come to Maxwell counting:

$$f \approx f_M = 1 - n_c \tag{6}$$

Now the idea is to associate the rigidity percolation transition with the point where f_M goes to zero. The Maxwell approximation gives a good account of the number of remaining degrees of freedom, but it ultimately fails, because some constraints are redundant. An exact way to count the redundant constrictions can be carried out using the "the pebble game" algorithm [17, 18], that is a combinatorial procedure and is based in the Lamman theorem of graph theory which is exact in 2D. It is convenient to introduce the mean coordination $< r >$ as an average number of bonds stemming from a site. It is given by $< r >= pz$, where p is the probability of the bond being present, z is the maximum coordination of the underlying regular lattice (eg. 6 for the triangular, 4 for the square and 3 for the honeycomb). If the total number of sites is N, the number of bonds is $N_B = N < r > /2$. Each of these bonds represents one constraint, as always in central force networks, and therefore the number of constraints per dof is given by

$$n_c = \frac{N_B}{2N} = \frac{< r >}{4} \tag{7}$$

Therefore, according with the Maxwell counting we obtain

$$f \approx f_M = 1 - \frac{< r >}{4}. \tag{8}$$

This quantity goes to zero at $< r >_c= 4$, which we associate with the rigidity percolation transition. A similar expression when we consider angular constraints, that also corresponds to the case of connectivity percolation in a rigid lattice, gives $< r >_c= 2$ [19].

Now, since we are considering as constraints all the favorable contributions of the hamiltonian, the total number of lattice bonds (N_{LB}) has either a favorable or non-favorable interaction then the energy is given by

$$E = -J(N_c) + J(N_{LB} - N_c) = -2J(N_i + N_r) + JN_{LB}, \tag{9}$$

where we have used the fact that the total number of constraints is given by the linearly independent plus redundant (i.e. $N_c = N_i + N_r$).

Since the specific heat is given by $C_V = \frac{1}{kT^2}\{< E_i^2 > - < E_i >^2\}$, we can separate the independent and redundant contributions to each energy contribution, obtaining the following expression

$$kT^2 C_V = -2J\{< N_i^2 > - < N_i >^2 + < N_r^2 > - < N_r >^2 \\ + 2(< N_i N_r > - < N_i >< N_r >)\} \tag{10}$$

Since we are considering each favorable interaction as a constriction, using the 'the pebble game' we are able to determinate how many independent and redundant constrictions each configuration has, and then calculate their fluctuations. We have plotted the different contributions in Figure 4. Where we see that the main contribution to the second peak is due to the fluctuations of redundant constraints. Redundant constrictions are not localized as we show in the Figure 5a, where we observe that once a system is rigid and over constrained in this case by only one redundant constriction, all bonds are candidates to be the redundant constraint too. So if elementary excitations produce a bond breaking, as in the case of the Figure 4, that excitation always breaks a redundant constraint leaving the system still rigid. In that case a redundant constraint gives stability, and it produces a smeared out heat C_V bumps known as Schottky anomalies as Angell describes for a "bond lattice model" [20]. Moreover, if we plot the number of redundant constraints we see how it goes to zero near the second peak. To explore this observation we have evaluated the C_V behavior of larger systems as we mention before, Figure 2. Whereas, the first C_V jump, the one that promotes the magnetization of the system, presents the usual increase of the C_V as we increase the system size, the second C_V jump do not, as expected in a Schottky anomaly.

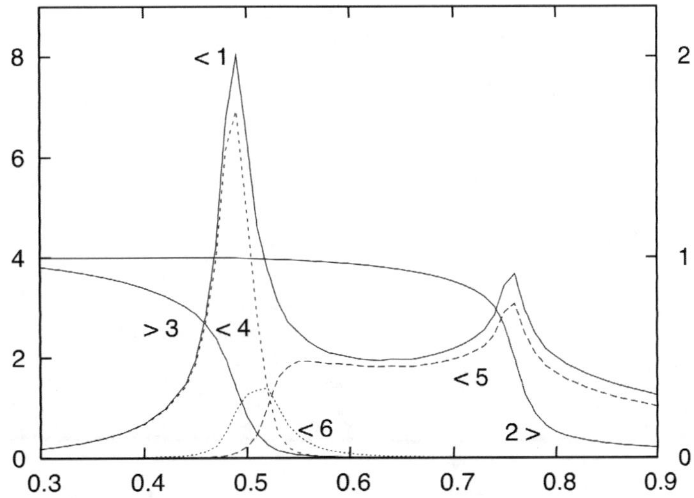

Figure 4: Energy Fluctuations (C_V, 1), magnetization (2) and average of normalized redundant constraints (3). Different contributions to C_V $< N_r^2 > - < N_r >^2$ (4), $< N_i^2 > - < N_i >^2$ (5) and $2(< N_i N_r > - < N_i >< N_r >)$ (6), as described in the text. Symbols $<$ and $>$, represent left and right scales respectively.

Using "the pebble game" Thorpe and Chubynsky [19], report a study of the generic triangular lattice where they have observed that the athermal rigidity percolation occurs very near coordination 4. They also draw parallels between the rigidity and connectivity percolation, relating over-constraints (excess of constrictions than necessary to lost dof) with a loop formation

a)
b)

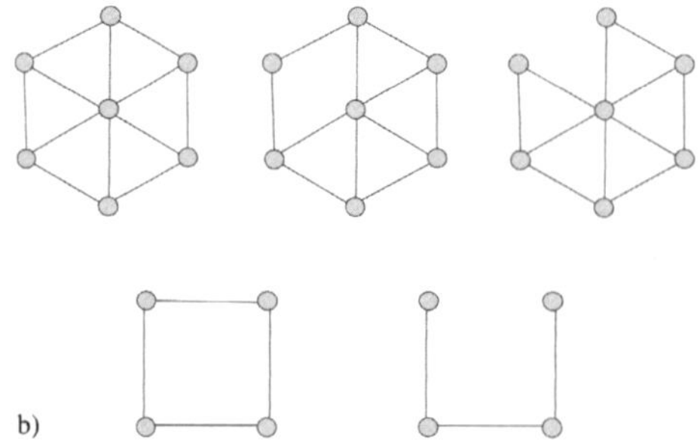

Figure 5: Example of the effect of an elementary excitation that produces fluctuations on redundant constraints. a) Once the system becomes magnetized and rigid at low temperatures near and below the second peak, the broken constriction is always redundant in the rigidity sense, since it leaves the body rigid. b) Since loops play the role of redundancies, if temperature breaks a bond of the loop, this bond is redundant but in the connectivity sense.

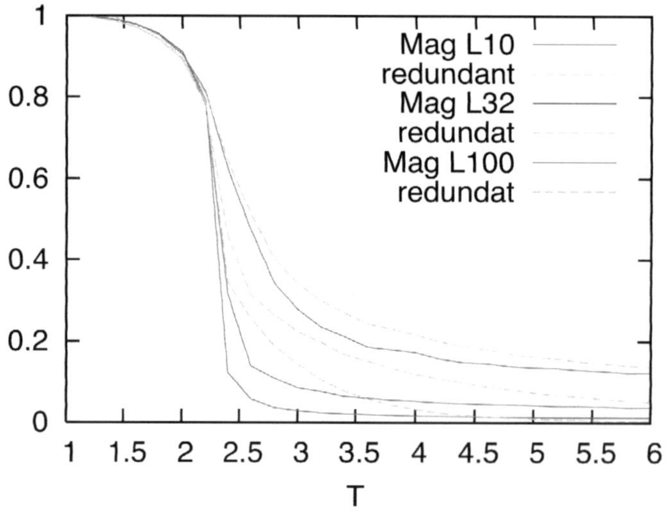

Figure 6: Comparison of the magnetization (continuos line) and percolation of the fraction of redundant constraints (dashed line).

Journal of Physics: Conference Series **475** (2013) 012007 doi:10.1088/1742-6596/475/1/012007

between two sites, i.e. redundant ways to arrive between two sites, as shown in Figure 5b. Now the fact that magnetization occurs for coordinations larger than 2 is understandable and is consistent with active bonds defining a "physical cluster" rather than a geometrical one, as explained before.

Going back to the case of the usual Ising model, where the magnetization effect is related with connectivity percolation of the so called "physical clusters". From the previous discussion a relation of magnetization with percolation of redundant bonds is also suggested, in this case redundancy interpreted as those sites that are already connected as we mention above [19]. To explore this point in Figure 6, we calculate the fraction of redundant bonds in the over-constraint percolating cluster, defined by those bonds that belong to a loop. We can see how that fraction follows qualitatively the magnetization of the system in a square lattice, and it shows similar finite size effects, in a similar way of the "physical cluster" description [9]. The fraction of redundant bonds was obtained during the MC simulations using "pebble game" algorithm, since connectivity percolation can be considered as rigidity percolation with the sites having one degree of freedom [19]. The later is supported by the fact that in the so called high temperature series expansions of the pure Ising model, that is valid for all temperatures [21, 22], only the terms that belong to a loop [14, 23] survive.

It is also expected that reducing redundancy, the fluctuations of the second peak gradually disappear. A simple way to decrease redundant constraints but not rigidity is to eliminate diagonal interactions of the proposed cell model. The later corresponds topologically to a transformation of the triangular lattice to a square like one, when the maximum coordination is 4, then the over-constraints reduce notoriously. On the Figure 8, we show how the reduction of over-constraints (redundant bonds) the second peak associated with rigidity percolation C_V disappears, stressing the importance of redundant constrictions.

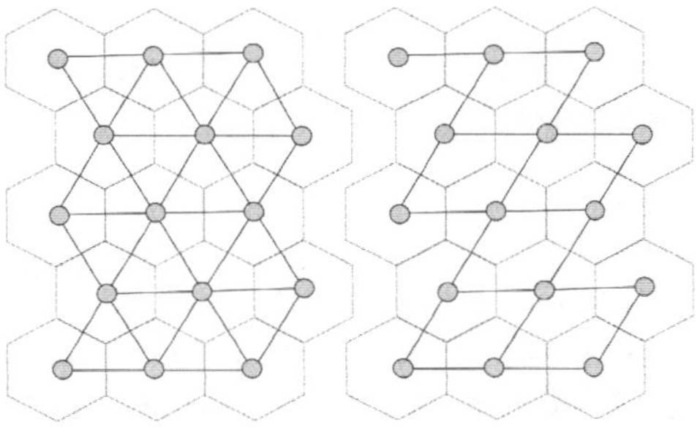

Figure 7: Decreasing redundant constraints of the triangular lattice, producing a topological square lattice by cutting the diagonal bonds.

4. Conclusion

We have proposed an extension of the Ising model to add translational degrees of freedom to each spin. As temperature decreases we have observed that the fluctuations of redundant constraints produce a non-divergent second peak on C_V, which correlates well with the increase of the order parameter ψ_6. The later corresponds to a configurational elementary excitation that is different

Journal of Physics: Conference Series **475** (2013) 012007 doi:10.1088/1742-6596/475/1/012007

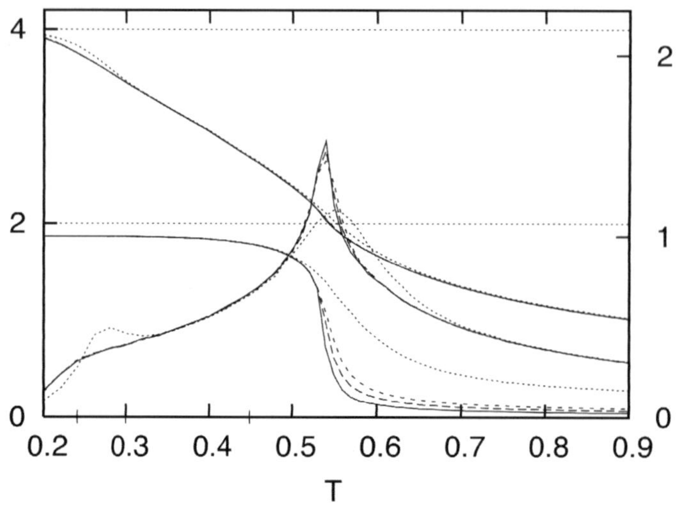

Figure 8: The same as in Figure 2 but using the model where we have decreased over constraint, see previous figure). C_V plot shows only one well defined peak that scales with the system size. It corresponds to the spontaneous magnetization - similar perhaps as occurs with the decrease of loops in the Ising model on a Cayley tree. However, thermodynamic limit should be carefully studied.

from the usual droplets produced by spin orientation. The configurational excitations in this model are similar to a bond lattice model proposed by Austen Angell. Our interpretation is that below the temperature where the second peak of C_V appears, redundant constraints give support to all structure but temperature produces local disorder by the bond breaking of some redundant constraints, similar to droplets in the usual Ising model below T_C. More detailed studies should be done to describe this observation. An interpretation in terms of the rigidity percolation of "physical clusters" suggests a close relation of the active bonds proposed by Coniglio and Klein with the redundant constrictions in both kinds of percolation, rigidity and connectivity [10, 14]. Also, the introduction of an external load that plays the role of a field in the usual Ising model, should be interesting to address in order to give place to disordered like phase counterpart.

We would like gratefully acknowledges M. F. Thorpe, M. V. Chubynsky for valuable discussions and for permission to use their "pebble game", also thanks to F. Leyvraz, H. Larralde, D. Sanders and R. Sánchez for fruitful discussions. Recent support form CONACYT project 152431 and Red Temática de la Materia Condensada Blanda.

References

[1] Hoover W G and Ree F H 1968 *J. Chem. Phys.* **49** 3609
[2] Huerta A, Henderson D and Trokhymchuck A 2006 *Phys. Rev.* E **74** 061106
[3] Boukheddaden K, Miyashita S and Nishino M 2007 *Phys. Rev.* B **75** 094112
[4] Weeber R, Kantorovich S and Holm C 2012 *Soft Matter* **8** 9923
[5] Skvor J and Nezbeda I 2012 *Condensed Matter Physics* **15** 23301
[6] Zaccarelli E 2007 *J. Phys.: Condens. Matter* **19** 323101
[7] Stauffer D 1985 *Introduction to Percolation Theory* ed Taylor and Francis
[8] Fortuin C M and Kasteleyn P W 1972 *Physica* **57** 536
[9] DOnorio De Meo M, Heermann D W and Binder K 1990 *J. Stat. Phys.* **60** 585
[10] Coniglio A and Klein W 1980 *J. Phys.* A: *Math. Gen.* **13** 2775
[11] Moukarzel C F 2003 *Phys. Rev.* E **68** 056104
[12] Larralde H and Leyvraz F 2005 *Phys. Rev. Lett.* **94** 16021

[13] Nicodemi M and Coniglio A 1997 *J. Phys.* A: *Math. Gen.* **30** L187
[14] Scarpetta S, de Candia A and Coniglio A 1997 *Phys. Rev.* E **55** 4943
[15] Barré J, Ciani A, Fanelli D, Bagnoli F and Ruffo S 2009 *Physica* A **308** 3413
[16] Angell C A and Rao K J 1972 *J. Chem. Phys.* **57** 470
[17] Jacobs D J and Thorpe M F 1995 *Phys. Rev. Lett.* **75** 4051
[18] Jacobs D J and Hendrickson B 1997 *J. Comput. Phys.* **137** 346
[19] Thorpe M F and Chubynsky M V 2001 *Rigidity and Self-Organization of Network Glasses and the Intermediate Phase in Properties and Applications of Amorphous Materials* vol. 9 (NATO Science Series II Mathematics, Physics and Chemistry, ed M F Thorpe and L Tichy) pp 61-96
[20] Angell C A 1999 *Rigidity Theory and Applications* ed M F Thorpe and P M Duxbury (NY: Kluwer-Academic/Plenum)
[21] Stanley H E 1987 *Introduction to Phase Transitions and Critical Phenomena* (Oxford University Press)
[22] Pathria R K 1997 *Statistical Mechanics* (Butterworth Heinemann)
[23] Janke W and Schakel A M J 2005 *Computer Physics Communications* **169** 222

Journal of Physics: Conference Series **475** (2013) 012008 doi:10.1088/1742-6596/475/1/012008

Statistical features of the Stretched Exponentials Densities

José-Rubén Luévano

Departamento de Ciencias Básicas, Universidad Autónoma Metropolitana, Unidad Azcapotzalco, México, D.F., CP 02200, México

E-mail: `jrle@correo.azc.uam.mx`

Abstract. A derivation of the Stretched Exponentials Probability Densities from a maximum entropy principle is given. The *informational entropy* is constrained such that the ν-moment, $\langle |x|^\nu \rangle$, must be finite. Also higher order moments are computed. Moreover, conditions for a central limit theorem are satified. From the physical point of view, we discuss the role of the entropy defining stationary states associated to complex systems.

1. Introduction

Complex systems are characterized by the onset of power laws and by non Gaussian probability distributions. The stretched exponentials probability densities (SEPD) are an example of such behaviour. The SEPD appears in the study of many complex systems. There is no doubt about its physical significance, they are encountered for example, in recurrence time statistics [1], long-term correlations on rare events [2, 3], fractal rain distributions [4], Earth's magnetic field fluctuations [5], distribution of shortest paths in percolation [6], catalytic activity of molecules [7], distribution of potential energy in granular avalanche [8], trap times distributions [9], random walks on fractals [10], enstrophy flux in two dimensional turbulence [11], velocity distributions in sedimentation [12], sleep state transitions in humans [13], activation energy barriers [14], noncolloidal suspensions [15], dynamical heterogeneities [16], distributions of relaxation times [17], time step distributions in a protein folding model [18], distributions of film earnings [19]. Also, they are relevant in the study of the tail of distributions, for example, the study of velocity fluctuations [20], in velocity fluctuations in granular flows [21], velocity distributions in inelastic hard sphere systems [22], velocity increments in turbulent flows [23], turbulent scaling [24], velocity increments in weakly turbulence flows [25], quantum diffusion [26].

Despite the evidence from a lot of experimental or numerical research, an explanation for such densities from physical grounds is still an unsolved problem. However, these densities are associated to an observable displaying a power law.

The SEPD are usually defined in two different settings by:

$$f_\nu(x) = Ae^{-\beta|x|^\nu}, \qquad x \in (-\infty, \infty),\ \nu \in (1,2), \tag{1}$$
$$k_\nu(x) = k_0 e^{-\beta x^\nu}, \qquad x \in [0, \infty),\ \nu \in (0,1), \tag{2}$$

where A, k_0 and β are constants. In particular, β is different in each case. Also, as we see below, such constants are depending only on ν. In other words, Equation 1 and Equation 2 are families

Journal of Physics: Conference Series **475** (2013) 012008 doi:10.1088/1742-6596/475/1/012008

of densities parametrized by ν. Usually, in the applications the pre-factor A is not explicitly considered, and attention is centered in the argument $\beta|x|^\nu$.

It is the aim of this paper to show that the SEPD obey a maximum entropy principle, hence A and β can be computed in each case, and to work out the higher order statistics of the SEPD. Also, to determine the Central limit Theorem for such densities. In particular, from the physical point of view, we show that the SEPD defined by Equation 1, describe a kind of intermediate stationary states between the *bilateral exponential* density, i.e. $\nu = 1$, and the Gaussian density, i.e. $\nu = 2$. Moreover, concerning the dependence on ν, the global maximum of the entropy is attained at the Gaussian density for the SEPD given by Equation 1 and, at the exponential density for SEPD defined by Equation 2.

This paper is organized as follows, in section 2 we give a derivation of the SEPD, $f_\nu(x)$, by means of a maximum entropy principle. In section 3, we determine A, β and $\langle|x|^\nu\rangle$, we compute its generalized moments and the cumulative distribution of f_ν. In particular, we give a representation of $\langle|x|^\nu\rangle$ as a function of the $\sigma = \sqrt{\langle x^2\rangle}$ and ν; in section 4, we study the properties of the entropy and its role defining stationary states; in section 5 we show that these densities satisfies a the Central Limit Theorem; in section 6, we compute the statistical properties of the Normalized Kohlrausch functions, k_ν; finally in section 7, we give the conclusions. Also, we include 2 appendices containing the details about the computations involved in the text.

2. Maximum entropy principle

Let us consider a probability space $(\Omega, \mathfrak{B}, \mu)$, where $\Omega = (-\infty, \infty)$. The $\mathfrak{B}$ is the smallest Borel σ-algebra of subsets on Ω. The measure $\mathrm{F}(x)$ assigns the probabilities to the events $E_i \in \mathfrak{B}$, i.e. $\mathrm{F}(x)(E_i) := Prob(E_i)$. The relevant physical observable is represented by a random variable X, which is distributed according to a probabilistic density $f(x) = \mathrm{F}'(x)$. For example $X : \Omega \to \mathbb{U}$, where we choice $\mathbb{U} = \mathbb{R}$ or $\mathbb{Z}$. Now, we introduce the *entropy* of this system which is defined by:

$$H[f] = -\int_\Omega f(x)\ln f(x)dx. \tag{3}$$

We are looking for the probability density f that maximizes $H[f]$, imposing the supplementary condition, that the ν-moment:

$$\langle|x|^\nu\rangle = \int_\Omega |x|^\nu f(x)dx, \tag{4}$$

must be finite.

The following functional

$$\Phi[f] = H[f] + \alpha\left(\int_\Omega f(x)dx - 1\right) - \beta\left(\int_\Omega |x|^\nu f(x)dx - E_\nu\right),$$

must be an extremal at such density. The parameters α and β are the Lagrange multipliers associated to the normalization of f and to the ν-moment, $\langle|x|^\nu\rangle$, whose value is denoted as E_ν. For the exposition of the method see, for example, [27].

The solution of the variational equation $\delta\Phi[f] = 0$ is given by:

$$f_\nu(x) = e^{-1+\alpha-\beta|x|^\nu},$$

where we define $A = \exp(-1+\alpha)$. The constants A and β, as we see below, are depending only on the parameter ν.

Journal of Physics: Conference Series **475** (2013) 012008 doi:10.1088/1742-6596/475/1/012008

3. Statistical characterization of SEPD

The normalization of f_ν allow us to determine A, as $A^{-1} = \int_{-\infty}^{\infty} e^{-\beta x^\nu} dx$, and obtaining

$$A = \frac{\nu \beta^{1/\nu}}{2\Gamma(1/\nu)}. \tag{5}$$

Here, $\Gamma(y)$ is the Gamma function, see section Appendix A for details.

Now, using Equation 5, we can compute the $\nu-$moment:

$$\langle |x|^\nu \rangle = \frac{1}{\beta \nu}. \tag{6}$$

This one is an implicit relation between β, ν and $\langle |x|^\nu \rangle$. Therefore, in order to determine β we need an additional condition. To this end we proceed to compute the lowest non zero moment of f_ν, i.e. the *variance* $\sigma^2 := \langle x^2 \rangle$. Explicitly, see Appendix A for details,

$$\beta = \left[\frac{\Gamma(3/\nu)}{\Gamma(1/\nu)\sigma^2} \right]^{\nu/2}, \tag{7}$$

then, after its substitution on Equation 5, we have

$$A = \frac{\nu \Gamma(3/\nu)^{1/2}}{2\sigma \Gamma(1/\nu)^{3/2}}. \tag{8}$$

Now, introducing $b = \sqrt{\Gamma(3/\nu)/\Gamma(1/\nu)}$, i.e. $\beta = (b/\sigma)^\nu$, we get the final expression for f_ν:

$$f_\nu(x) = \frac{\nu b}{2\sigma \Gamma(1/\nu)} e^{-(b|x|/\sigma)^\nu}. \tag{9}$$

3.1. Higher order statistics

Also, the absolute moments, $\langle |x|^p \rangle$, are:

$$\langle |x|^p \rangle = \frac{\Gamma((p+1)/\nu)\Gamma(1/\nu)^{p/2-1}\sigma^p}{\Gamma(3/\nu)^{p/2}}, \tag{10}$$

which are well defined for any $p > -1$.

In particular, after substitution of Equation 7 in Equation 6, the $\nu-$moment is:

$$\langle |x|^\nu \rangle = \frac{\Gamma(1/\nu)^{\nu/2}\sigma^\nu}{\nu \Gamma(3/\nu)^{\nu/2}}. \tag{11}$$

It is worth to mention that all the absolute moments $\langle |x|^p \rangle$ are proportional to σ^p for any $p > -1$. In other words, for a given ν, the standard deviation σ gives the full characterization of f_ν.

Another interesting quantity is the kurtosis, κ, which measures a kind of deviation from the Gaussian density, in the sense that f_ν has a sharp peak and fat tail for $\nu \neq 2$. The following definition is given to associate to a Gaussian density the value $\kappa = 0$. The kurtosis of f_ν is given by

$$\kappa = \frac{\langle x^4 \rangle}{\langle x^2 \rangle^2} - 3 = \frac{\Gamma(5/\nu)\Gamma(1/\nu)}{\Gamma(3/\nu)^2} - 3. \tag{12}$$

It is interesting to note that if we consider κ as a function of ν, then κ is a monotonous decreasing function when $\nu \in (1, 2)$. κ is running from 3 to 0 in that interval. As we see in the next section the entropy is a monotonous increasing function in the same interval.

We show in Figure 1 several examples of f_ν to compare with the Gaussian density.

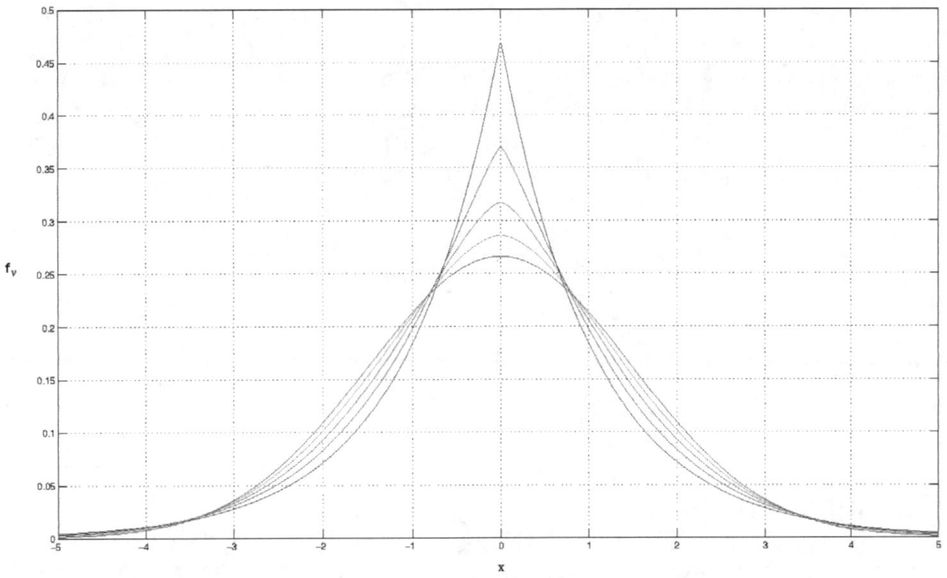

Figure 1. The SEPD f_ν as a function of x. The upper function corresponds to $\nu = 1$ and the lower one to the Gaussian density. The others are given by $\nu = 1.25, 1.5, 1.75$.

3.2. Distribution of f_ν

As stated in section 2 the probability distribution of f_ν is

$$\mathrm{F}_\nu(x) = \int_{-\infty}^{x} f_\nu(y)dy = A\int_{-\infty}^{x} e^{-\beta|y|^\nu}dy, \tag{13}$$

which can be explicitly evaluated to give:

$$\mathrm{F}_\nu(x) = \begin{cases} \frac{1}{2\sigma\Gamma(1/\nu)}\Gamma(1/\nu, x) & \text{if} \quad x < 0, \\ \frac{1}{2\sigma} + \frac{1}{2\sigma\Gamma(1/\nu)}\gamma(1/\nu, \beta x^\nu) & \text{if} \quad x \geq 0, \end{cases} \tag{14}$$

where $\Gamma(c, x)$ and $\gamma(c, x)$ are the upper and the lower Incomplete Gamma functions, respectively, [28].

4. Entropy

Now, substituting Equation 8 and 7 in Equation 3, we obtain:

$$\begin{aligned} H &= -\int_\Omega f_\nu(x)\ln(f_\nu(x))\,dx, \\ &= \beta\langle|x|^\nu\rangle - \ln A(\nu) \qquad (15) \\ &= \frac{1}{\nu} - \ln A(\nu) \qquad (16) \end{aligned}$$

In other words, the entropy is determined by the actual value of ν through the pre-factor A, such that $A = \exp(1/\nu - H)$. Hence, H it can be estimated directly from data once A is fitted from the estimated values of β and ν.

Journal of Physics: Conference Series **475** (2013) 012008 doi:10.1088/1742-6596/475/1/012008

In spite of the fact that the entropy attains its maximum at f_ν, we ask the question about of the maximum of the entropy considered as function of ν, i.e. among all set of the densities f_ν, at which one the entropy attains its maximum?. That density satisfy $H'(\nu) = 0$. Fortunately, this equation is easy to solve, see Appendix B for details. We show that it is the case when $\nu = 2$. These results implies that $f_\nu(x)$ represents a stationary state with lower entropy than the the Gaussian state. In particular, f_ν is an intermediate stationary state between the *bilateral* exponential f_{be}, [29], and Gaussian densities, f_g. In particular, we have:

$$f_{be}(x) = \frac{1}{\sqrt{2}\sigma_{be}} e^{-\frac{\sqrt{2}|x|}{\sigma_{be}}}, \qquad H_{be} = 1 + \log(\sqrt{2}\sigma_{be}). \tag{17}$$

$$f_g(x) = \frac{1}{\sqrt{2\pi}\sigma_g} e^{-\frac{x^2}{2\sigma_g^2}}, \qquad H_g = \tfrac{1}{2} + \log\sqrt{2\pi}\sigma_g. \tag{18}$$

then for any $1 < \nu < 2$, $H_{be} < H_\nu < H_g$. We denote by σ_{be} and σ_g the corresponding standard deviations of f_{be} and f_g.

5. The Central Limit Theorem

In this section we prove that the SEPD satisfies a Central Limit Theorem (CLT), see for example [30] for details about such theorem. In particular, the SEPD satisfies the Berry-Esséen theorem which states that: let $X_1, X_2, \ldots, X_n$ be i.i.d. random variables with mean $\langle X_i \rangle = 0$, $\langle X_i^2 \rangle > 0$ and $\langle |X_i|^3 \rangle = \rho < \infty$, and $F_n(x)$ be the distribution of the normalized sum $(X_1 + X_2 + \ldots + X_n)/\sqrt{n}\sigma$, then for all x and n we have $|F_n(x) - \mathfrak{N}(x)| \leq C\rho/(\sqrt{n}\sigma^3)$. Here $\mathfrak{N}(x)$ is the Normal density with zero mean and unit variance. Also, the current value for $C \approx 0.7655$. Using Equation 10 with $p = 3$,

$$\rho = \frac{\nu\Gamma(4/\nu)\Gamma(1/\nu)^{1/2}\sigma^3}{\Gamma(3/\nu)^{3/2}}, \tag{19}$$

i.e. $\rho < \infty$, because $\nu \in (1, 2)$. The specific value of the upper bound in the inequality given above is independent of σ, but only depending on ν and n.

Therefore, that expression tends to zero as $n \to \infty$, hence, the probability of the inequality $(X_1 + X_2 + \ldots + X_n)/\sqrt{n}\sigma < t$ tends uniformly to the limit $\frac{1}{\sqrt{2\pi}} \int_{-\infty}^{t} e^{-u^2/2} du$.

6. Normalized Kohlrausch functions

Now, we proceed to briefly describe the statistical properties of k_ν. Particularly related to our subject is the notion of Kohlrausch functions. Since its introduction in [31], and its rediscovery in [32, 33] in the study of relaxation processes, stretched exponentials, also called Kohlraush functions, are playing an important role in the study of physical phenomena whose relaxation properties deviates from exponential behavior. The Kohlraush functions are a subject of intensive study in recent years. We refer the reader to [34, 35] for a recent account of some of its mathematical properties and some applications.

The Kohlraush functions are defined as:

$$K(x) = K_0 e^{-(t/\tau)^\nu},$$

where K_0, $\tau > 0$ and $0 < \nu < 1$.

The main difference between the functions K and k_ν comes from the fact that we use the parameter β. We prefer the representation given by Equation 2 because if we normalize the function $K(x)$, then we obtain

$$K_0 = \frac{\nu}{\tau\Gamma(1/\nu)},$$

such that

$$\langle x\rangle = \frac{\tau\Gamma(2/\nu)}{\Gamma(1/\nu)},$$

while, introducing β, we have that $\langle x\rangle = \tau$. In other words, the densities k_ν give us an average $\langle x\rangle$ which is independent of ν. This is the expected situation in applications.

Now, we proceed to determine A, β and $\langle x^\nu\rangle$ obtaining

$$A = \frac{\nu\beta^{\frac{1}{\nu}}}{\Gamma(\frac{1}{\nu})}, \quad \langle x^\nu\rangle = \frac{1}{\beta\nu}, \quad \langle x\rangle = \frac{\Gamma(\frac{2}{\nu})}{\beta^{\frac{1}{\nu}}\Gamma(\frac{1}{\nu})}, \tag{20}$$

for any $\beta, \nu > 0$. Therefore we have

$$\beta = \left[\frac{\Gamma(\frac{2}{\nu})}{\Gamma(\frac{1}{\nu})\langle x\rangle}\right]^\nu, \quad A = \frac{\nu\Gamma(\frac{2}{\nu})}{\Gamma(\frac{1}{\nu})^2\langle x\rangle}, \quad \langle x^\nu\rangle = \frac{1}{\nu}\left[\frac{\Gamma(\frac{1}{\nu})\langle x\rangle}{\Gamma(\frac{2}{\nu})}\right]^\nu. \tag{21}$$

Now, introducing $b = \Gamma(\frac{2}{\nu})/\Gamma(\frac{1}{\nu})$ we obtain the final form for k_ν as

$$k_\nu(x) = \frac{\nu b}{\Gamma(1/\nu)\langle x\rangle} e^{-(bx/\langle x\rangle)^\nu}, \tag{22}$$

The generalized moments of order p, $\langle x^p\rangle$, are given by:

$$\langle x^p\rangle = \frac{\Gamma(\frac{p+1}{\nu})\Gamma(\frac{1}{\nu})^{p-1}\langle x\rangle^p}{\Gamma(\frac{2}{\nu})^p}, \tag{23}$$

which, in particular, are finite for any $p > -1$ and $\nu \in (1,2)$. Hence, $\langle x^3\rangle$ is finite such that the conditions for a CLT are satisfied as explained in Section 5.

Finally, its cumulative distribution is given by

$$F_k(x,\nu) = \frac{1}{\langle x\rangle\Gamma(\frac{1}{\nu})}\gamma\left(\frac{1}{\nu}, \beta x^\nu\right), \tag{24}$$

where, again, $\gamma(c,x)$ is the incomplete Gamma function.

7. Conclusions

In this paper we have shown that the stretched exponentials probability densities, f_ν and k_ν, obey a maximum entropy principle and a central limit theorem. Also, we have computed the higher order moments allowing us to characterize the full statistics in function of the respective lowest non zero moment. In particular, the $\nu-$moment $\langle|x|^\nu\rangle$ is finite for the range of ν values considered in applications.

From the physical point of view, according to the values attained by the entropy, the densities f_ν, $\nu \in (1,2)$, can be interpreted as an intermediate stationary state between the *bilateral* exponential, f_1, and Gaussian, f_2, densities. Also, densities k_ν are close related to the Kohlrausch functions which are very important in the study of non Gaussian relaxation processes.

Finally, due to the fact that a general derivation of such densities from physical basis is still an unsolved problem, the study of the statistical propierties of these densities can help us to understand the behaviour of complex systems.

Acknowledgments

This work was partially supported by CONACYT (SNI), México.

Appendix A. Computation of A, β and $\langle |x|^\nu \rangle$
If we make the change of variable $u = \beta x^\nu$ in

$$A^{-1} = \int_0^\infty e^{-\beta x^\nu} dx = \frac{2}{\nu \beta^{\frac{1}{\nu}}} \int_0^\infty e^{-u} u^{\frac{1}{\nu}-1} du, \tag{A.1}$$

and using the Gamma function

$$\Gamma(y) = \int_0^\infty e^{-u} u^{y-1} du, \quad y > 0, \tag{A.2}$$

we obtain the desired result for A given in Equation 8. Now, computing $\langle x^2 \rangle$ we obtain

$$\langle x^2 \rangle = \frac{\Gamma(\frac{3}{\nu})}{\Gamma(\frac{1}{\nu})\beta^{\frac{2}{\nu}}}, \tag{A.3}$$

then denoting by $\sigma^2 = \langle x^2 \rangle$ and solving for β we finally obtain A and $\langle |x|^\nu \rangle$ as given in Equation 5 and Equation 11, respectively. In analogous way we can determine the corresponding expressions for A, β and $\langle |x|^\nu \rangle$ for the densities k_ν. The only differences are the domain of k_ν and that the lowest nonzero moment is the mean $\langle x \rangle$.

Appendix B. Solution of $\frac{dH}{d\nu} = 0$
From the analytical expression for the entropy of f_ν,

$$H = \frac{1}{\nu} - \ln(\nu) - \frac{1}{2} \ln\left(\Gamma\left(\frac{3}{\nu}\right)\right) + \frac{3}{2} \ln\left(\Gamma\left(\frac{1}{\nu}\right)\right) + \ln(2) + \ln(\sigma), \tag{B.1}$$

we take its derivative respect to ν

$$\frac{dH}{d\nu} = \frac{d}{d\nu}\left(\frac{1}{\nu} - \ln A(\nu)\right) = -\frac{1}{\nu} - \frac{A'(\nu)}{A(\nu)} = 0, \tag{B.2}$$

which has the form

$$\frac{dS}{d\nu} = -\frac{1}{\nu^2} - \frac{1}{\nu} + \frac{3}{2\nu^2}\psi\left(\frac{3}{\nu}\right) - \frac{3}{2\nu^2}\psi\left(\frac{1}{\nu}\right), \tag{B.3}$$

where we are introducing the digamma function

$$\psi(x) = \frac{d \ln \Gamma(x)}{dx}. \tag{B.4}$$

Now, by definition of the digamma function, we have $\psi(1/2) = -\gamma_{em} - 2\ln(2)$ and $\psi(3/2) = -\gamma_{em} - 2\ln(2) + 2$, where γ_{em} is the Euler-Mascheroni constant, see [28]. Finally, we can see that Equation B.3 equals to zero when $\gamma = 2$. For the k_ν densities we obtain a similar result, but with $\nu = 1$.

References

[1] Altmann E G and Kantz H 2005 Recurrence time analysis, long-term correlations, and extreme events *Phys. Rev.* E **71** 056106
[2] Bunde A, Eichner J F, Havlin S and Kantelhardt J W 2003 The effect of long-term correlations on the return periods of rare events *Physica* A **330** 1–7
[3] Koscielny-Bunde E et al 1998 *Phys. Rev. Lett.* **81** 729
[4] Dickman R 2004 Fractal rain distributions and chaotic advection *Brazilian J. Phys* **34** 337

Journal of Physics: Conference Series **475** (2013) 012008 doi:10.1088/1742-6596/475/1/012008

[5] Daya Z A et al 2005 The magnitud and distribution of ambient fluctuations in the scalar magnetic field *OCEANS 2005, Proceedings of MTS/IEEE* 2257-2262, Vol. **3**
[6] Dokholyan N V et al 1998 Scaling of distributions of shortest pats in percolation *J. Stat. Phys.* **93** 603
[7] Flomenbom O et al 2005 Stretched exponential decay and correlations in the catalytic activity of fluctuating single lipase molecules *PNAS* **102**(7):2368
[8] Head D A and Rodgers G J 1999 Stretched exponentials and power laws in granular avalanching *J. Phys.* A **32** 1387
[9] Hunt E R et al 2002 Stretched-exponential dynamics in a chain of coupled chaotic oscillators *Europhys. Lett.* **60** 827
[10] Jund P et al 2001 Random walks on fractals and stretched exponential relaxation *Phys. Rev.* E **63** 036131
[11] Kellay H et al 2000 Probability density functions of the enstrophy flux in two dimensional grid turbulence *Phys. Rev. Lett.* **84** 1696
[12] Kuusela E 2004 Origin of non-Gaussian velocity distributions in steady-state sedimentation *Europhys. Lett.* **65** 13
[13] Kishi A et al 2008 Dynamics of sleep stage transitions in healthy humans and patients with chronic fatigue syndrome *Am. J. Physiol. Integr. Comp. Physiol.* **294** R1980
[14] Liebovitch L S and Tóth T I 1991 Distributions of activation energy barriers that produce stretched exponential probability distributions for the time spent in each state of the two state of the two state reaction $A \rightleftharpoons B$ *Bull. Math. Biol.* **53** 443
[15] Rouyer F et al 1999 Non-Gaussian dynamics in Quasi-2D noncolloidal suspensions *Phys. Rev. Lett.* **83** 1058
[16] Simdyankin S I and Mousseau N 2003 Relationship between heterogeneities and stretched exponential relaxation *Phys. Rev.* E **68** 041110
[17] Svare I et al 2001 Stretched exponentials with T-dependent exponents from fixed distributions of energy barriers for relaxation times in fast-ion conductors *Phys. Rev.* B **61** 228
[18] Tüzel E and Erzan A 2000 Dissipative dynamics and the statistics of energy states of a Hookean Model for protein folding *J. Stat. Phys.* **100** 405
[19] Walls W D 2005 Demand stochastic, supply adaption, and the distribution of film earnings *Applied Economics Letters* **12** 619
[20] Chevillard L et al 2003 Lagrangian velocity statistics in turbulent flows: effects of dissipation *Phys. Rev. Lett.* **91** 214502
[21] Drozd J J and Denniston C 2008 Velocity fluctuations in dense granular flows *Phys. Rev.* E **78** 041304
[22] Ernst M H and Brito R 2002 Driven inelastic Maxwell models with high energy tails *Phys. Rev.* E **65** 040301(R)
[23] Kailasnath P et al 1992 Probability density of velocity increments in turbulent flows *Phys. Rev. Lett.* **68** 2766
[24] Lundgren T S 2008 Turbulent scaling *Phys. of Fluids* **20** 031301
[25] Serio C 1998 Probability density of velocity increments in weakly turbulent pipe flow *Europhys. Lett.* **42** 605
[26] Zhong J et al 2001 Shape of the quantum diffusion front *Phys. Rev. Lett.* **86**(12):2485-9
[27] Honerkamp J 2002 *Statistical Physics* second edition (Springer-Verlag)
[28] Abramowitz M and Stegun I A eds. 1972 *Handbook of Mathematical Functions* (New York: Dover Publications) ISBN 978-0-486-61272-0
[29] Fristedt B and Gray L 1997 *A modern approach to probability theory* (USA: Birkhäuser) ISBN: 0817638075
[30] Feller W 1966 *An Introduction to 'probability theory and its applications* Vol. **2** (New York: John Wiley and Sons, Inc.)
[31] Kohlrausch R 1854 *Pogg. Ann. Phys. Chem.* **91** 179
[32] Palmer R G et al 1984 *Phys. Rev. Lett.* **53** 958
[33] Williams G and Watts D C 1970 *Trans. Faraday Soc.* **66** 80
[34] Anderssen R S et al 2004 The Kohlrausch function: properties and applications *ANZIAM J.* **E** **45** C816
[35] Berberan-Santos M N et al 2005 Mathematical functions for the analysis of luminescence decays underlying distributions 1. Kohlrausch decay function (stretched exponential) *Chemical Physics* **315** 171

Journal of Physics: Conference Series **475** (2013) 012009 doi:10.1088/1742-6596/475/1/012009

Spectral properties of a two dimensional photonic crystal with quasi-integrable geometry

J J Cruz-Bueno,[1] **J A Méndez-Bermúdez**[2] **and J Arriaga**[2]

[1]Facultad de Ciencias de la Electrónica, Benemérita Universidad Autónoma de Puebla, Puebla 72570, Mexico.

[2]Instituto de Física, Benemérita Universidad Autónoma de Puebla, Apartado Postal J-48, Puebla 72570, Mexico.

E-mail: `jjesus@sirio.ifuap.buap.mx`

Abstract. In this paper we study the statistical properties of the allowed frequencies for electromagnetic waves propagating in two-dimensional photonic crystals with quasi-integrable geometry. We compute the level spacing, group velocity, and curvature distributions ($P(s)$, $P(v)$, and $P(c)$, respectively) and compare them with the corresponding random matrix theory predictions. Due to the quasi-integrability of the crystal we observe signatures of *intermediate statistics* in $P(s)$ and $P(c)$ for high refractive index contrasts.

1. Introduction

One of the most used tools to characterize quantum or wave systems, from the point of view of *quantum chaos*, is the distribution function $P(s)$ of the spacings $s_n = (E_n - E_{n-1})/\Delta$ of adjacent eigenenergies, where Δ is the mean level spacing. See for example [1]. For deterministic quantized Hamiltonian systems or wave cavities, such as billiards, it is well accepted that: (i) a $P(s)$ of the Poisson type,

$$P(s) = \exp(-s) , \tag{1}$$

corresponds to integrable classical motion [2]; (ii) a $P(s)$ with a Wigner-Dyson form,

$$P(s) = \frac{\pi}{2} \exp\left(-\frac{\pi}{4}s^2\right) , \tag{2}$$

is a signature of chaotic classical dynamics [3, 4] (this statement is known as the *Bohigas-Giannoni-Schmidt conjecture*); while (iii) if $P(s)$ has a form which is intermediate between Poisson and Wigner-Dyson, the dynamics of the classical counterpart should develop mixed chaos [5, 6].

With the use of billiard tables exhibiting the generic transition to chaos (billiards whose classical dynamics evolves from integrable to fully chaotic as a function of their geometrical parameters) it is possible to study the transition from Poisson to Wigner-Dyson in the shape of $P(s)$. As an example, recently, the study of $P(s)$ in the transition Poisson–Wigner-Dyson was performed by the use of a two-dimensional (2D) photonic crystal [7], where $s_n = (\omega_n^2 - \omega_{n-1}^2)/\Delta$ and ω^2 are the eigenfrequencies of the propagating electromagnetic waves. Such photonic crystal was constructed as a periodic array of cylinders, with dielectric constant ϵ, surrounded by air;

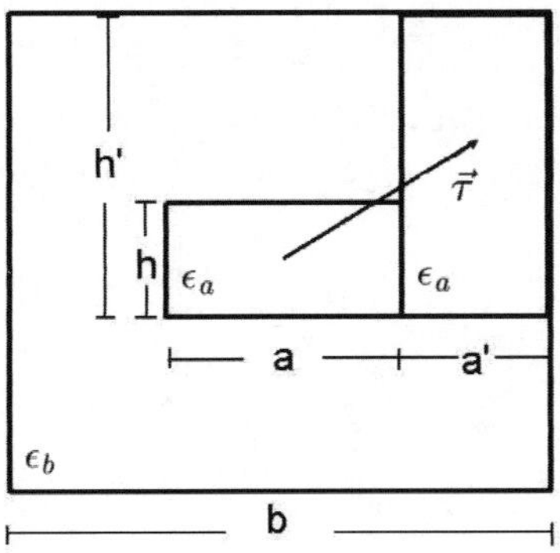

Figure 1. Unit cell scheme of the two-dimensional quasi-integrable photonic crystal considered in this paper. It consists of two infinitely long rectangular columns with dielectric constant ϵ_a surrounded by air, $\epsilon_b = 1$, embedded in a squared unit cell of linear size b.

in such a way that the unit cell of the crystal has the geometry of the Sinai billiard. That is, in the ray limit the dynamics of the system shows the generic transition to chaos as a function of ϵ: When $\epsilon = 1$ the rays propagate in free space (integrable dynamics), while when $\epsilon \to \infty$ the rays hit hard cylinders (chaotic dynamics). So, $P(s)$ transits effectively from Poisson to Wigner-Dyson.

On the other hand, there is a family of dynamical billiards consisting of two or more integrable regions. Such billiards are known as *quasi-integrable billiards.* The dynamics of quasi-integrable billiards is not integrable neither chaotic, moreover, it can not be considered as a combination of both (as the mixed-chaotic dynamics proper of smooth billiards in the transition from integrability to chaos). Also, it has been observed [8, 9, 10, 11] that the quantum or wave counterparts of quasi-integrable systems obey the statistical properties of disordered systems having Anderson transition at the critical point. That is, quantized quasi-integrable systems show a $P(s)$ of the semi-Poisson type:

$$P(s) = 4s \exp(-2s) \ . \tag{3}$$

The predictions for $P(s)$ as given in Equations (2) and (3) correspond to systems preserving time-reversal symmetry, which is the case we explore in this paper.

In addition, we would like to stress that (i) most studies on photonic crystals are focus on the low-frequency part of the spectrum; and (ii) to date, not many studies on the spectral properties of quasi-integrable systems are available. Then, the purpose of this paper is to study the statistical properties of high-frequency electromagnetic waves propagating in photonic crystals with quasi-integrable geometry.

2. Model and Method

The 2D photonic crystal with quasi-integrable geometry we shall use has a unit cell that consists of two infinitely long rectangular columns having dielectric constant ϵ_a surrounded by air $\epsilon_b = 1$. See Figure 1. The periodic structure supports the propagation of two electromagnetic modes with either the electric (E-mode) or the magnetic (H-mode) field parallel to the columns. The wave equation for the monochromatic field $\vec{H}(\vec{r},t) = \vec{H}(\vec{r})\exp(-i\omega t)$ obtained from Maxwell's equations is written as

$$\nabla \times \left[\eta(\vec{r})\nabla \times \vec{H}(\vec{r})\right] = \left(\frac{\omega}{c}\right)^2 \vec{H}(\vec{r}) \ , \tag{4}$$

where $\eta(\vec{r}) = 1/\epsilon(\vec{r}) = \sum_{\vec{G}} \eta\left(\vec{G}\right) \exp\left(i\vec{G}\cdot\vec{r}\right)$ is the inverse dielectric function, which being periodic, is expanded in a Fourier series over the reciprocal lattice vectors $\vec{G}$. Since the system

Journal of Physics: Conference Series **475** (2013) 012009 doi:10.1088/1742-6596/475/1/012009

is periodic, due to the Bloch theorem, $\vec{H}(\vec{r}) = \sum_{\vec{G}} \vec{h}_{\vec{k}}\left(\vec{G}\right) \exp\left(i\left(\vec{k}+\vec{G}\right)\cdot\vec{r}\right)$. Substitution of this expansion into Equation (4) leads to an infinite set of linear homogeneous equations for the coefficients $\vec{h}_{\vec{k}}$. This set of equations can be simplified in the long-wavelength limit, $k \to 0$, using the method proposed in [12]. Omitting details, we give the eigenvalue equation for the E-mode,

$$\det\left[\frac{\omega^2}{c^2}\delta_{\vec{G},\vec{G}'} - GG'\eta\left(\vec{G}-\vec{G}'\right)\right] = 0 , \qquad \vec{G},\vec{G}' \neq 0 . \tag{5}$$

Equation (5) is a polynomial equation of infinite order with respect to ω^2; its roots are $\omega_n^2(\vec{k})$.

Finally, the form factor of the structure of Figure 1 is given by

$$\eta\left(\vec{G}\right) = \frac{1}{\epsilon_a\epsilon_b}\left[1-\mathcal{F}\left(\vec{G}\right)\right]\mathcal{F}\left(\vec{G}\right) , \tag{6}$$

with

$$\mathcal{F}\left(\vec{G}\right) = \frac{4}{G_xG_y}\left[\sin\left(\frac{a}{2}G_x\right)\sin\left(\frac{h}{2}G_y\right) + \exp(-i\vec{G}\cdot\vec{\tau})\sin\left(\frac{a'}{2}G_x\right)\sin\left(\frac{h'}{2}G_y\right)\right] .$$

Here, G_x and G_y are the rectangular components of $\vec{G}$.

3. Results

Here we analyze the evolution of the spectral properties of the photonic crystal of Figure 1 as a function of ϵ_a (with ϵ_b fixed to 1). Without loss of generality, we choose $a = 0.54$, $a' = 0.25$, $h = 0.3$, $h' = 0.65$, and $\vec{\tau} = 0.375\hat{x} + 0.175\hat{y}$. All lengths are given in units of b. With this prescription for the geometrical parameters the filling fraction equals to 31.25%.

A detailed analysis of the frequency spectrum for the photonic crystal of Figure 1 (not shown here) reveals that due to finite matrix size effects only a fraction of the eigenfrequencies obtained from the the diagonalization of Equation (5) is useful, as in standard billiard problems. Also, as ϵ_a increases, the percentage of useful eigenfrequencies decreases. For example, for $\epsilon_a = 1.2$, 5, and 50, the percentage of useful eigenfrequencies is approximately 90%, 30%, and 25%, respectively. For this reason, below we diagonalize matrices of size $\sim 14,000$ and use for the statistics only the first 3,500 eigenfrequencies for all the values of ϵ_a considered.

In Figure 2 we show the level spacing distribution $P(s)$ for the quasi-integrable photonic crystal of Figure 1 with $\epsilon_a = 1.2$, 5, and 50. When $\epsilon_a = 1.2$, $P(s)$ is quite close to Equation (1), see Figure 2(a), since the system is still close to integrable. This result should be expected for any non-integrable photonic crystal, see for example [7]. In Figure 2(b), for $\epsilon_a = 5$, we already see a very well developed Wigner-Dyson shape for $P(s)$ even though the geometry of our photonic crystal does not develop chaos in the ray limit. We understand this result as the lack of resolution of the quasi-integrable geometry by the waves, due to the low refractive index contrast. Then, by further increasing the value of ϵ_a, see Figure 2(c), we observe that $P(s)$ moves towards the semi-Poisson shape, as expected, since for high-refractive index contrasts the quasi-integrable geometry should be better realized by the waves moving inside our photonic crystal. So, we believe that by increasing further the value of ϵ_a and/or including higher frequencies in the statistical analysis, the level spacing distribution should become even closer to Equation (3).

To complement the spectral analysis of our system we also compute the group velocity distribution $P(v)$ and the curvature distribution $P(c)$. From random matrix theory it is well known that the group velocity distribution should be Gaussian [1],

$$P(v) = \frac{1}{\sqrt{2}}\exp\left(\frac{-v^2}{2}\right) , \tag{7}$$

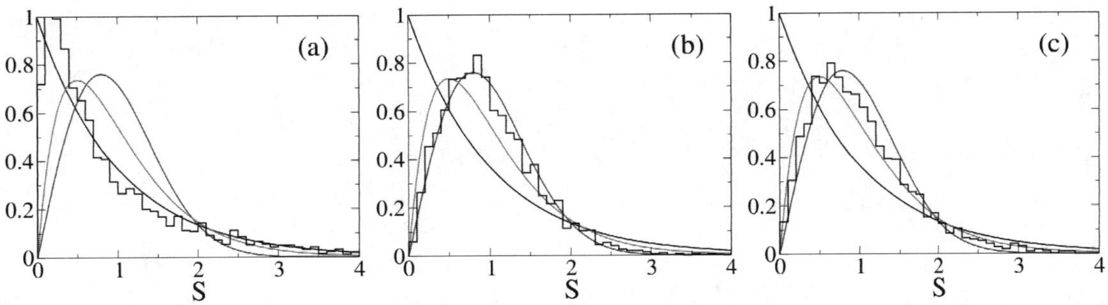

Figure 2. Level spacing distribution $P(s)$ for the quasi-integrable photonic crystal of Figure 1 with (a) $\epsilon_a = 1.2$, (b) $\epsilon_a = 5$, and (c) $\epsilon_a = 50$ (histograms). $\epsilon_b = 1$. Black, blue, and red lines correspond to Equations (1), (2), and (3), respectively.

while the curvature distribution decays as a power-law for large c [13, 14],

$$P(c) = \frac{1}{2}\frac{1}{(1+c^2)^{3/2}} , \tag{8}$$

for systems showing the $P(s)$ given by Equation (2). The level velocities v_n and the scaled curvatures c_n are given, respectively, by

$$v_n = \sqrt{\beta(x_n)}\,\frac{\partial x_n}{\partial k} \qquad \text{and} \qquad c_n = \frac{\beta(x_n)}{\pi}\frac{\partial^2 x_n}{\partial k^2} , \tag{9}$$

where $x_n = \omega_n^2/\Delta$ and $\beta(x) = \langle(\partial x_n/\partial k)^2\rangle_x^{-1}$. The derivatives in Equation (9) were calculated as finite differences ($\partial x_n/\partial k \approx \Delta x_n/\Delta k$) with $\Delta k = 10^{-6}$.

Then, in Figures 3 and 4 we present plots of $P(v)$ and $P(c)$ for the quasi-integrable photonic crystal of Figure 1 with $\epsilon_a = 1.2$, 5, and 50. In Figure 3 we show that $P(v)$ evolves towards a Gaussian shape as ϵ_a increases, as predicted. However, we expected to observe a Gaussian shape already at $\epsilon_a = 5$, see Figure 3(b), for which $P(s)$ shows the Wigner-Dyson form. From Figure 4 we note that $P(c) \propto c^{-\alpha}$, for $c \to \infty$, with $\alpha > 3$. This behavior is typical of critical systems [15] and of quantized Hamiltonian systems in the transition from integrability to chaos. In the case $\epsilon_a = 5$ we expected to observe a clear behavior of the form $P(c) \propto c^{-3}$ which is only partially seen, see Figure 4(b).

4. Conclusions

In this work we study the statistical properties of the allowed frequencies for electromagnetic waves which propagate in two-dimensional photonic crystals with quasi-integrable geometry. We report the transition Poisson–Wigner-Dyson–semi-Poisson in the structure of the level spacing probability distribution $P(s)$ as a function of ϵ_a (partially confirmed by $P(v)$ and $P(c)$). The fact that $P(s)$ evolves towards the semi-Poisson shape for high refractive index contrasts emerge as a clear signature of the quasi-integrability of our photonic crystal.

Even though we showed results for E-modes only, we have verified that our conclusions include the corresponding H-modes too.

Acknowledgments

This work was partially supported by VIEP-BUAP (project MEBJ-EXC10-I), Mexico.

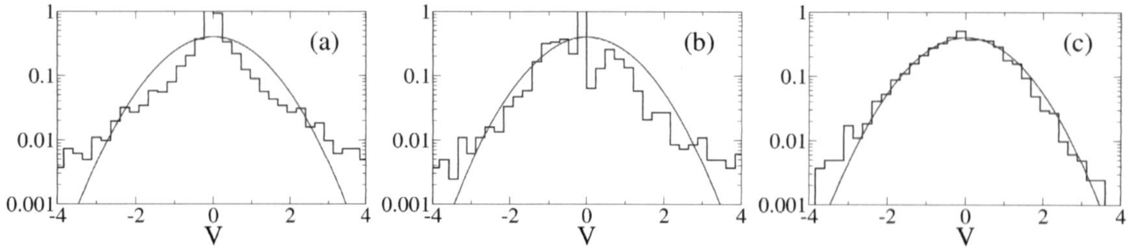

Figure 3. Group velocity distribution $P(v)$ for the quasi-integrable photonic crystal of Figure 1 with (a) $\epsilon_a = 1.2$, (b) $\epsilon_a = 5$, and (c) $\epsilon_a = 50$ (histograms). $\epsilon_b = 1$. Blue lines correspond to Equation (7).

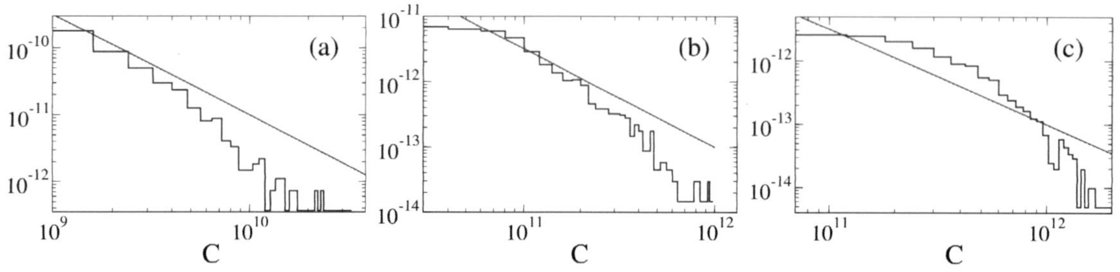

Figure 4. Curvature distribution $P(c)$ for the quasi-integrable photonic crystal of Figure 1 with (a) $\epsilon_a = 1.2$, (b) $\epsilon_a = 5$, and (c) $\epsilon_a = 50$ (histograms). $\epsilon_b = 1$. Blue lines, plotted to guide the eye, are proportional to c^{-3}; see Equation (8).

References

[1] Stöckmann H J 1999 *Quantum Chaos: An Introduction* (Cambridge: Cambridge University Press)
[2] Berry M V and Tabor M 1977 *Proc. R. Soc. London* A **356** 375
[3] Casati G, Valz-Gris F and Guarneri I 1980 *Lett. Nuovo Cimento.* **28** 279
[4] Bohigas O, Giannoni M J and Schmidt C 1984 *Phys. Rev. Lett.* **52** 1
[5] Izrailev F M 1990 *Phys. Rep.* **196** 299
[6] Casati G, Izrailev F M and Molinari L 1991 *J. Phys.* A **24** 4755
[7] Gumen L N, Arriaga J and Krokhin A A 2002 *Physica* E **13** 459
[8] Gremaud B and Jain S R 1998 *J. Phys.* A **31** L637
[9] Bogomolny E B, Gerland U and Schmit C 1999 *Phys. Rev.* E **59** R1315
[10] Wiersig J 2002 *Phys. Rev.* E **65** 046217
[11] Wiersig J and Carlo G G 2003 *Phys. Rev.* E **67** 046221
[12] Halevi P, Krokhin A A and Arriaga J 1999 *Phys. Rev. Lett.* **82** 719; 2001 *Phys. Rev. Lett.* **86** 3211
[13] Gaspard D, Rice S A, Mikeska H J and Nakamura K 1990 *Phys. Rev.* A **42** 4015
[14] Zakrzewski J and Delande D 1993 *Phys. Rev.* E **47** 1650
[15] Alcázar-López A and Méndez-Bermúdez J A, unpublished

Journal of Physics: Conference Series **475** (2013) 012010 doi:10.1088/1742-6596/475/1/012010

A non-linear irreversible thermodynamic perspective on organic pigment proliferation and biological evolution

K Michaelian

Instituto de Física, Universidad Nacional Autónoma de México, Cto. de la Investigación Científica, Cuidad Universitaria, C.P. 04510, Mexico

E-mail: karo@fisica.unam.mx

Abstract. The most important thermodynamic work performed by life today is the dissipation of the solar photon flux into heat through organic pigments in water. From this thermodynamic perspective, biological evolution is thus just the dispersal of organic pigments and water throughout Earth's surface, while adjusting the gases of Earth's atmosphere to allow the most intense part of the solar spectrum to penetrate the atmosphere and reach the surface to be intercepted by these pigments. The covalent bonding of atoms in organic pigments provides excited levels compatible with the energies of these photons. Internal conversion through vibrational relaxation to the ground state of these excited molecules when in water leads to rapid dissipation of the solar photons into heat, and this is the major source of entropy production on Earth. A non-linear irreversible thermodynamic analysis shows that the proliferation of organic pigments on Earth is a direct consequence of the pigments catalytic properties in dissipating the solar photon flux. A small part of the energy of the photon goes into the production of more organic pigments and supporting biomass, while most of the energy is dissipated and channeled into the hydrological cycle through the latent heat of vaporization of surface water. By dissipating the surface to atmosphere temperature gradient, the hydrological cycle further increases the entropy production of Earth. This thermodynamic perspective of solar photon dissipation by life has implications to the possibility of finding extra-terrestrial life in our solar system and the Universe.

1. Introduction

There are two kinds of stable (time persistent) macroscopic organizations found in nature. The first are called "equilibrium structures" and result from the minimization of free energy subject to the conservation laws of physics arising from the symmetries in nature. These organizations have little interaction with their environment and are in states of near maximum entropy with zero entropy production. Examples are the crystalline structure of condensed material or the planetary orbits of our solar system.

The second kind of organizations are called "dissipative structures" and are asymptotically stable (attractive) and are much richer in complexity and variety, have important interaction with their environment, and are the result of the dissipation of a thermodynamic potential, themselves not subject to the conservation laws although their overall interaction with their environment is. The general non-linear nature of these systems means that they can be in any of a multitude of macroscopically different locally stable states dependent on their particular history,

Journal of Physics: Conference Series **475** (2013) 012010 doi:10.1088/1742-6596/475/1/012010

and tend to evolve towards states of greater entropy production. Examples are ecosystems, social systems, climate systems, and global elemental cycle systems including the atmosphere and ocean systems.

Building on the non-equilibrium thermodynamic foundation established by Théophile de Donder (1936) [5] and Lars Onsager (1931) [24], Ilya Prigogine (1967) [28] and co-workers have developed a comprehensive framework for dealing with this second kind of organization. Their framework, known as *Classical Irreversible Thermodynamics* (CIT), employs the same thermodynamic variables as does equilibrium thermodynamics but allows the variables to vary locally in both space and time. The whole domain of validity of classical irreversible thermodynamics is thus restricted to situations in which the existence of a local equilibrium can be supposed, i.e. equilibrium attained within a small, but still macroscopic region (of the order of 10^{23}particles) of the system under study. This restriction is required in order to retain the usual meanings of the thermodynamic variables and thus the validity of, for example, the Gibb's equation relating them. It turns out, however, that this domain is surprisingly large and the framework of classical irreversible thermodynamics can be used to treat most macroscopic dissipative phenomena which are common to our everyday experience.

Employing the CIT formalism, this paper aims to demonstrate that the spread organic pigments and water over the Earth's surface arises as a result of the thermodynamic imperative of dissipating high energy solar photons into numerous low energy ones. The affinity for this process will be shown to be related to a photon chemical potential corresponding to the solar photon spectrum at the Earth's surface, and that corresponding to the emitted and reflected Earth spectrum at the black-body temperature of the cloud tops which radiate into space. It is argued that co-evolution of the biotic with the abiotic on Earth has promoted the spread of organic pigments and water over Earth's surface, allowing Earth, in interaction with its solar environment, to evolve towards states of greater global entropy production.

What is thermodynamic reason for pigment proliferation related to dissipation? How is present life related to past life from the perspective of dissipation? What is the importance of water to dissipation? Should dissipating life forms be common throughout the universe? Is life as we know it on Earth inevitable? These are some of the questions to be addressed in this paper. First, however, we discuss the relation between life, water, and the physical and chemical characteristics of the biosphere and its evolution, much of which has been uncovered while assessing the theory of Gaia by James Lovelock (1988) [13] and collaborators. In section 1.2 the physics of photon absorption and dissipation by organic molecules in water is discussed. In section 2.1 we employ the formalism of non-linear irreversible thermodynamics to show how organic pigments are the products of an auto-catalytic cycle which augments the solar photon dissipation, leading to the expectation of the proliferation of these organic pigments and water throughout Earth's surface, and even over other solar system bodies. In section 3.1 we show how Earth dissipates about 70% more than either of its neighboring planets and that most of the dissipation occurs on Earth's surface, building a case for the importance of life in the global dissipation process. Section 3.2 demonstrates, from within this thermodynamic perspective, how present life could be associated with life at its beginnings in the Archean and reviews a recent theory on the dissipative origin of life (Michaelian, 2009b, 2011b) [16, 19]. Section 3.3 discusses the possibility of finding similar forms of dissipating life throughout the universe. Conclusions are presented in section 4.

1.1. Life, water and the biosphere

In 2005, NASA crash landed a deep impactor onto the surface of comet Tempel 1 in order to study the gas and dust released using instruments on board the mother ship (A'Hearn et al., 2005) [1]. Over 200 organic molecules were found in the dust and gas released. Some precursors to the aminos of amino acids, principally hydrogen cyanide and methyl cyanide, were clearly identified (Moulton, 2005) [23]. Other more complex organics were also found but the resolution of the instruments was insufficient to unequivocally identity many of these. The surface of the comet was found to be very dark, having an albedo of only 0.04 (visible wavelength), due, in no small part, to the absorption of light by these organic molecules.The most common amino acid of life, glycine, was found in samples returned to Earth by NASA's Stardust mission which flew by Comet Wild 2 in 2004. Nucleobases, the aromatic ring components of nucleic acids RNA and DNA, have been found in meteorites (Callahan et al., 2011) [2].

Comets consist mostly of ice (50% for Tempel 1) and dust and it is probable that during the Archean their delivery contributed a substantial portion of Earth's water. Comets and meteorites could, therefore, have been the providers of both the vital elements of the primordial soup; organic molecules and water (Hoyle and Wickramasinghe, 1978) [10]. Alternatively, organic molecules could also have been created in the Earth's somewhat reducing early atmosphere subjected to intense UV light and lightening (Miller and Urey, 1959) [21].

Life has kept the amount of water on Earth's surface relatively constant since its beginnings 3.8 billion years ago. There are physical mechanisms active on all planets that disassociate water into its oxygen and hydrogen components; for example, through lightening or UV light. Hydrogen, being a light element can be carried along by the solar wind and lost into space. Earth's magnetic field helps to shield the Earth from the solar wind and so less hydrogen has been lost as compared to Venus for example, which has been very dry since loosing its magnetic shield about 2 billion years ago. However, perhaps more important in retaining water on Earth is photosynthetic life's ability to release oxygen from carbon dioxide, thereby providing the potential for its recombination with hydrogen. For example, aerobic chemoautotrophic bacteria oxidize hydrogen sulfide to produce elemental sulfur and water as waste products (Lovelock, 1988) [13]. Also, the oxygen released by life can undergo photochemical reactions in the upper atmosphere and be converted into ozone, which then protects water and methane in the lower atmosphere from UV disassociation.

By controlling the amount of greenhouse gases in the atmosphere, principally water, carbon dioxide, and methane, life has controlled the temperature of Earth's surface, keeping it within a narrow range for water to be present in its liquid phase. This control is surprising considering that, according to the standard solar model, the integrated solar output has probably increased by as much as 30% since the beginnings of life on Earth (Sagan and Chyba, 1997) [31]. By studying Sun like proxy stars of different ages, the Sun in Time Program (Ribas, 2005) [29] has determined that the amount of far ultraviolet light reaching Earth's atmosphere at the beginning of life could have been up to 30 times greater than today, extreme ultraviolet and soft x-ray perhaps 100 times greater, and x-ray perhaps 2000 times greater (Ribas, 2005) [29]. The reason for this has to do with the higher rotation rates of younger stars which gives them turbulent eddies that mix different layers, bringing the hotter inner layers to the surface.

Utilizing the vapor pressure deficit caused by evaporation at the leaves, the roots of plants draw up water through the inter-cellular cavities and into the leaves from where it enters the water cycle. Plants on land increase the amount of water in the water cycle by a factor of almost two (Kleidon, 2008) [12]. Almost all of the free energy arriving in the solar photon flux at the leaves is used in evaporation of water, while less than 0.2% is used in photosynthesis (Gates, 1980) [8], i.e. converted into covalent chemical bonds of organic material. Over water, cyanobacteria play the same role as plants over land, heating the upper surface of the water body and thereby increasing evaporation rates (Jones et al., 2005) [11]. The water cycle is a second dissipative process, coupled to photon dissipation by organic pigments, which dissipates the temperature gradient between the warm surface of the Earth and the cold upper atmosphere. The water cycle also helps move water over land masses where it can be used by organic pigments to dissipate solar photons.

Life has gradually adjusted the gases of Earth's atmosphere in such a manner so as to obtain a

Journal of Physics: Conference Series **475** (2013) 012010 doi:10.1088/1742-6596/475/1/012010

transparency for the most intense (enthropically speaking) part of the solar spectrum such that it can be intercepted by organic pigments on the surface which converts it into infrared photons that can be readily absorbed by water. Evolution has continually invented new pigments, absorbing ever more completely the solar spectrum (Michaelian, 2011a) [18].

Cnossen et al. (2007) [3], following Sagan (1973) [30], have shown that, using the best present knowledge for the gases of Earth's Archean atmosphere at the beginning of life on Earth, principally CO_2, N_2, H, and some CH_4, the atmosphere would have had a window of transparency of between 200 and 300 nm (although perhaps reduced to between approximately 240 nm and 290 nm taking into account the aldehydes formed by UV photochemical reactions on these gases (Sagan, 1973) [30]). It is then probable that life on the surface obtained its thermodynamic reason for being by dissipating photons within this wavelength region. DNA and RNA, in fact, absorb very strongly at 260 nm and dissipate the excitation energy rapidly into heat. A theory for the origin of life based on the extraordinary dissipation properties of the nucleic acids in the UV region has been given by Michaelian (2009b, 2011b) [16, 19] and will be reviewed in section 3.2.

Photons, life, and water thus share an intimate relation, probably since the beginnings of life, based on entropy production. Over land or over water, plants or cyanobacteria dissipate high energy photons into heat. The details of this relation will be reviewed in the following sections.

1.2. Organic pigments and photon dissipation

Organic molecules differ from inorganic molecules in the nature of their chemical bonding. Atoms in organic molecules are bound by covalent bonds which are both strong and directional. The directionality of these bonds allows for an almost infinite set of stable configurations with distinct physical, chemical, and electronic properties. Inorganic bonding, on the other hand, is usually of ionic, metallic, or of the van der Waals type. These central interactions have no directionality characteristics and therefore configurations of numerous atoms tend to be constrained to compact spherical clusters, with only slight variation of their properties with the size of the cluster.

Organic pigments absorb strongly over the visible and ultraviolet regions. They can be classified into three groups according to their wavelength absorption characteristics. The first group absorbing strongly in the far ultraviolet, (below approximately 300 nm) consists of the aromatic rings where the promotion of an electron from a π-bonding molecular orbital to a π-anti-bonding orbital, referred to as a π, π^* transition, and has high oscillator strength and a large extinction coefficient (absorptivity). Examples are the nucleic acid bases adenine, guanine, cytosine and thymine, and the amino acids phenylalanine, tryptophan, histidine and tyrosine. The second group consists of the mycosporines and mycosporine-like amino acids (MAAs) characterized by a cyclohexenone or cyclohexenimine chromophore conjugated with the nitrogen substituent of an amino acid and have UV-absorption maxima in the range 310 to 360 nm. The third group absorbing in the visible region are the porphyrins, which are organic rings conjugated by a metallic ion, such as magnesium in chlorophyll, the carotenoids, flavonoides, etc., or the phycobilins found in cyanobacteria. Due to their covalent bonding, organic pigments are thus predilect to form the foundations of a photon dissipative system relevant over a large region of the solar spectrum.

The first two groups absorbing in the ultraviolet have ultrafast (picosecond) non-radiative de-excitation rates compatible with internal conversion through a conical intersection of the excited state with the ground state (Pecourt et al. 2000, Conde et al., 2000) [25, 4]. A conical intersection results when the vibrational states superimposed on the electronic first excited state overlap in energy with the vibrational states superimposed on the electronic ground state because of a slight deformation of the molecule. The de-excitation time through vibrational dissipation are significantly reduced if the molecules are in water since the vibrational energy can be dissipated rapidly through resonances with the high frequency vibrational modes of the

Journal of Physics: Conference Series **475** (2013) 012010 doi:10.1088/1742-6596/475/1/012010

water molecule. From this dissipative perspective, it is clearly this fact, more than any other, that has defined life's association with water.

Such rapid dissipation of the excitation energy makes these molecules resistant to destruction by UV light since there simply is not enough time for photochemical reactions to occur. These molecules are thus very robust and efficient entropy producers since they dissipate the strongly absorbed photon energy to heat that can be absorbed by water and are ready to receive a new photon on the order of picoseconds. It is interesting to note that, for example, the non-natural tautomers of the nucleic acid bases have orders of magnitude longer lifetimes and are affected by non-radiationless decay modes including fluorescence and photochemical destruction (Serrano-Andrés and Merchán, 2009) [32].

2. Non-linear Irreversible thermodynamic model

2.1. Proliferation of organic pigments due to their catalytic properties in dissipating the solar photon flux

An auto-catalytic reaction is one in which at least one of the products acts as a catalyst for the reaction. Most reactions performed by life today are auto-catalytic. Examples are; protein folding in which the protein FKBP catalyses its own folding (Gadgil and Kulkarni, 2009) [7], or the glycosis cycle which produces ATP from glucose and is auto-catalyzed by the enzyme phosphofuctokinase (PFK). It is generally believed that the first chemical reactions of life must also have been auto-catalytic. Auto-catalytic reactions, like all chemical reactions, arise to dissipate a chemical potential.

We now consider the production of organic pigments (e.g. nucleic acid bases, mycosporine-like amino acids, porphyrins, etc.) as an auto-catalytic photochemical reaction promoting the dissipation of the solar photon flux. It will be shown that if organic pigments are good catalysts for the irreversible process of photon dissipation, then their concentration will increase on the Earth's surface, over and above that which would be expected under equilibrium conditions. This proliferation of organic pigments over the surface of Earth is basically what has defined biological evolution. The derivation will be similar to that given by Prigogine (1967) [28] for a purely chemical auto-catalytic reaction. However, instead of affinities derived from the chemical potentials dependent on material concentrations of the chemical constituents, we use an affinity derived from the photon chemical potentials which are dependent on the photon gas pressure (Herrmann amd Würfel, 2005) [9] and which go as the fourth power of the temperature of the gas for an equilibrium distribution of the photons (black-body spectrum).

The generalized flows corresponding to these generalized forces defined by the affinities are the flows of energy from one spectrum to another. We assume that the rate of energy conversion will be proportional to the difference of the photon pressures of the different spectra. There are three relevant photon pressures, 1) P_S corresponding to the photon spectrum arriving at Earth, approximately black-body with a temperature equal to that of the surface of the Sun, 2) P_E corresponding to the emitted photon spectrum by Earth, an approximate black-body spectrum with temperature equal to that of Earth's surface, and 3) P_C corresponding to the temperature of the cloud tops at which Earth emits radiation into space.

As a cautionary note, it is emphasized that using a black-body approximation is wrought with error since the radiation arriving at the Earth's surface from the Sun is very directional and only approximates a black-body spectrum. However, the purpose of the calculation is to show qualitatively how the proliferation of organic pigments on Earth can be explained from a non-linear irreversible thermodynamic analysis of the photon dissipation process.

The formalism of classical irreversible thermodynamics (Prigogine, 1967) [28] gives that the entropy production is a product of generalized forces, X, times generalized flows, J,

$$\mathcal{P} = \frac{d_i S}{dt} = \sum_k J_k X_k \geq 0. \qquad (1)$$

Journal of Physics: Conference Series **475** (2013) 012010 doi:10.1088/1742-6596/475/1/012010

For chemical reactions, the generalized force is the affinity over the temperature A/T, where the affinity A for the reaction is equal to the stoichiometric coefficients of the reactants multiplied by their chemical potentials plus the same of the products. The generalized flow is the rate of the reaction. For our photon dissipation reaction to be considered here, the generalized forces are the photon spectrum affinities determined from their pressures and the generalized flows are the flows of energy from one spectrum to another.

The time change of the entropy production $d\mathcal{P}$ can be decomposed into two parts, one related to the change of forces and the other to the change of flows

$$d\mathcal{P} = d_X\mathcal{P} + d_J\mathcal{P} = \sum_k J_k dX_k + \sum_k X_k dJ_k. \tag{2}$$

In the whole domain of the validity of thermodynamics of irreversible processes, and under constant external constraints, the contribution of the time change of the forces to the entropy production is negative or zero,

$$d_X\mathcal{P} \leq 0. \tag{3}$$

This is known as the *general evolutionary criterion* and was established by Prigogine (1967). For systems with constant external constraints, the system will eventually come to a steady state in which case (Prigogine, 1967) [28]

$$d_X\mathcal{P} = 0. \tag{4}$$

With this brief background into classical irreversible thermodynamics, consider now the following irreversible processes consisting of the conversion of energy through different photon spectra. First, the flow of energy of the photon spectrum coming from the surface of the Sun $I_S(\lambda)$, which can assumed to be black-body for convenience, $I(T_S)$, with T_S=5760 K, is converted, by absorption and dissipation of organic pigments in water, into the emitted photon spectrum of the Earth's surface (also assumed to be black-body), $I(T_E)$ with T_E= 287 K, which is then converted into the emitted photon spectrum of the cloud tops $I(T_C)$, with T_C= 259 K. We assume that a photochemical reaction takes place as part of the first dissipation process which creates organic pigments of concentration C. These pigments themselves act as catalysts for the first dissipation process of $I(T_S) \rightarrow I(T_E)$ making the process auto-catalytic. A schematic diagram for this auto-catalytic process can be given as follows,

$$\begin{array}{ccccc} I(T_S) & \overset{1}{\rightleftharpoons} & I(T_E) & \overset{2}{\rightleftharpoons} & I(T_C) \\ & & 3\updownarrow & & \\ & & C & & \end{array} \tag{5}$$

Since the system is far from equilibrium, the backward rate constants can be considered as being essentially zero.

The conversion of the energy through the different spectra and the energy of formation of the pigments can be characterized, in a first approximation, by the pressures corresponding to the assumed black-body spectra. We can therefore write the above schematic process alternatively in terms of pressures,

$$\begin{array}{ccccc} P_S & \overset{1}{\rightleftharpoons} & P_E & \overset{2}{\rightleftharpoons} & P_C \\ & & 3\updownarrow & & \\ & & P_P & & \end{array} \tag{6}$$

where P_P, the pressure of the organic pigments, is related to their concentration C.

Journal of Physics: Conference Series **475** (2013) 012010 doi:10.1088/1742-6596/475/1/012010

In terms of the affinities and flows of the three different processes, we can write the general evolutionary criterion, Equation (4), once arriving at the stationary state, in the following form

$$d_X\mathcal{P} = dP - d_J P = d\left(\sum_{\rho=1}^{3}\frac{A_\rho}{T_\rho}v_\rho\right) - \sum_{\rho=1}^{3}\frac{A_\rho}{T_\rho}dv_\rho = 0 \tag{7}$$

where A_1 is the affinity for the conversion of energy of the solar photon spectrum into energy of the Earth surface photon spectrum, A_2 is the affinity for the conversion of energy of the Earth surface photon spectrum to energy of the cloud top photon spectrum, and A_3 is the affinity for the photochemical reaction producing the organic pigment.

For the case of equilibrium photon distributions (black-body spectra), the affinities will go as the logarithm of the ratio of the photon pressures (Herrmann amd Würfel, 2005) [9] which are proportional to the temperatures to the fourth power,

$$A_1 = kT_E\log\frac{P_S}{P_E} \qquad A_2 = kT_C\log\frac{P_E}{P_C} \qquad A_3 = kT_P\log\frac{P_E}{P_P}. \tag{8}$$

The v_ρ in Equation (7) are the rates of the corresponding energy conversion (dissipation) processes which, of course, are related to the amount of photon-material interaction which we assume are related to the differences of the photon pressures attributed to the different spectra. A more analytic justification for this comes from the continuity equation for momenta p in continuous media (a kind of Navier-Stokes equation without external forces and without viscosity for photons)

$$\frac{dp}{dt} \propto -\frac{dP}{dx}, \tag{9}$$

and, since for photons $E = pc$, the energy conversion rate between spectra would go like

$$v = \frac{dE}{dt} \propto -\frac{dP}{dx}. \tag{10}$$

Since the organic pigments are assumed to act as catalysts for the conversion of energy from the solar spectrum to energy of the Earth surface spectrum, the rate of the first dissipation process, $I(T_S) \to I(T_E)$, is multiplied by a factor $(1+\alpha P_P)$ where α represents the effectiveness of the organic pigment as a catalyst for energy conversion (i.e. $\alpha \to \infty$ for an excellent catalyst, and $\alpha \to 0$ for a completely ineffective catalyst). Therefore, the rates of conversion, assuming all constants of proportionality equal to one for convenience (again, we are only interested in showing qualitatively the dynamics of pigment proliferation), are given by

$$v_1 = (1+\alpha P_P)(P_S - P_E) \qquad v_2 = P_E - P_C \qquad v_3 = P_E - P_P \tag{11}$$

Note the non-linear relation between the forces, Equation (8), and flows, Equation (11). Such non-linearity is what gives rise to multiple solutions for the steady state when the system is far from equilibrium.

Using Equation (7) for the steady state together with Equations (11) and (8), taking the Boltzmann constant $k = 1$ for convenience, and observing that the free forces can be characterized in terms of the two free pressures, P_E and P_P (since P_S and P_C are fixed and given by the Sun surface temperature to the fourth power and cloud top temperature to the fourth power respectively) gives

$$\frac{\partial}{\partial P_E}\left[(1+\alpha P_P)(P_S - P_E)\log\frac{P_S}{P_E} + (P_E - P_C)\log\frac{P_E}{P_C} + (P_E - P_P)\log\frac{P_E}{P_P}\right]$$
$$+(1+\alpha P_P)\log\frac{P_S}{P_E} - \log\frac{P_E}{P_C} - \log\frac{P_E}{P_P} = 0 \tag{12}$$

$$\frac{\partial}{\partial P_P}\left[(1+\alpha P_P)(P_S-P_E)\log\frac{P_S}{P_E}+(P_E-P_C)\log\frac{P_E}{P_C}+(P_E-P_P)\log\frac{P_E}{P_P}\right]$$
$$-\alpha(P_S-P_E)\log\frac{P_S}{P_E}+\log\frac{P_E}{P_P}=0 \quad (13)$$

which, after algebra gives for the steady state,

$$v_1=v_2, \quad v_3=0, \quad (14)$$

and (for one of the solutions of the steady state)

$$\begin{aligned} P_P=P_E &= \frac{1}{2\alpha}[\alpha P_S-2+[4+4\alpha P_S(1-\gamma)+\alpha^2P_S^2]^{\frac{1}{2}}] \\ &\rightarrow \frac{1}{2}(P_S+P_C) \quad for \quad \alpha\rightarrow 0 \\ &\rightarrow P_S \quad for \ \alpha\rightarrow\infty \end{aligned} \quad (15)$$

with $1-\gamma\equiv P_C/P_S$ (γ is, therefore, a measure of the "distance" from equilibrium of the system). Therefore, since P_S is much greater than P_C (the pressures go as the temperature to the fourth power for black-body spectra) Equation (15) indicates that the pressure of the organic pigments P_P, or in other words its concentration C, has increased due to its catalytic activity in dissipating the solar photon spectrum into the Earth emitted spectrum.

The entropy production of the energy conversion processes, including catalytic activity of the organic pigment, is given by

$$\frac{d_iS}{dt}=\sum vA=(P_S-P_E)(1+\alpha P_P)\log\frac{P_S}{P_E}+(P_E-P_C)\log\frac{P_E}{P_C}+(P_E-P_P)\log\frac{P_E}{P_P}. \quad (16)$$

Although it will not be demonstrated here, it can also be shown that the entropy production at the stationary state shifts to larger values as a result of the catalytic activity (see Prigogine, 1967, for the corresponding case of purely chemical reactions).

These results give a non-linear irreversible thermodynamic explanation for the proliferation of organic pigments over Earth's surface. Pigment concentrations can therefore attain values much greater than that expected in equilibrium, depending on the ratio of P_S/P_C.

Given the above derivation, and now imagining a much more complex system with many coupled irreversible processes operating, it is not difficult to visualize an associated biotic-abiotic co-evolution of Earth's physical and chemical characteristics towards non-equilibrium thermodynamic stationary states with ever greater global entropy production for Earth in its interaction with its solar environment. This thermodynamic explanation of organic pigment proliferation has hitherto been characterized as biological evolution acting through natural selection.

In referring to purely chemical reactions, Prigogine (1967) [28], in fact, noticed that such a result may shed light on the problem of the occurrence of complicated biological molecules in steady state concentrations which are of orders of magnitude larger than the equilibrium concentrations. In his 1967 book "Thermodynamics of Irreversible Processes" (Prigogine, 1967) [28] Prigogine states "Thus, for systems sufficiently far from equilibrium, kinetic factors (like catalytic activity) may compensate for thermodynamic improbability and thus lead to an enormous amplification of the steady state concentrations. Note that this is a strictly non-equilibrium effect. Near equilibrium, catalytic action would not be able to shift in an appreciable way the position of the steady state."

An example of a present day auto-catalytic photochemical reaction tied to solar photon dissipation is that of UV light induced mycosporine production (Sinha et al., 2002) [33]. The

Journal of Physics: Conference Series **475** (2013) 012010 doi:10.1088/1742-6596/475/1/012010

pigments mycosporine can be considered as catalysts that promote the dissipation of UV light into heat. The biologists see this UV induced mycosporine production as an evolved response of a plant or cyanobacteria to protect itself from its harsh environment. However, it is more likely the production of mycosporine under UV light, or of chlorophyll under visible light, has nothing to do with imaginary "vital" forces underlying a metaphysical "will to survive" but rather with non-linear irreversible thermodynamic imperatives founded on the well known and well characterized forces and symmetries of nature.

3. Results

3.1. Global entropy production

Planck's formula (Planck, 1913)[27] for the entropy flow of an arbitrary beam of photons is (Wu et al., 2011) [35],

$$L(\lambda) \quad = \quad \frac{n_0 kc}{\lambda^4}\left[\left(1+\frac{\lambda^5 I(\lambda)}{n_0 hc^2}\right)\ln\left(1+\frac{\lambda^5 I(\lambda)}{n_0 hc^2}\right)-\left(\frac{\lambda^5 I(\lambda)}{n_0 hc^2}\right)\ln\left(\frac{\lambda^5 I(\lambda)}{n_0 hc^2}\right)\right], \tag{17}$$

where $n_0 = 2$ for an unpolarized photon beam and $n_0 = 1$ for a polarized beam and the units are $[J/(m^3 \cdot K \cdot s)]$. Using this equation and approximating the incoming solar spectrum at the top of Earth's atmosphere as a black-body spectrum at temperature of the Sun's surface (5760 K) and the Earth's out going spectrum as a gray-body spectrum at an equivalent temperature of 254.3 K, the total entropy production of Earth can be calculated to be about 1.196 $[W/(m^2 \cdot K)]$ averaged over day and night and Earth's entire surface (Michaelian, 2011c) [20]. Earth's entropy production per square meter, in fact, is found to be roughly 70% larger than either that of Venus and Mars (Michaelian, 2011c) [20]. It is tempting to assign this "additional" entropy production to the process of life. But, if life is indeed responsible for this additional entropy production, then a significant portion of Earth's total entropy production would have to occur at its surface where the organic pigments are located.

A rough estimate can be made of the relative contribution of the entropy production at the surface of Earth to the total by assuming a heat flow approximation for entropy production;

$$\sigma = Q\left(\frac{1}{T_2}-\frac{1}{T_1}\right). \tag{18}$$

Of the solar energy incident on Earth, with a global average of about 238 $[W/m^2]$ impinging on Earth's upper atmosphere, about $Q = 170$ $[W/m^2]$ makes it to the Earth's surface, while the remaining 68 $[W/m^2]$ is absorbed in the atmosphere. Using quation (18) with $T_1 = 5760$K the temperature of the Sun's surface, and $T_2 = 288$K as the temperature of the Earth's surface, and $T_2 = 252$K for the temperature of the Earth's atmosphere, one can easily show (Michaelian, 2011c) [20] that surface dissipation makes up 71% of the entropy production and atmospheric dissipation the remaining 29%. Since organic pigments are densely spread everywhere on Earth's surface where there is water, it follows that life, through organic pigments in water, is probably very important to the entropy production of Earth.

It might be inquired as to what is the function of animals if the main thermodynamic function of life is the dissipation of solar photons through the spread of organic pigments over Earth's surface? In terms of biomass or number, animals are negligible compared with the plants and cyanobacteria and thus, at first sight, may appear as a mere curiosity. However, their existence appears to be crucial in allowing plants and cyanobacteria to spread over the entire surface of Earth. For example, most of the ocean surface would be as barren as a desert in nutrients, unable to support surface cyanobacteria, if it were not for the mobility of marine animals that spread nutrients over vast distances of ocean surface through mobility, excrement and death. Over land, animals play this same role of the faithful, but unwitting, gardener. Indeed, it has always been argued that animals brought nutrients to the barren land surface perhaps 700 million years ago when life first left the ocean and organic pigments began to proliferate on land (Pisani et al., 2004).

3.2. The dissipative origin of life

If the reason for life is the dissipation of solar photons through the spread of organic pigments over the Earth's surface, then it would of course be interesting to look for the primordial organic pigments which could have represented life's initiation. Fortunately, the search appears trivial since the presently presumed first molecules of life, RNA and DNA, both absorb very strongly at 255 nm, just where Sagan (1973) [30] and Cnossen et al. (2007) [3] have predicted a peak in the transparency of Earth's atmosphere during the Archean. As mentioned in section 1.2, the excitation energy due to a photon absorbed on RNA or DNA is dissipated into vibrational energy of the surrounding water very rapidly, making these molecules excellent photon dissipaters in the UV.

The reason for the proliferation of these molecules under an intense UV flux is thermodynamic and was given in section 2.1. However, knowing the particular mechanism of reproduction would also be useful and this mechanism must also be related to dissipation. It is also important to explain how and why these molecules would have transformed into the information carrying molecules that they are today.

A possible mechanism for replication of RNA and DNA without the need for enzymes (and thus information content and reproductive fidelity) called Ultraviolet and Temperature Assisted Reproduction (UVTAR) has been suggested (Michaelian, 2009b, 2011b) [16, 19] which employs the physical characteristics present on Archean Earth's surface; high surface temperature $\approx 80°C$ (Lowe and Tice, 2004) [14], intense UV light, and moderate $\approx 5°C$ day/night temperature cycling of the ocean surface (Michaelian, 2009a, 2011c) [15, 20]. It is probable that nucleotides would have proliferated on the ocean surface due to their propensity to act as catalysts for UV dissipation (see section 2.1) and due to their resistance to UV destruction, and that some phosphate bonding among these would have occurred under the action of UV light (Strigunkova et al., 1986) [34].

As the Earth's surface temperature cooled to just below the denaturing temperature of certain RNA or DNA segments, then during the day absorption of infrared and visible light on water, and absorption of UV on nucleotides, would be sufficient to raise the local surface water temperature to above the denaturing temperature of RNA or DNA, separating the double strands. During the cool periods overnight, these single strands could have acted as templates for the production of new double strand. This proposed mechanism bears resemblance to polymerase chain reaction (PCR) which is today used routinely in the laboratory to amplify a particular segment of DNA or RNA (Mullis, 1990) [22].

It is probable that as the Earth's surface cooled further, the daytime increase in surface temperature was insufficient to permit denaturation of RNA or DNA by itself and so those strands which happened to code for an amino acid which could act as a simple denaturing enzyme would become more prevalent (Michaelian, 2011b) [19]. These amino acids could have been those with an aromatic ring; tyrosine, tryptophan, phenylalanine, or histidine, which would have acted as antenna molecules to attract more UV light for more local heating. Information content and replication fidelity leading to evolution through natural selection would therefore have arisen as a thermodynamic response to retaining entropy production through the multiplication of these UV dissipating pigments as the seas cooled further.

The details of the mechanism have been presented elsewhere (Michaelian, 2009b, 2011b)[16, 19], suffice to say here that this proposed mechanism enjoys a number of advantages over previous theories for the origin of life. First and foremost, life's origin is clearly recognized as a dissipative process, and, furthermore, it is tied directly to the dissipation of the most intense free energy source available at the Earth's surface. Second, since the mechanism of replication relies on the physical characteristics of the Archean environment, and not on specialized enzymes, there is no requirement on initial reproduction fidelity to protect information content of RNA or DNA. Under the UVTAR mechanism, information content was not required for replication. Third, since there would be a slight denaturation advantage to right handed RNA or DNA during the late afternoon when the ocean surface temperature is highest and the submarine light at the surface is slightly right-circularly polarized, the present theory could explain the chirality of life (Michaelian, 2010) [17].

3.3. Dissipation through organic molecules throughout the universe

On Earth, organic molecules are found only in association with water. As described above, this is most likely related to the efficiency of organic pigments dissipating solar photons using the high frequency water vibrational modes to facilitate their de-excitation. Without water they are poor photon dissipaters and easily destroyed by photochemical reactions. This is probably the primordial reason for the association of life with water.

Organic molecules have been found in significant quantities on the surfaces of inner orbit comets. It is probable that these molecules were not formed in the atmospheres of red giant stars and later collected by these comets as suggested by Hoyle (1978) [10], but rather that they formed on the comets themselves as the comet passed sufficiently close to the Sun to cause regions of liquid water to form on the surface of the comet. As on Earth, on the comet surface, the proliferation of these molecules to beyond their expected equilibrium concentrations would be a thermodynamic imperative, a result of their catalytic activity in dissipating high energy photons from the Sun.

However, it is entirely possible that a solvent other than water, with high frequency vibrational modes that can couple to the vibrational modes of the same or similar UV absorbing pigment might exist on another planet. In this case, the temperature range for analogous dissipating "life" in our universe might not be confined to that required for liquid water. This would greatly increase the variety of possible life and the expectation of finding evolved dissipating life spread on the surface of another planet.

However, the evolution of our particular form of life based RNA and DNA and water, assuming the correctness of the above proposed mechanism for its origin, would be very dependent on the particular initial conditions of the planet. For example, an intense UV photon flux, and liquid water temperatures that gradually dropped below the denaturing temperature of RNA and DNA, could only happen on a planet at a similar distance from a similar star as our Sun.

Finally, this delicate dependence of Earth biological evolution on its initial conditions, and thus probably also on external perturbations, suggests that it was probably not inevitable that life as we know it appeared on Earth. For example, the elastic dispersion into a greater volume of an initially collimated photon beam also produces a significant amount of entropy, contributing, in fact, almost one half of the entropy production on Venus (Michaelian, 2011c) [20]. It may be that during ice-ages, the majority of the entropy production is shifted from photon dissipation by plants and cyanobacteria to photon elastic dispersion from ice, or, more probably, a combination of the two forms of dissipation which becomes competitive with photon dissipation by organic pigments alone under the prevailing conditions.

4. Conclusions

As for all irreversible processes, life is directly dependent on the dissipation of a generalized thermodynamic potential. This potential is today, and always has been, the high energy solar photon flux, and this dissipation is the largest source of entropy production on Earth. There is evidence that life has co-evolved with its abiotic environment, adjusting the physical characteristics of Earth such that the most intense part of the solar photon spectrum can arrive at the Earth's surface where it can be dissipated by life.

About 71% of the entropy production due to the dissipation of solar photons occurs at Earth's surface. Earth produces approximately 70% more entropy than either of its neighbors. Both of these facts are probably due to life on the surface of Earth.

Classical irreversible thermodynamics indicates that if organic pigments act to catalyze the dissipation of the solar photon potential then their quantity on Earth's surface can be expected to exceed greatly the expected equilibrium values and the entropy production of the dissipation process will increase accordingly. This is undoubtedly the reason for the proliferation of organic pigments over the Earth's surface. For a system with many more coupled irreversible processes operating than considered here, this thermodynamic result may explain the motor behind all biological and biotic-abiotic evolution. From this thermodynamic dissipative perspective, animals would only have thermodynamic relevance in how they assist in the growth and spread of plants over land and cyanobacteria over the water.

Structuring due to dissipation is a universal phenomena. Forms of dissipation are varied. Life as we know it is only one based on the direct dissipation of visible or UV light. Organic pigments are the most efficient and robust dissipater in this wavelength region given Earth's physical and chemical characteristics. On the solar systems of different stars it may be that very different dissipaters exist, some based on different organic molecules dissipating different photon chemical potentials (spectra), others based on a different type of solvent molecule that couples to the vibrational modes of the excited organic molecule, and this solvent could be operating in different physical (temperature, pressure, etc.) regimes. It is well known, for example, that organic molecules in the clouds of Venus are absorbing UV and visible light and dissipating this energy into the heat that drives the great southern vortex (ESA, 2006) [6]. It is no doubt easy to show that these dissipating molecules have proliferated to beyond their expected equilibrium concentrations and thus we must acknowledge a different type of living ecosystem operating on Venus.

Acknowledgments

The financial assistance of DGAPA-UNAM, grant numbers IN112809 and IN103113 is greatly appreciated.

References

[1] A'Hearn M F et al. 2005 Deep impact: excavating comet Tempel 1 *Science* **310** 258 doi:10.1126/science.1118923

[2] Callahan M P et al. 2011 Carbonaceous meteorites contain a wide range of extraterrestrial nucleobases, **PNAS** Early Edition, 13995 doi:10.1073/pnas.1106493108

[3] Cnossen I, Sanz-Forcada J, Favata F, Witasse O, Zegers T, and Arnold N F 2007 The habitat of early life: Solar X-ray and UV radiation at Earth's surface 4–3.5 billion years ago *J. Geophys. Res.* **112** E02008 doi:10.1029/2006JE002784

[4] Conde F R, Churio M S, Previtali C M 2000 The photoprotector mechanism of mycosporine-like amino acids. Excited-state properties and photostability of porphyra-334 in aqueous solution *Journal of Photochemistry and Photobiology B: Biology* **56** 139-144

[5] de Donder T 1936 Thermodynamic Theory of Affinity: A Book of Principles. Oxford, England: Oxford University Press

[6] European Space Agency 2006, June 27 Double vortex at venus south pole unveiled *ScienceDaily* Retrieved January 10, 2012, from http://www.sciencedaily.com/releases/2006/06/060627104232.htm

[7] Gadgil C J and Kulkarni D B 2009 Autocatalysis in Biological Systems *AIChE Journal* **55** No. 3, 556–562

[8] Gates D M 1980 Biophysical Ecology ISBN 0-387-90414-X, Springer-Verlag, New York

[9] Herrmann F and Würfel P 2005 Light with nonzero chemical potential *Am. J. Phys.* **73** 717–721

[10] Hoyle F and Wickramasinghe N C 1978 Lifecloud – The Origin of Life in the Universe, ISBN 0-460-04335-8, J. M. Dent and Sons, London

[11] Jones I, George G and Reynolds C 2005 Quantifying effects of phytoplankton on the heat budgets of two large limnetic enclosures *Freshwater Biology* **50** 1239-1247

[12] Kleidon A 2008 Entropy Production by Evapotranspiration and its Geographic Variation *Soil & Water Res.* **3** S89-S94

[13] Lovelock J E 1988 The Ages of Gaia: A Biography of Our Living Earth W. W. Norton & Company, New York

[14] Lowe D R and Tice M M 2004 Geologic evidence for Archean atmospheric and climatic evolution: Fluctuating levels of CO2, CH4, and O2 with an overriding tectonic control *Geology* **32** 493-496

[15] Michaelian K 2009a Thermodynamic function of life (PDF) arXiv. http://arxiv.org/abs/0907.0040

[16] Michaelian K 2009b Thermodynamic origin of life (PDF) arXiv. http://arxiv.org/abs/0907.0042

[17] Michaelian K 2010 Homochirality through photon-induced melting of RNA/DNA: the thermodynamic dissipation theory of the origin of life. Available from *Nature Precedings* http://hdl.handle.net/10101/npre.2010.5177.1

[18] Michaelian K and Manuel O 2011a Origin and evolution of life constraints on the solar model *Journal of Modern Physics* **2** No. 6A, 587-594 doi:10.4236/jmp.2011.226068

[19] Michaelian K 2011b Thermodynamic dissipation theory for the origin of life *Earth Syst. Dynam.* **2** 37-51 doi:10.5194/esd-2-37-2011

[20] Michaelian K 2011c Biological catalysis of the hydrological cycle: life's thermodynamic function *Hydrol. Earth Syst. Sci.* **16** 2629-2645, 2012. www.hydrol-earth-syst-sci.net/16/2629/2012/ doi:10.5194/hess-16-2629-2012

[21] Miller S L and Urey H C 1959 Organic compound synthesis on the primitive earth *Science* **130** 245–251

[22] Mullis K 1990 The unusual origin of the Polymerase Chain Reaction *Scientific American* April, 56-65

[23] Moulton L 2005 Deep Impact Spectra: Carbonate, PAHs and Some Amino Precursors in Comet Tempel I. ©2005 by Linda Moulton Howe. www.earthfiles.com/news/news.cfm?ID=960&category=Science

[24] Onsager L 1931 Reciprocal Relations in Irreversible Processes, I. *Phys. Rev.* **37** 405–426

[25] Pecourt JM L, Peon J, and Kohler B 2000 Ultrafast internal conversion of electronically excited RNA and DNA nucleosides in water *J. Am. Chem. Soc.* **122** 9348-9349

[26] Pisani D, Poling L L, Lyons-Weiler M and Hedges S B 2004 The colonization of land by animals: molecular phylogeny and divergence times among arthropods *BMC Biology* **2:1** doi:10.1186/1741-7007-2-1

[27] Planck M 1913 The Theory of Heat Radiation, 224 pp., Barth, Leipzig, Germany . (English translation by M. Masius, P. Blakistons Son, Philadelphia, Pa., 1914; English translation by M. Masius, Dover, New York, 1959.)

[28] Prigogine I 1967 Thermodynamics of Irreversible Processes, Wiley, New York

[29] Ribas I, Guinan E F, Gdel M and Audard M 2005 Evolution of the solar activity over time and effects on planetary atmospheres. I. High-energy irradiances (1 to 1700) *ApJ.* **622** 680– 694

[30] Sagan C 1973 Ultraviolet selection pressure on the earliest organisms *J. Theor. Biol.* **39** 195–200

[31] Sagan C and Chyba C 1997 The early faint Sun paradox: organic shielding of ultraviolet-labile greenhouse gases *Science* **276** 1217–1221

[32] Serrano-Andrés L and Merchán M 2009 Are the five natural DNA/RNA base monomers a good choice from natural selection? A photochemical perspective, *Journal of Photochemistry and Photobiology C: Photochemistry Reviews* **10** 21-32

[33] Sinha R P, Sinha J P, Groniger A, Hader D-P 2002 Polychromatic action spectrum for the induction of a mycosporine-like amino acid in a rice-field cyanobacterium, Anabaena sp. *Journal of Photochemistry and Photobiology B: Biology* **66** 47-53

[34] Strigunkova TF, Lavrentiev G A, and Otroshchenko V A 1986 Abiogenic synthesis of oligonucleotides on kaolinite under the action of ultraviolet radiation *J Mol Evol* **23** 290–293

[35] Wu W, Liu Y and Wen G 2011 Spectral solar irradiance and its entropic effect on Earth's climate *Earth Syst. Dynam. Discuss.* **2** 45-70 www.earth-syst-dynam-discuss.net/2/45/2011/ doi:10.5194/esdd-2-45-2011.

Journal of Physics: Conference Series **475** (2013) 012011 doi:10.1088/1742-6596/475/1/012011

Per-capita GDP and nonequilibrium wealth-concentration in a model for trade

Cristian F Moukarzel
CINVESTAV del IPN, Depto. de Física Aplicada,
97310 Mérida, Yucatán, México.
E-mail: cfmoukarzel@mda.cinvestav.mx

Abstract. Data describing the per-capita Gross Domestic Product of around two hundred countries in years 1960 to 2008 are analyzed and found to decay approximately exponentially with rank. We discuss this experimental fact in the context of a wealth exchange model called Yard-Sale exchange, in which pairs of agents (i.e. nations) 'bet' for a fraction f of the wealth of the poorest of them. If the chances for this poorest agent to win the bet are not large enough, this model presents a 'wealth condensation' phase, in which one lucky agent gets to own the whole wealth in the end. In a recent study of this model [1], it was found that, in the condensed phase, the typical wealth of an agent with rank R decays exponentially with R. By establishing a parallel between wealth of a nation and its per-capita GDP, these observations suggest that international trade rules are such that strong wealth concentration is favored. Possible extensions of this work, that also consider endogenous factors affecting the evolution of GDP, are also discussed.

1. Wealth exchange model

The existence of large wealth inequalities in human societies[2], which are themselves composed of individuals possessing not so different abilities, certainly deserves explanation [3, 4]. One important factor driving the appearance of inequalities is the fact that wealthier individuals are in a better position to influence their social environment to their advantage, thus producing a self-reinforcing cascade. In other words, rich agents have an explicit advantage. Angle [5] pioneered the use of conservative wealth exchange models in order to explain wealth inequalities arising among equally able "agents". In Angle's initial proposal, wealth concentration is a consequence of an *explicit advantage*, or *edge* favoring the richer agent in each pairwise exchange [1]. However, it is now recognized [1, 6] that an *explicit* advantage favoring the rich is not necessary for wealth concentration to happen. This is a remarkable result that only recently has been stressed in the Econophysics literature. For certain realistic wealth-exchange rules, in the long run all wealth may end up in the hands of just one agent, even if the poor agent has an edge over the rich one in each pairwise transaction. The key ingredient for this rather counterintuitive phenomenon is the fact that the amount at stake in each transaction is proportional to the poorest agent's wealth [1, 6, 7, 8, 9, 10]. In other words, multiplicative stochastic transfer of wealth whose scale is dictated by the wealth of the poorest intervening agent ("poorest-scheme" models) implies a "hidden" bias favoring the rich.

[1] An agent is said to have an edge when the expectation value of a single trade favors him.

Journal of Physics: Conference Series **475** (2013) 012011 doi:10.1088/1742-6596/475/1/012011

Stochastic multiplicative "poorest scheme" transfer rules constitute an appropriate simple model of the wealth exchange process occurring during commercial interaction, or trade [8, 11, 10, 9, 6, 1]. Wealth transfer occurs in a trade operation not because money changes hands, which is not necessarily always the case, but as a consequence of the difference in values between the items swapped. This makes the interaction stochastic in character, as none of the agents is perfectly aware of the true values of the items being interchanged. The total amount involved in the trade, and therefore the amount of wealth transferred among agents, must be proportional to the wealth of the poorest agent, since otherwise the richest agent could be up for loosing many times more than he can win, which cannot be considered realistic in a consensual trade process [8, 10]. Additionally, it is reasonable to assume that the poor agent may have a larger probability to accrue wealth in each transaction, since it is him who has the strongest incentive to bargain aggressively [11].

1.1. The model

Trade interactions are modeled as a process in which wealth is stochastically transferred within a population of N *agents*, according to the following rules. In each transaction a pair of agents is chosen at random and the poorest one, initially with wealth w^{poor}, receives a gain κw^{poor}, where $-1 < \kappa < 1$ is a random *return* with distribution $\pi(\kappa)$ ($\kappa < 0$ indicates that the poor agent looses wealth). The richest agent's wealth changes by $-\kappa w^{poor}$, so the transaction is wealth-conserving. The condition $|\kappa| < 1$ furthermore ensures that both agents have a positive wealth after the trade. The sign of the expectation value $\langle\kappa\rangle_\pi$ determines whether the poor agent ($\langle\kappa\rangle_\pi > 0$) or the rich agent ($\langle\kappa\rangle_\pi < 0$) has an advantage in each transaction.
Yard-Sale [8, 11, 9, 6] is a particular simple case of this process that can be described as a "bet" for a fraction f of the wealth of the poorest agent, and where the poorest agent has a probability p to win. Therefore $\kappa = +f$ with probability p and $\kappa = -f$ with probability $q = (1-p)$, so $\pi^{\mathrm{YS}}(\kappa) = p\delta(\kappa - f) + q\delta(\kappa + f)$. In this case, the poor agent has an explicit advantage, or edge, whenever $p > 1/2$.

1.2. Wealth Condensation

Depending on $\pi(\kappa)$, long term evolution may give rise either to a stable wealth distribution $P(w)$ or to wealth condensation [9, 6, 1]. The surface consisting of distributions $\pi(\kappa)$ separating these two cases is called *condensation interface.* The location of this interface can be derived [6, 1] as follows: Consider an agent who has become so poor that, in most subsequent trades he will be the poorest. His own wealth will thus almost always evolve according to

$$w_{t+1} = w_t(1 + \kappa_t), \tag{1}$$

i.e. it will undergo a Random Multiplicative Process [12] with *multiplier* $\eta_t = (1 + \kappa_t)$ at each timestep. After a large number N of timesteps, the appropriate central tendency estimator for w is the geometric average

$$e^{\langle \ln w_N \rangle_\pi} = w_0 \, e^{N \langle \ln(1+\kappa) \rangle_\pi}, \tag{2}$$

Clearly the wealth of a poor agent will diminish steadily if $\langle \ln(1+\kappa) \rangle_\pi < 0$, in which case there is a sustained transference of wealth from poorer to richer agents, the system is in a condensing phase, and the whole wealth ends up in the hands of one agent in the long run [6, 1]. This catastrophic collapse of the wealth distribution is called *wealth condensation*, and can happen even if the poorer agent has an edge in each trade, i.e. if $\langle\kappa\rangle_\pi > 0$. By the heuristic arguments above, the condensation interface is therefore defined by

$$< \ln(1+\kappa) > \; = \; 0. \tag{3}$$

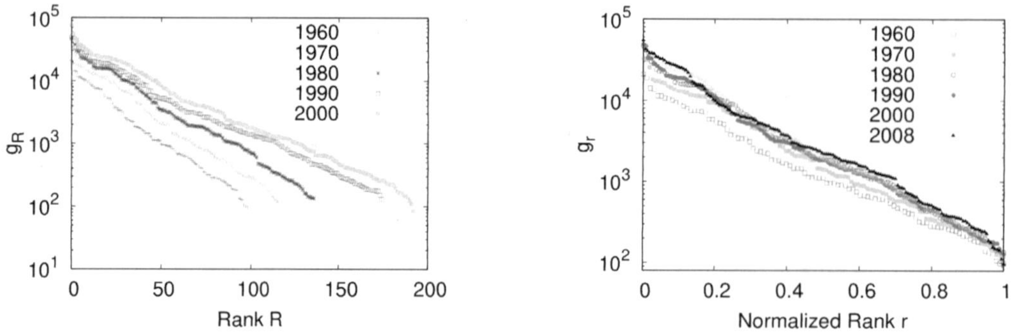

(a) Per-capita GDP data g_R for several countries, versus rank R. Data from *http://data.worldbank.org/indicator/NY.GDP.PCAP.KD.*

(b) Same as a) but with normalized rank $r = (R-1)/N$ as independent variable.

Figure 1

1.3. Wealths by rank in the condensing phase

We now describe the dynamics in the condensing phase [1]. Let w_R denote, at a given fixed time, the wealths of the N agents ordered by rank R, so that $w_1 > w_2 > \ldots > w_N$. When an agent with rank R interacts with an agent with rank S,

$$w_R^{(t+1)} = \begin{cases} w_R^{(t)} + \kappa w_R^{(t)} = w_R^{(t)}\eta & \text{if} \quad R > S \\ w_R^{(t)} - \kappa w_S^{(t)} & \text{if} \quad R < S, \end{cases} \tag{4}$$

Eq. (4) is not valid in general, since it disregards rank changes resulting from interactions. Its validity is restricted to the case in which agents keep fairly constant ranks, i.e. there is no "social mobility". This condition is approximately satisfied in the condensing phase, but not in the stable phase, therefore our analysis in the following is only valid in the condensing phase. In the condensing phase, furthermore, one has $w_S/w_R << 1$ for any $S > R$, so that the interaction with poorer agents can be neglected altogether to write

$$\ln\left(w_R^{(t+1)}/w_R^{(t)}\right) \approx \begin{cases} \ln\eta & \text{if} \quad R > S \\ 0 & \text{if} \quad R < S. \end{cases} \tag{5}$$

Averaging over $\pi(\kappa)$, over all $(N-1)$ possible choices of S, and defining the relative rank $r = (R-1)/(N-1)$ so that $r = 0$ indicates the richest and $r = 1$ the poorest agents,

$$\left\langle \ln\left(w_R^{(t+1)}/w_R^{(t)}\right)\right\rangle_\pi = r\,\langle\ln\eta\rangle_\pi \tag{6}$$

$$\Rightarrow \left\langle \ln w_R^{(t)}\right\rangle_\pi = \ln w_R^{(0)} + rt\,\langle\ln\eta\rangle_\pi \tag{7}$$

The typical value of $w(r,t)$ therefore satisfies

$$w(r,t) \sim e^{-rt\phi}, \tag{8}$$

where we have defined $\phi = -\langle\ln\eta\rangle_\pi > 0$ in the condensing phase. Normalization for a system of N agents with a total wealth W then results in

$$w(r,t) = W\frac{(1-e^{-t\phi/N})}{(1-e^{-t\phi})}e^{-rt\phi} \tag{9}$$

Now since $r = \mathcal{P}_>(w(r))$ we have that $P(w) = -1/(\partial w(r)/\partial r)$. From Equation (8) we thus obtain

$$P(w) \sim \frac{1}{w}, \tag{10}$$

At finite times in the condensing phase. The validity of Equations (8) and (10) was verified numerically in previous work [1]. We next discuss the fact that the per-capita Gross Domestic Product (GDP) of countries are distributed in a manner that is consistent with Equation (8).

2. Per capita GDP distribution

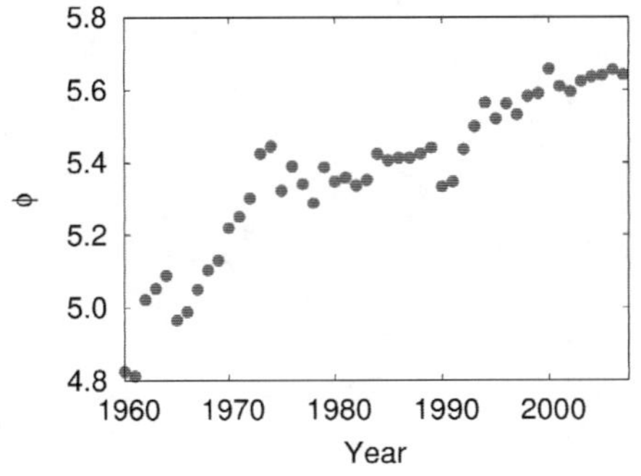

(a) Slope Φ.

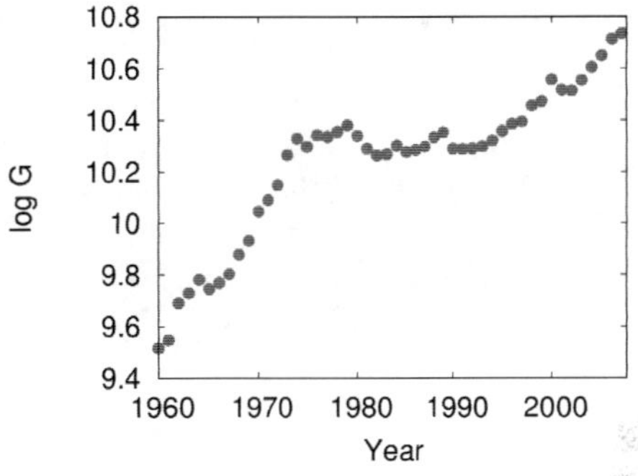

(b) Largest product G in thousands of dollars, as obtained from fitting (Equation 11) to data in Fig. 1b.

Figure 2

In this section, a time-dependent analysis of the ranked distribution of g, the per-capita Gross Domestic Product (GDP) for several countries is presented[2]. Fig. 1a shows per-capita GDP (in year 2000 usd) for several countries and several years, g_R, plotted versus rank R in log-linear scale. The behavior of the data in Fig. 1 is found to be roughly compatible with an exponential decay versus rank.

Inequalities in per-capita GDPs, average income and wealth among countries, as well as their relations to trade and other factors have been analyzed by several authors recently [13, 14, 15, 16, 17]. One of the issues in discussion is whether international wealth or output indicators *converge* over time, i. e. evolve towards similar values [18, 19]. A naive interpretation of the data in Fig. 1a could give the false impression that inequalities in g are decreasing in time, since the slopes of these plots are seen to diminish in time. Notice that Equation (8) predicts a slope that, on the contrary, grows linearly in time (if ϕ is assumed constant), which reflects the fact that inequalities increase steadily if an exchange system is in a condensing phase. The observed decrease of the slopes in Fig. 1a with time is due to the fact that the number of countries reported in this particular data bank increases with time. When normalized ranks $r = (R-1)/N$ are used instead for the plot, Fig. 1b is obtained, where slopes are seen to increase slowly in time. In order to make these observations more quantitative, we next fit the data in Fig. 1b using

$$\log g_r = \log G - \Phi r, \tag{11}$$

[2] Data downloaded from *http://data.worldbank.org/indicator/NY.GDP.PCAP.KD*

Journal of Physics: Conference Series **475** (2013) 012011 doi:10.1088/1742-6596/475/1/012011

with two free parameters: the largest product G, and the slope Φ in a log-lin plot. The estimated slopes Φ (a rough measure of economic inequality) are displayed in Fig. 2a. It is seen in this figure that economic inequality increases roughly linearly in time as Equation (8) would require, but with differing speeds in the periods 1960-1977 and 1978-2010. In this later period, the rate of wealth concentration by the richest countries appears to be slower.

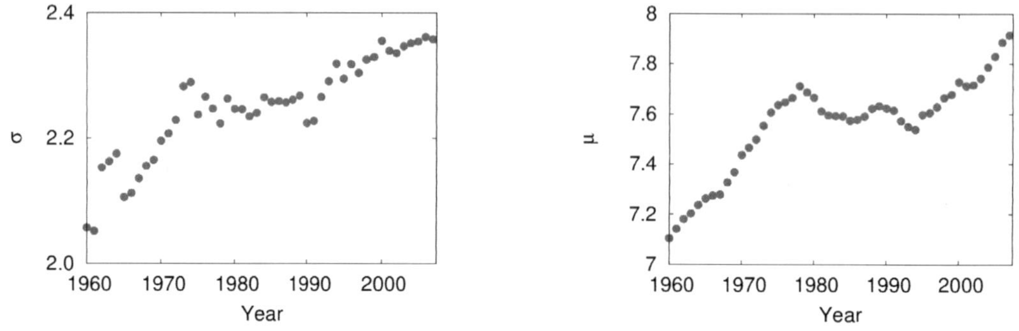

(a) Dispersion σ (a measure of inequality).

(b) Geometric average μ of g, as obtained from assuming that data in Fig. 1b stem from g values that are lognormally distributed, and fitting them using Equation (13).

Figure 3

The time evolution of the largest domestic product G, as obtained from fits of Equation (11) to the data in Fig. 1b, is shown in Fig. 2b. This quantity has a similar time dependence as the slope Φ shown in Fig. 1b, showing two clearly differentiated time periods.
Notice that sometimes a lognormal distribution is assumed to be a good description of available data for per-capita income and per-capita GDP [3]:

$$P(g) = \frac{1}{g\sqrt{2\pi\sigma^2}} e^{-\frac{(\mu - \log g)^2}{2\sigma^2}}. \tag{12}$$

If this were the case, the ranked values g_r would not decrease exactly exponentially with normalized r, but would instead satisfy

$$\log g_r = \mu + \sigma \, \mathrm{erfc}^{-1}(1 - 2r). \tag{13}$$

If σ is small, Equation (13) differs notably from Equation (11) only near the ends of its range $r \to 0, 1$. In the middle range, $r \approx 1/2$, one has $1 - 2r \approx 0$ and therefore $\mathrm{erfc}^{-1}(x) \approx \sqrt{\pi}/2x$, so that Equation (13) behaves approximately as

$$\log g_r = \mu + \frac{\sigma\sqrt{\pi}}{2} - \sigma\sqrt{\pi} r, \tag{14}$$

that is, Eq. (11) with $\log G = \mu + \sigma\sqrt{\pi}/2$ and $\Phi = \sigma\sqrt{\pi}$.

[3] See for example, *http://en.wikipedia.org/wiki/International_inequality*; "The skewed world GDP distribution and the interdependence of national institutions", Alex Coad, DIME Final Conference, 6-8 April 2011 (*final.dime-eu.org/files/Coad_C9.pdf*); "A normal relationship?: Poverty, Growth, and Inequality", J. H. López and L. Servén, World Bank Policy Research Working Paper 3814, January 2006.

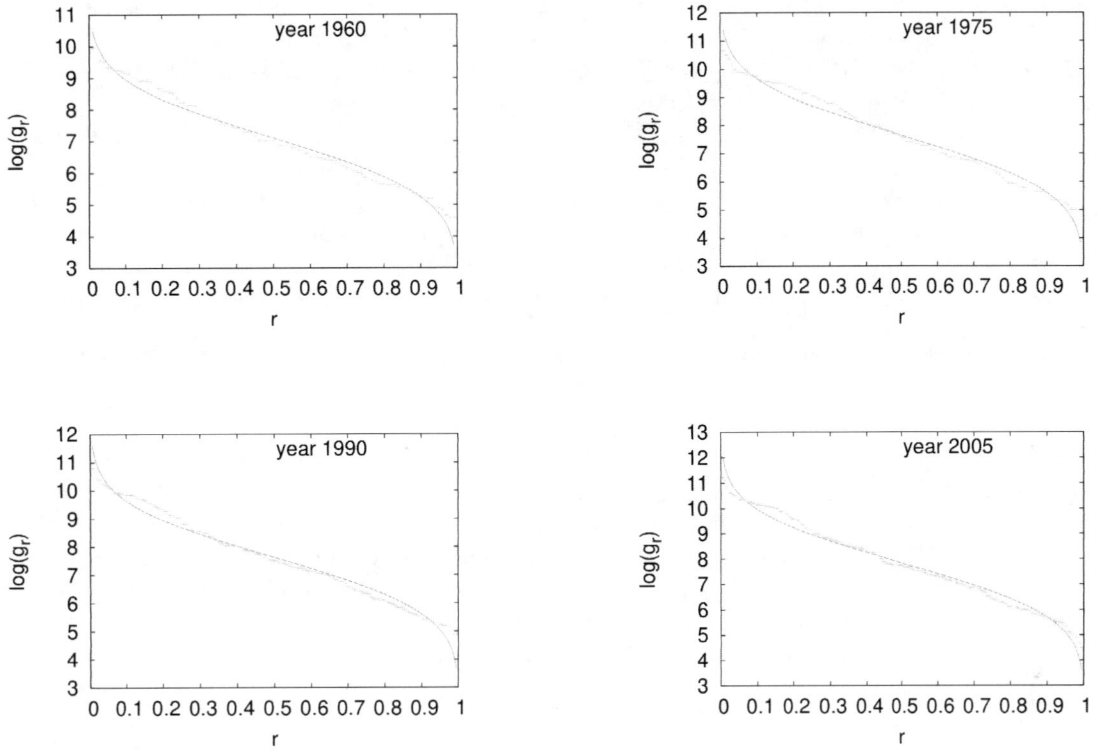

Figure 4: Assuming that $P(g)$ is lognormally distributed, leads to a ranked g distribution that is given by Equation (13). Fits (continuous line) to the data used in this work (crosses) using Eq. (13) show strong deviations near the ends of the range, making the lognormality hypothesis dubious.

We tested the hypothesis of lognormality for the data presented here by fitting the ranked g data on Fig. 1b using Equation (13). Some examples of these fits are shown in Fig. 4. The resulting parameters μ and σ for each year are shown in Fig. 3. While the lognormality hypothesis for $P(g)$ cannot be rejected too clearly, we feel that, for the ranked data discussed in this work, it produces a less satisfactory fit than a simple exponential (See Fig. 4).

3. Discussion

Multiplicative "poorest-scheme" asset-exchange models with an arbitrary return distribution $\pi(\kappa)$, which describe conservative exchange of wealth due to trade, produce wealth condensation in the long run (the whole system's wealth "condenses" onto one agent) whenever $\langle \ln(1+\kappa)\rangle_\pi < 0$, in which case richer agents are systematically favored in exchange interactions.

In the condensing phase, and during the transient period leading to full wealth condensation, the ranked wealths w_r are exponentially distributed according to Equation (8) [1], while $P(w) \sim 1/w$. In this nonequilibrium state, a systematic transference of wealth from poorer to richer agents occurs due to asymmetric exchange interactions.

As shown in Section 2, the per-capita GDP of several countries along many years, when plotted vs rank, are found to behave in a manner consistent with Equation (8), i.e. they decay approximately exponentially with rank, and the decay speed becomes progressively steeper

Journal of Physics: Conference Series **475** (2013) 012011 doi:10.1088/1742-6596/475/1/012011

in time (linearly). In the light of the exchange model [1, 6] described in Section 1.1, this observation seems to suggest that the per-capita GDP of countries are in a condensing phase because international trade rules systematically favor richer countries.

Notice, however, that the reasoning behind this conclusion depends on the somewhat loose analogy that relates trade among countries to commercial exchange among individuals, and per-capita GDP of countries to wealth of individual agents. The second part constitutes the less obvious analogy. It is clear that the concepts of 'wealth' and GDP of a nation are not interchangeable, although the latter is often used as an estimator for the former. Moerover, we do not need them to be equivalent. The applicability of our description only depends on the fact that the per-capita GDP of a country determines the scale of its interchanges, and is in turn affected by them, in the same was as the wealth of an individual fixes its trade volumes and is affected by them.

Therefore, one should first discuss in which way the wealth exchange due to international trade affects the respective countries' per-capita GDP, and in which way the intervening countries' per-capita GDP determine the amounts traded.

In the first place, it is clear that international trade does have a direct incidence on GDP, since one of the terms in the definition of GDP is precisely the trade balance $E - I$ [4], where E is the total exports and I the total imports of the given country in the given year.

As to how GDP determines the amounts traded, notice that several recent works [13, 14, 20] in fact describe statistical relationships between trade flows among countries and their respective GDPs. Additionally, note that a successful empirical econometric model for trade among countries, the so-called Gravity Model [21, 22, 23], poses that the aggregate trade flow between a given pair of countries is proportional to the product of their GDPs. This supports the notion that the amount of trade is determined by GDP at the end countries. In our exchange model [1, 6], however, an importante difference is that only the smallest wealth of the two intervening agents, or countries, is relevant to determine the exchange flow for this given pair. We remark that recent statistical investigations of correlations between trade flows and GDPs indicate a stronger correlation of the trade flow with the wealth of the importing country [14], showing that a simple product of GDPs is not always appropriate. On top of that, the Gravity Model assumes equilibrium, i.e a stationary flow distribution, whereas we have shown that per-capita GDPs seem to be in a condensing phase, which is essentially a nonequilibrium situation.

To conclude, if one assumes that (instantaneous, not aggregate) trade among countries can be described by a stochastic exchange model as the one studied in Refs. [6, 1], where wealth is replaced by per-capita GDP g, then it follows that the observation of exponentially distributed ranked per-capita GDPs g_r might mean that the international trade system is in a condensing phase. In other words, the exchange processes, characterized by the distribution of returns $\pi(\kappa)$ of the poorest countries in each interaction (See Ref. [1]) is such that $\langle \ln(1+\kappa) \rangle_\pi < 0$, meaning that international trade produces a systematic transference of *wealth* from poorer to richer countries.

Notice, however, that the data on which the observations in this work are based are not entirely inconsistent with a totally different hypothesis: that per-capita GDP g have a lognormal distribution. In this case, ranked values g_r satisfy Equation (13) instead of Equation (11). While the difference between these two functional forms is not large in practice for values of r around 0.5 (so it is hard to decide which describes the data better), the contexts under which one or the other are valid are entirely different. While an exponential decay of ranked g_r occurs for a strongly interacting system, lognormally distributed g values are the result of the evolution of each country's GDP under the influence of *independent* random multiplicative factors, without interactions among them.

[4] *http://en.wikipedia.org/wiki/Gross_domestic_product*

Of course, it is still possible for both scenarios indeed to coexist, since a general model for economic evolution must consider that each agent evolves under the simultaneous effects of random multiplicative noise (e.g. describing endogenous factors) and of wealth-conserving interactions (e.g. describing trade) [24]. A study of the joint effects of investment plus Yard-Sale trading is underway and will be published somewhere else.

Acknowledgments
Juan Manuel Vázquez-Montejo participated in early phases of this work. Financial support from CONACYT, México, under project 48783-F is acknowledged.

References

[1] Moukarzel C F 2011 Multiplicative asset exchange with arbitrary return distributions *J. Stat. Mech.-Theory Exp.* P08023
[2] Pareto V 1896 *Cours d'Economie Politique.* (Droz, Geneve)
[3] Chatterjee Y S, Chakrabarti A and Chakrabarti B K, editors 2005 *Econophysics of Wealth Distributions* (Italy: Springer-Verlag)
[4] Yakovenko V M and Rosser J B. 2009 Colloquium: Statistical mechanics of money, wealth, and income *Rev. Mod. Phys.* **81** 1703–25
[5] Angle J 1986 The surplus theory of social stratification and the size distribution of personal wealth *Social Forces* **2** 293–326
[6] Moukarzel C F, Goncalves S, Iglesias J R, Rodríguez-Achach M E and Huerta-Quintanilla R 2007 Wealth condensation in a multiplicative random asset exchange model *Eur. Phys. J.-Spec. Top.* **143** 75–79
[7] Ispolatov S, Krapivsky P L and Redner S 1998 Wealth distributions in asset exchange models *Eur. Phys. J.* B **2** 267–76
[8] Hayes B 2002 Follow the money *Am. Scientist* **90** 400–5
[9] Iglesias J R, Goncalves S, Abramson G and Vega J L 2004 Correlation between risk aversion and wealth distribution *Physica* A **342** 186–92
[10] Scafetta N, Picozzi S and West B J 2004 A trade-investment model for distribution of wealth *Physica* D **193** 338–52
[11] Sinha S 2003 Stochastic maps, wealth distribution in random asset exchange models and the marginal utility of relative wealth *Phys. Scr.* T106:59–64
[12] Redner S 1990 Random multiplicative processes - an elementary tutorial *Am. J. Phys.* 58(3) 267
[13] Cha M Y, Lee J W, Lee D S and Kim D H 2011 Wealth dynamics in world trade *Comput. Phys. Commun.* **182** 216–18
[14] Cha M Y, Lee J W and Lee D S 2010 Patterns of international trade and a nation's wealth *J. Korean Phys. Soc.* **56** 998–1002
[15] Souma W 2001 Universal structure of the personal income distribution *Fractals-Complex Geom. Patterns Scaling Nat. Soc.* **9** 463–70
[16] Schultz T P 1998 Inequality in the distribution of personal income in the world: How it is changing and why *Journal Of Population Economics* **11** 307–44
[17] Bourguignon F and Morrisson C 1998 Inequality and development: the role of dualism *Journal Of Development Economics* **57** 233–57
[18] Sala-I-Martin X 2006 The world distribution of income: Falling poverty and ... convergence, period *The Quarterly Journal of Economics* **121** (2) 351-97
[19] Kenny C 2005 Why are we worried about income? nearly everything that matters is converging *World Development* **33** 1–19
[20] Garlaschelli D, Di Matteo T, Aste T, Caldarelli G and Loffredo M I 2007 Interplay between topology and dynamics in the world trade web *Eur. Phys. J.* B **57** 159–64
[21] Baier S L and Bergstrand J H 2001 The growth of world trade: tariffs, transport costs, and income similarity *Journal of International Economics* **53**(1) 1–27
[22] Anderson J E and van Wincoop E 2003 Gravity with gravitas: A solution to the border puzzle *The American Economic Review* **93**(1) 170–92
[23] Anderson J E 2011 The gravity model *Annual Review of Economics* **3**(1) 133–60
[24] Bouchaud J P and Mezard M 2000 Wealth condensation in a simple model of economy *Physica* A **282** 536–45

Journal of Physics: Conference Series **475** (2013) 012012 doi:10.1088/1742-6596/475/1/012012

Dynamics in a chemostat with an internal inhibitor and resistance mechanisms

Brenda Tapia-Santos.
Facultad de Matemáticas, Universidad Veracruzana, Xalapa, Ver., 91000, México.
E-mail: bretasa@gmail.com.

Abstract. We consider a competition model for three different strains wild, mutant and variant bacteria induced by an inhibitor created by one of the strains. We obtain two steady state regimes and we show that is possible the persistence of the three bacteria in the system.

1. Introduction

The Chemostat models are been used for modelling competition between species, Lenski and Hattingh [1], Hsu, Hubbel and Waltman [2], Hsu, Li and Waltman [3] and Hsu and Waltman [4] have studied competition between species in the presence of an inhibitor, the principal cause of the competition phenomenon.

In the environment, strains still sensitive to the inhibitor may persist [5]. Dominance by the resistant survivor strains, is directly linked to the "strength" of the intrinsic or acquired resistance to the inhibitor being used [6]. In [7], we considered two resistance mechanisms, phenotypic switching and mutation, assuming that cell replication does not occur in the phenotypic variant. Since it is characterized by neither growth nor significant reproduction. We generalized those results with the added assumption of the existence of a fraction of phenotypic variants capable of reproduction and we found the conditions to guarantee the persistence of the three bacteria in the system. These results are not according with Gause's law of competitive exclusion.

For these reason and considering that in nature it is known that micro-organisms produce inhibitors against their rivals [8], producing a selective medium in the same sense as the external inhibitor only "naturally", our problem setup is the following: in a constant environment, where resources are supplied at a constant rate, we introduce mutation into the dynamics of the bacterial population, an internal selective medium and as a consequence of this phenotypic switching, then we consider the competition of all bacterial strains for resources.

Section 2 presents the construction of the model, Section 3 contains the model analysis. In Section 4 we present our numerical results and the conclusions are given in Section 5. In Appendix A we present some special cases; proofs are found in Appendix B.

2. General Model

Let $S(t)$ denote the concentration of nutrient in the environment at time t, $u(t)$ the concentration of wild-type bacteria sensitive to a biocide, $v_0(t)$ denotes a mutated strain concentration and the producer of the biocide whose concentration is denoted by $p(t)$. Wild bacteria may mutate in a new mutated strain or undergo phenotypic switching to avoid the action of the biocide; to avoid the use of more variables, we assume the new mutated bacteria as the same $v_0(t)$ and $v_1(t)$ indicates the density of the phenotypic variant at time t. Our model takes the form

$$\begin{aligned}
S' &= (S^{(0)} - S)D - \frac{Sm_1}{a_1+S}\Big(u\phi(p) + v_1\Big) - \frac{Sm_2}{a_2+S}v_0 \\
u' &= \frac{Sm_1}{a_1+S}\Big(u\phi(p) + \gamma v_1\Big) - \Big(\mu + D + \alpha\big(1-\phi(p)\big)\Big)u \\
v_0' &= v_0\left(\frac{Sm_2}{a_2+S}(1-\delta) - D\right) + \mu u \\
v_1' &= v_1\left(\frac{Sm_1}{a_1+S}(1-\gamma) - D\right) + \alpha\big(1-\phi(p)\big)u \\
p' &= \delta v_0\frac{Sm_2}{a_2+S} - \frac{hp}{k+p}v_1 - Dp
\end{aligned} \tag{1}$$

where, we consider that nutrient is supplied at a constant rate S^0D and is eliminated either by washout at a rate SD, or by consumption, through a Michaelis-Menten function with constants a_i and m_i, $i = 1, 2$. Strain u is sensitive to the biocide so its rate of consumption is decreased by the inhibitor. This effect is represented by the function $\phi(p)$, the degree of inhibition that the biocide exerts upon strain u, given by $\phi(p) = \exp(-\lambda p)$ [1]. The mutation rate is μ and the phenotypic switch occurs at a rate $\alpha(1 - \phi(p))$; mutation results in the increase of the resistant strain numbers v_0 and the phenotypic switching results in the population growth of the phenotypic variant v_1. The parameter δ represents the portion of the nutrient consumption by v_0 that has been allocated to the production of the biocide, in consequence the growth rate corresponding has been debilitated. We generalize our previous model by assuming that the phenotypic variant reproduces and that a fraction γ regress to the wild stage. Finally, p indicates the concentration of biocide that is lost by washout or by absorption by resistant bacteria v_1.

Let

$$\Omega = \{(S, u, v_0, v_1, p) \mid S \geq 0, u \geq 0, v_0 \geq 0, v_1 \geq 0, p \geq 0\} \tag{2}$$

As in [3], [4], [9], [10], let $\bar{S} = S/S^{(0)}$, $\bar{u} = u/S^{(0)}$, $\bar{v_0} = v_0/S^{(0)}$, $\bar{v_1} = v_1/S^{(0)}$, $\bar{p} = p/S^{(0)}$, $\bar{a_i} = a_i/S^{(0)}$, $\bar{m_i} = m_i/D$, $\bar{\mu} = \mu/D$, $\bar{\alpha} = \alpha/D$, $\bar{\lambda} = \lambda S^{(0)}$, $\bar{t} = Dt$, $\bar{h} = h/D$, $\bar{k} = k/S^{(0)}$. The parameters γ and δ are dimensionless. System (2), becomes (dropping the bars)

$$S' = 1 - S - \frac{Sm_1}{a_1+S}\Big(u\phi(p) + v_1\Big) - \frac{Sm_2}{a_2+S}v_0 \tag{3a}$$

$$u' = \frac{Sm_1}{a_1+S}\Big(u\phi(p) + \gamma v_1\Big) - \Big(\mu + 1 + \alpha\big(1-\phi(p)\big)\Big)u \tag{3b}$$

$$v_0' = v_0\left(\frac{Sm_2}{a_2+S}(1-\delta) - 1\right) + \mu u \tag{3c}$$

$$v_1' = v_1\left(\frac{Sm_1}{a_1+S}(1-\gamma) - 1\right) + \alpha\big(1-\phi(p)\big)u \tag{3d}$$

$$p' = \delta v_0\frac{Sm_2}{a_2+S} - \frac{hp}{k+p}v_1 - p \tag{3e}$$

Journal of Physics: Conference Series **475** (2013) 012012 doi:10.1088/1742-6596/475/1/012012

3. Analysis.

For (3) we observe that

$$S' + u' + v_0' + v_1' + p' = 1 - (S + u + v_0 + v_1 + p) - \frac{hp}{k+p} v_1 \leq 1 - S - u - v_0 - v_1 - p$$

implying

$$S(t) + u(t) + v_0(t) + v_1(t) + p(t) \leq 1 + c \exp(-t). \tag{4}$$

Thus, the bacteria population is bounded. Moreover, at any omega limit point $S + u + v_0 + v_1 + p \leq 1$, that is, the right hand side of (3) is bounded.

In Appendix A we analyze the special cases for γ, that is, the case when phenotypic strain is able to have total replication ($\gamma = 0$) and the case when there is not replication ($\gamma = 1$).

We claim that $E_0 = (1, 0, 0, 0, 0) \in \Omega$, the bacteria-free equilibrium point is globally asymptotically stable as it will be proven shortly. Following [4], [10], using (3c) and (3d) we obtain the break-even parameters for v_0 and v_1 respectively:

$$\frac{\lambda_2 m_2}{a_2 + \lambda_2} = \frac{1}{1-\delta}, \qquad \frac{\lambda_1 m_1}{a_1 + \lambda_1} = \frac{1}{1-\gamma}. \tag{5}$$

There is another equilibrium point given by $E_1 = \Big(\lambda_2, 0, (1-\lambda_2)(1-\delta), 0, \delta(1-\lambda_2)\Big)$, E_1 exists only if $0 < \lambda_2 < 1$. By calculating the variational matrix of (3) and substituting into E_0 and E_1 we obtain

Lemma 1.

- The equilibrium E_0 is locally asymptotically stable if $1 < \min\{\lambda_2, \lambda_1\}$ and $\dfrac{m_1}{a_1+1} < 1 + \mu$.

- The equilibrium E_1 is locally asymptotically stable if it exists ($0 < \lambda_2 < 1$), and if

$$0 < \frac{\lambda_2 m_1}{a_1 + \lambda_2} < \min\left\{\chi_1, \frac{\mu + 2 + \alpha(1-\hat{\phi})}{\hat{\phi} + 1 - \gamma}\right\} \qquad \text{or} \qquad \chi_2 < \frac{\lambda_2 m_1}{a_1 + \lambda_2} < \frac{\mu + 2 + \alpha(1-\hat{\phi})}{\hat{\phi} + 1 - \gamma},$$

where χ_1 and χ_2 are the positive real roots of

$$\chi^2 \hat{\phi}(1-\gamma) - \chi\left(\left[\mu + 1 + \alpha(1-\hat{\phi})\right](1-\gamma) + \hat{\phi} + \alpha(1-\hat{\phi})\right) + \left[\mu + 1 + \alpha(1-\hat{\phi})\right] = 0$$

with $\hat{\phi} = \exp(-\lambda\delta(1-\lambda_2))$.

The proof is a straight-forward computation (see Appendix B).

From Lemma 1 we see that competitive exclusion may take place. In order to prove the existence of a non trivial interior equilibrium point (one where all coordinates are positive), we consider equation (3e) and we assume that S, v_1 and v_0 are biologically feasible then we get that p is a root of

$$G(x) = x^2(a_2 + S) + x[k(a_2 + S) + hv_1(a_2 + S) - \delta v_0 S m_2] - \delta v_0 S m_2 k \tag{6}$$

and we can note that independently of the sign on the linear coefficient, we just have a positive solution (see Figure 1).

In particular, for some fixed values for S, v_0 and v_1 we obtain a unique positive value (see Figure 2)

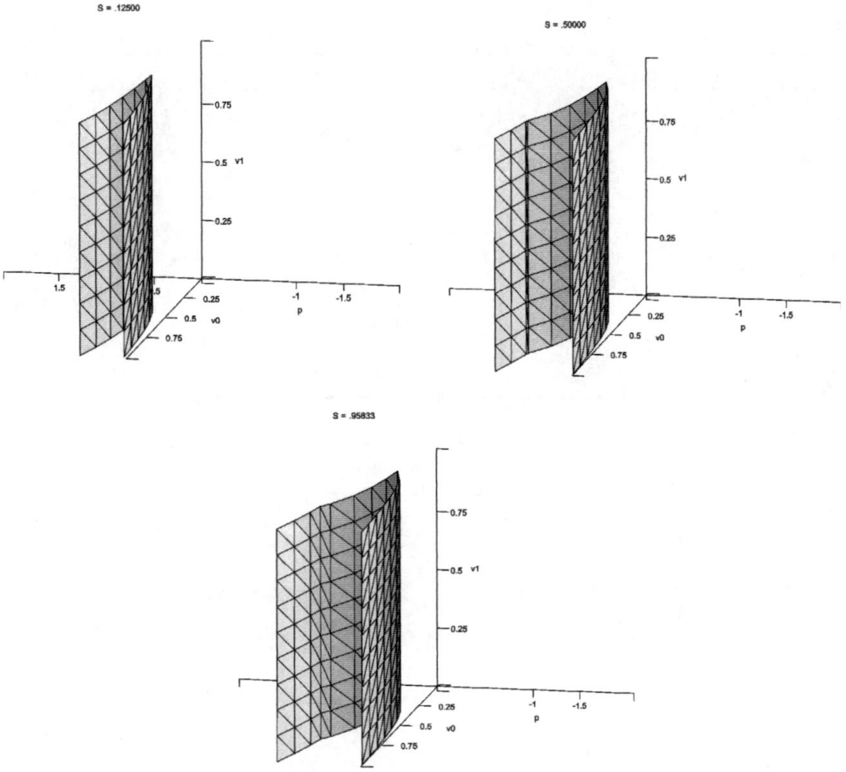

Figure 1. Graphic of the polynomial $G(p)$ given Equation (6). We show the behavior considering the axes p, $v0$ and v_1 and different values for S. We note that independently of the value of $S \in (0, 1)$, the graphic of $G(x)$ is on the positive side of p.

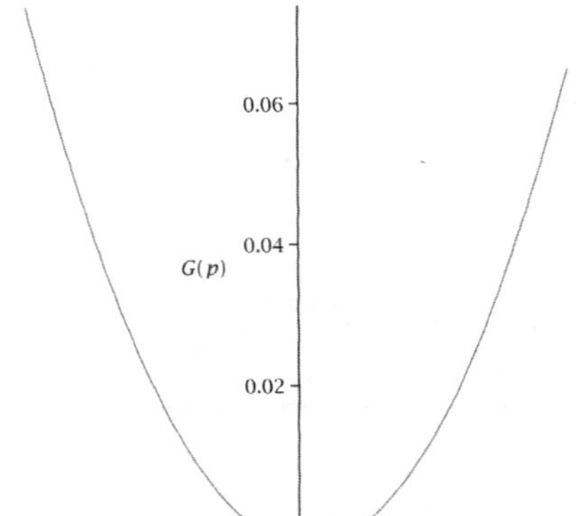

Figure 2. Graphic of the polynomial $G(p)$ considering $S = 0.7, v0 = 0.075$ and $v_1 = 0.07$ we observe that the only one positive root for $G(p)$ is given by $p = 0.069$. Replacing these values in (3) we get $u = 0.087$;then we obtain a non trivial equilibrium point.

3.1. Global stability

Our model has two equilibrium points E_0 and E_1, and depending on the biological feasibility of S, v_1 and v_0, a third non-trivial one E_c. When E_c does not exist and $\lambda_2 > 1$ (that is, E_1 does not exist), then the unique equilibrium point is E_0 and in consequence, if $\lambda_1 > 1$ and $\dfrac{m_1}{a_1+1} < \mu+1$, E_0 is globally stable.

Theorem 1. If $0 < \lambda_2 < 1$, E_c does not exist, the break-even parameter for $\gamma = 0$ that is $\frac{m_1\hat{\lambda}_1}{a_1+\hat{\lambda}_1} = 1$ is such that either of the following two conditions hold

(i) $\hat{\lambda}_1 > 1$

(ii) $\lambda_2 < \hat{\lambda}_1 < 1$

where λ_2 is defined as in (5), and either of the following hold

(iii) $0 < \delta m_1 m_2 < m_2 - m_1$ *and* $a_2 \leq a_1$

(iv) $\dfrac{m_2}{a_2} < \dfrac{m_1}{a_1}$

then the equilibrium point $E_1 = (\lambda_2, 0, (1-\lambda_2)(1-\delta), 0, \delta(1-\lambda_2))$ is globally asymptotically stable.

Conditions (i) and (ii) require the nutrient concentration of the phenotypic strain to be at equilibrium $(\hat{\lambda}_1)$. For the interpretation of (iii) and (iv) let $f_1 = \frac{Sm_1}{a_1+S}$ be the phenotypic variant consumption function and $f_2 = \frac{Sm_2}{a_2+S}$ be the one for the mutant strain. Then, (iii) implies $f_2 > f_1$; in case (iv) the behavior of f_1 and f_2 depends upon if $m_1 > m_2$ or $m_1 < m_2$. Now, we will prove the theorem.

Proof. Consider the Lyapunov function

$$V(S,u,v_0,v_1,p) = \int_{\lambda_2}^{S} \frac{\eta-\lambda_2}{\eta} d\eta + c_1(u+v_1) + c_2 \int_{(1-\lambda_2)(1-\delta)}^{v_0} \frac{\eta-(1-\lambda_2)(1-\delta)}{\eta} d\eta$$

where $c_1, c_2 > 0$ are to be determined. We see that $V(E_1) = 0$ and $V(S,u,v_0,v_1,p) \in C^1(\Re^5_+, \Re)$. Moreover, $V(S,u,v_0,v_1,p) > 0$ for all $(S,u,v_0,v_1,p) \in \Delta \setminus E_1$ where

$$\begin{aligned} \Delta &= \Omega - \{(S,0,0,0,0)\} \\ &= \{(S,u,v_0,v_1,p) | S \geq 0, u \geq 0, v_0 \geq 0, v_1 \geq 0, p \geq 0\} - \{(S,0,0,0,0)\}. \end{aligned}$$

Observe that

- for $S > \lambda_2$ we have $\frac{\eta-\lambda_2}{\eta} > 0$, then the first integral in V is positive.
- for $S < \lambda_2$ we have $\frac{\eta-\lambda_2}{\eta} < 0$, then the first integral in V is positive.

Applying the same procedure to the second integral and given that $c_1, c_2 > 0$ we have $V(S,u,v_0,v_1,p) > 0$. The derivative of V is

$$\begin{aligned} \dot{V} &= \frac{S-\lambda_2}{S}\dot{S} + c_1(\dot{u}+\dot{v}_1) + c_2\Big(\frac{v_0-(1-\lambda_2)(1-\delta)}{v_0}\Big)\dot{v}_0 \\ &= A(S) + B(S,p)u + C(S)v_1 + D(S)v_0 - c_2\mu(1-\lambda_2)(1-\delta)\frac{u}{v_0} \\ &< A(S) + B(S,p)u + C(S)v_1 + D(S)v_0 \qquad (7) \end{aligned}$$

where

$$\begin{aligned}
A(S) &= \frac{(S-\lambda_2)(1-S)}{S} - c_2(1-\lambda_2)(1-\delta)\left[\frac{Sm_2}{a_2+S}(1-\delta)-1\right]\\
B(S,p) &= \frac{m_1\phi(p)}{a_1+S}\left[S(c_1-1)+\lambda_2\right] - c_1 - \mu(c_1-c_2)\\
C(S) &= \frac{-(S-\lambda_2)m_1}{a_1+S} + c_1\left(\frac{Sm_1}{a_1+S}-1\right)\\
D(S) &= \frac{-(S-\lambda_2)m_2}{a_2+S} + c_2\left(\frac{Sm_2}{a_2+S}(1-\delta)-1\right)
\end{aligned}$$

From $A(S)$ define

$$T(S) = \frac{(S-\lambda_2)(1-S)}{S(1-\lambda_2)(1-\delta)\left(\frac{Sm_2}{a_2+S}(1-\delta)-1\right)};$$

then $T(S) > 0$ for all $S \in (0,1) \setminus \lambda_2$, $T(1) = 0$, and therefore

$$\lim_{S\to 0^+} T(S) = +\infty \qquad \lim_{S\to\lambda_2} T(S) = \lim_{S\to\lambda_2} \frac{\frac{\lambda_2-S^2}{S^2}}{(1-\lambda_2)\left(\frac{a_2m_2(1-\delta)^2}{(a_2+S)^2}\right)} = \frac{m_2\lambda_2}{a_2}.$$

So, defining $c_2 = \frac{m_2\lambda_2}{a_2}$ we obtain $A(S) < 0$. Moreover, by replacing this value into $D(S)$ we get $D(S) = 0$. Now, $B(S,p)$ depends on c_1 and c_2 and thus we need to consider the cases $c_1 = c_2$ and $c_1 \neq c_2$.

- For the case $c_1 = c_2$, we obtain

$$C(S) = -\frac{\lambda_2}{a_2(a_1+S)}\left[(m_2 - m_1 - \delta m_1 m_2)S + (a_1m_2 - a_2m_1)\right]$$

  and

$$B(S,p) = C(S)\phi(p) + \tfrac{m_2\lambda_2}{a_2}(\phi(p)-1).$$

  By assumption (iii) the expression within brackets in $C(S)$ is positive for all $S \in (0,1)$. Therefore, $C(S)$ and $B(S,p)$ are negative, and thus we have $\dot{V} \leq 0$ for all $(S, u, v_0, v_1, p) \in \Delta$.

- For the case $c_1 \neq c_2$, from $C(S)$ define

$$T_1(S) = \frac{(S-\lambda_2)\dfrac{m_1}{a_1+S}}{\dfrac{Sm_1}{a_1+S}-1}.$$

  Then

$$T_1'(S) = \frac{-m_1(m_1-1)\left(\hat{\lambda}_1-\lambda_2\right)}{\left[S(m_1-1)-a_1\right]^2};$$

observe that, independently of conditions (i) or (ii), $T_1(S)$ is a decreasing function of S that satisfies $T_1(0) > 0$, $T_1(\lambda_2) = 0$ and

$$\lim_{S \to \hat{\lambda}_1^+} T_1(S) = +\infty \qquad \lim_{S \to \hat{\lambda}_1^-} T_1(S) = -\infty$$

Then, for case (i), we choose $c_1 = T_1(0) > 0$. Since $T_1(S)$ is decreasing $T(0) \geq T_1(S)$ for all $S \in (0,1)$ and, because the denominator of $T_1(S)$ is negative in $(0,1)$ ($\hat{\lambda}_1 > 1$ in this case), $C(S) < 0$ for all $S \in (0,1)$.
For case (ii), note that given $T_1(S)$, there exists $c_1 > 0$ such that

$$\max_{(0,\hat{\lambda}_1)} T_1(S) \leq c_1 \leq \min_{(\hat{\lambda}_1,1)} T_1(S).$$

If c_1 does not exist, then there exists $\tau > 0$ such that the equation $T_1(S) = \tau$ has at least two different roots η_1, η_2 satisfying $0 < \eta_1 < \lambda_2 < \hat{\lambda}_1 < \eta_2 < 1$ (these roots are not in $(\lambda_2, \hat{\lambda}_1)$ since $T_1(S) < 0$); however this is a contradiction. For the critical values of $T_1(S)$ we can calculate the relation

$$T_1(0) = \frac{\lambda_2 m_1}{a_1} \leq c_1 \leq (1-\lambda_2)\frac{m_1\hat{\lambda}_1}{a_1(1-\hat{\lambda}_1)} = T_1(1) \tag{8}$$

so, if c_1 satisfies (8) then $C(S) < 0$.

Using (iv) and (8) and taking the value found for c_2, that is $c_2 = \dfrac{m_2\lambda_2}{a_2}$ we get $c_2 < c_1$ and, therefore,

$$B(S,p) = C(S)\phi(p) + c_1(\phi(p) - 1) + \mu(c_2 - c_1) < 0.$$

We have shown that $\dot{V} \leq 0$ for all $(S, u, v_0, v_1, p) \in \Delta$. We now seek the maximum invariant region in the set $\{(S, u, v_0, v_1, p) \mid \dot{V} = 0\}$. Since $A(S), B(S,p), C(S) \leq 0$, $D(S) = 0$ and $\dot{V}$ is given by (7), it must be the case when $A(S) = 0$. Then S is a root of

$$(S - \lambda_2)^2(S\lambda_2 + a_2) = 0;$$

therefore $S = \lambda_2$. Moreover, $B(\lambda_2, p) < 0$ (since $\lambda_2 < \hat{\lambda}_1$) so, $u = 0$. The constant values $S = \lambda_2$, $u = 0$ forces in (3) that $v_1 = 0$, $v_0 = (1-\lambda_2)(1-\delta)$ and $p = \delta(1-\delta)$. The only invariant set in this region is the rest point E_1. By LaSalle invariance principle [13] we conclude that E_1 is globally asymptotically stable. □

Numerical simulation of (3) shows the stability of the equilibrium point given by $E_1 = (\lambda_2, 0, (1-\lambda_2)(1-\lambda), 0, \delta(1-\lambda_2))$ considering the parameters $a_1 = 0.08$, $a_2 = 0.4$, $m_1 = 1.1$, $m_2 = 2.1$, $\alpha = 1$, $\gamma = 0.5$, $\mu = 0.07$, $\lambda = 0.1$, $h = 0.001$ and $k = 0.05$. (**Theorem 1**).

Journal of Physics: Conference Series **475** (2013) 012012 doi:10.1088/1742-6596/475/1/012012

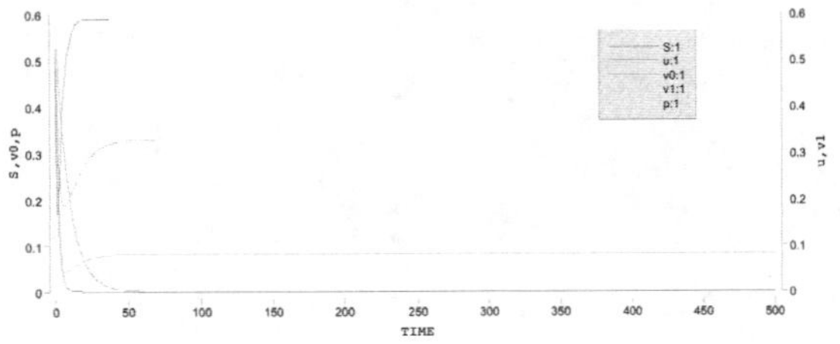

Figure 3. In this case we use $\delta = 0.2$. Figure shows the values of S, u, v_0, v_1 and p corresponding to the equilibrium point E_1.

Next figures show the stability for different values of δ in each case.

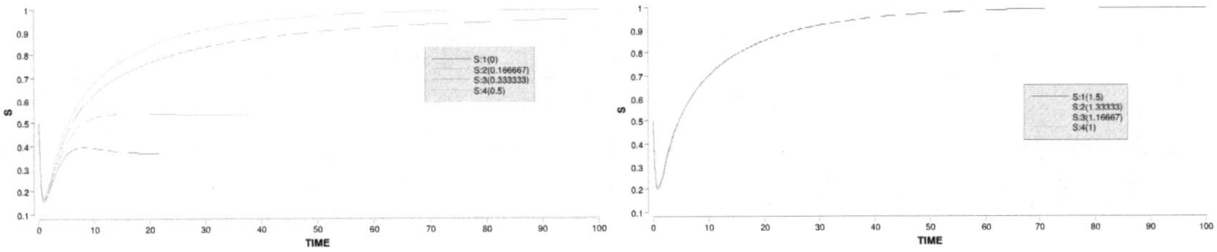

Figure 4. Stability of S . We observe that the most remarkable changes in the equilibrium value of S occurs when $\delta \in (0, 0.5)$ (figure at left), after these values S does not have significant changes in its stability value (figure at right).

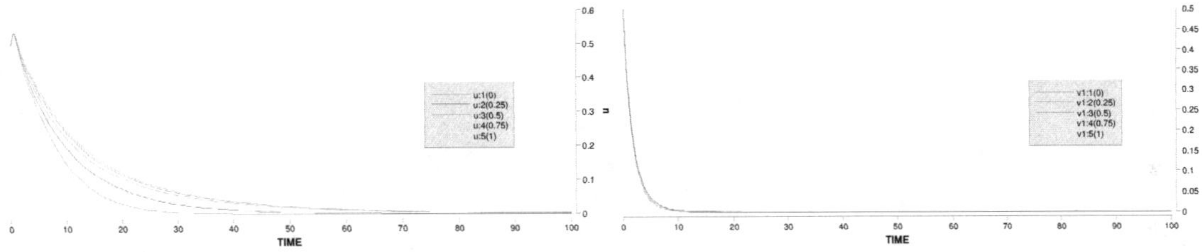

Figure 5. Stability of u and v_1. We note that the stability value for u is highly sensitive to changes in δ; for $\delta \in (0, 0.5)$ u tends to zero faster than for $\delta \in (0.5, 1)$. This behavior does not occur for v_1 that regardless on the value of δ tends to zero at the same rate.

Journal of Physics: Conference Series **475** (2013) 012012 doi:10.1088/1742-6596/475/1/012012

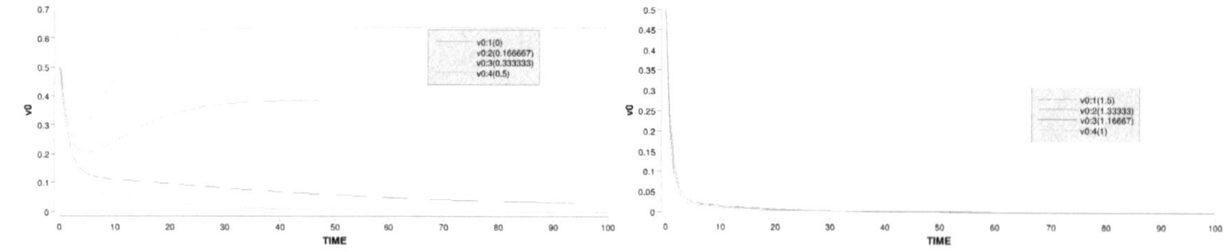

Figure 6. Stability of v_0. We can see that changes in δ are inversely proportional to the stability value of v_0, this is because when δ tends to 1, the strain v_0 will increase due to mutation of u (see equation (3c)) which tends to zero.

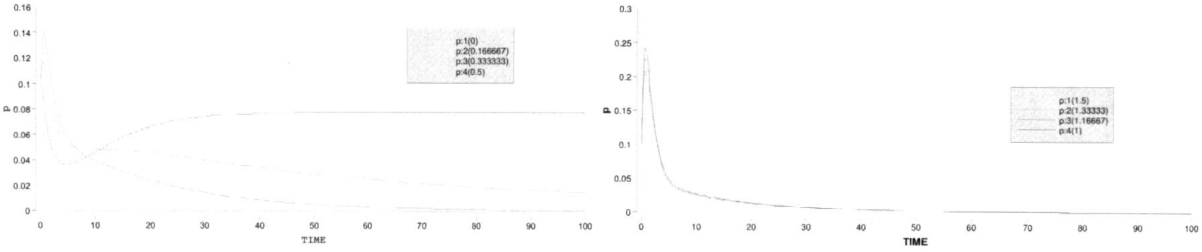

Figure 7. Stability of p. Different from S, we observe that if $\delta \in (0, 0.5)$ then p has an equilibrium value different from zero, however, if $\delta \in (0.5, 1)$ then the equilibrium value for p tends to zero .

Finally, considering the same values as before for γ, k, h and μ, and $m_1 = 1.4, m_2 = 2.1, a_1 = 0.2, a_2 = 0.1, \lambda = 0.8, \delta = 0.5$ and $\alpha - 5.5$ we observe a non trivial equilibrium point (figure 6)

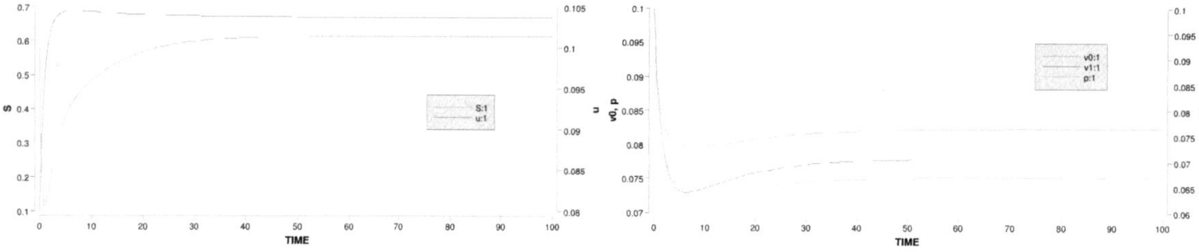

Figure 8. Numerical simulation of the non trivial equilibrium point. We note that equilibrium value of u is bigger than equilibrium values of v_0 and v_1, it means that the cost on the inhibitor production is bigger than the inhibition on u growth.

4. Discusion and conclusion

Competition models in a chemostat in the presence of an inhibitor can serve as a model system for ecological processes. For example, we can think the resistant organism as a detoxifying agent in the environment. From the standpoint of competition, the question is whether the detoxifying organisms survive in the environment [10].

In contrast to the models studied in [2], [3], [4], [10], we consider three strains in competition under the effects of an internal inhibitor; one of the strains is a wild strain on which two different mechanisms of resistance, mutation and phenotypic switching are acting. We have proven that both resistant types may coexist together with the wild type: there is no competitive exclusion. This result is not general since it depends on parameter values (in fact, in our last simulation we observe that the cost on the inhibitor production is bigger than its inhibition on u growth but we can not proof this in general). With an appropriate selection of them, competitive exclusion can be obtained and, as before, the mutant strain is the one that survives in the environment.

Appendix A

A.1 Special case $\gamma = 0$.
This special case of (3) considers that phenotypic strain is able to have replication as a whole and, as a consequence, we obtain the wash out of the wild strain.

When we consider in (3) the special case $\gamma = 0$ we get the model:

$$S' = 1 - S - \frac{Sm_1}{a_1 + S}\Big(u\phi(p) + v_1\Big) - \frac{Sm_2}{a_2 + S}v_0 \tag{A.1a}$$

$$u' = \frac{Sm_1}{a_1 + S}u\phi(p) - \Big(\mu + 1 + \alpha\big(1 - \phi(p)\big)\Big)u \tag{A.1b}$$

$$v_0' = v_0\left(\frac{Sm_2}{a_2 + S}(1 - \delta) - 1\right) + \mu u \tag{A.1c}$$

$$v_1' = v_1\left(\frac{Sm_1}{a_1 + S} - 1\right) + \alpha\big(1 - \phi(p)\big)u \tag{A.1d}$$

$$p' = \delta v_0 \frac{Sm_2}{a_2 + S} - \frac{hp}{k + p}v_1 - p \tag{A.1e}$$

About this model we get an important result:

Theorem 2. There is no non-trivial equilibrium point with all coordinates different to zero for the system (A.1).

Proof. Considering $u \neq 0$ in (A.1b) and due to $1 > \phi(p) > 0$ and doing some algebra with (A.1d), we get the expression:

$$\Big(\mu + (\alpha + 1)(1 - \phi(p))\Big)v_1 + \alpha(1 - \phi(p))\phi(p)u = 0$$

which does not make biological sense if u and v_1 are both positive. Therefore, there is no non-trivial equilibrium point with all bacteria strain present.

Moreover, we obtain the equilibrium points

$$E_0 = (1, 0, 0, 0, 0) \text{ and } E_1 = \Big(\lambda_2, 0, (1 - \lambda_2)(1 - \delta), 0, \delta(1 - \lambda_2)\Big),$$

where λ_2 is the solution of $\dfrac{\lambda_2 m_2}{a_2 + \lambda_2}(1 - \delta) = 1$. □

A.2 Special case $\gamma = 1$.
This special case of (3) considers that there is not phenotypic strain replication.

When we consider in (3) the special case $\gamma = 1$ we get the model:

$$\begin{aligned}
S' &= 1 - S - \frac{Sm_1}{a_1+S}\Big(u\phi(p)+v_1\Big) - \frac{Sm_2}{a_2+S}v_0 \\
u' &= \frac{Sm_1}{a_1+S}\Big(u\phi(p)+v_1\Big) - \Big(\mu+1+\alpha(1-\phi(p))\Big)u \\
v_0' &= v_0\left(\frac{Sm_2}{a_2+S}(1-\delta)-1\right)+\mu u \\
v_1' &= -v_1+\alpha(1-\phi(p))u \\
p' &= \delta v_0\frac{Sm_2}{a_2+S} - \frac{hp}{k+p}v_1 - p
\end{aligned} \tag{A.2}$$

Before the important result for this model we observe that due to $S+u+v_0+v_1+p<1$, we can approximate

$$\phi(p) = 1-\lambda p + \frac{(\lambda p)^2}{2!} - \frac{(\lambda p)^3}{3!} + \cdots \approx 1-\lambda p$$

then, replacing in (A.2) we get

$$S' = 1 - S - \frac{Sm_1}{a_1+S}\Big(u(1-\lambda p)+v_1\Big) - \frac{Sm_2}{a_2+S}v_0 \tag{A.3a}$$

$$u' = \frac{Sm_1}{a_1+S}\Big(u(1-\lambda p)+v_1\Big) - \Big(\mu+1+\alpha\lambda p\Big)u \tag{A.3b}$$

$$v_0' = v_0\left(\frac{Sm_2}{a_2+S}(1-\delta)-1\right)+\mu u \tag{A.3c}$$

$$v_1' = -v_1+\alpha\lambda p u \tag{A.3d}$$

$$p' = \delta v_0\frac{Sm_2}{a_2+S} - \frac{hp}{k+p}v_1 - p \tag{A.3e}$$

Theorem 3. If $\lambda_1^* < \lambda_2$ where λ_1^* and λ_2 are the solutions of

$$\frac{\lambda_1^* m_1}{a_1+\lambda_1^*} = \frac{\mu+1+\alpha\lambda p_*}{1+\lambda p_*(\alpha-1)} \quad \text{and} \quad \frac{\lambda_2 m_2}{a_2+\lambda_2} = \frac{1}{1-\delta}$$

and p_* is a positive root of

$$P_3\, Z^3 + P_2\, Z^2 + P_1\, Z + (1-\lambda_1^*)\delta F\mu k = 0 \tag{A.4}$$

with

$$\begin{aligned}
P_3 &= \alpha\lambda[F(1-\delta)-1] \\
P_2 &= (1-\lambda_1^*)[F(1-\delta)-1]h\alpha\lambda + (\mu+1+k\alpha\lambda)[F(1-\delta)-1] - F\mu \\
P_1 &= (1-\lambda_1^*)\delta F\mu + k(1+\mu)[F(1-\delta)-1] - kF\mu
\end{aligned}$$

and

$$F = \frac{\lambda_1^* m_2}{a_2+\lambda_1^*} \tag{A.5}$$

then, there is non-trivial equilibrium point $E_2 = (\lambda_1^*, u_*, v_{0_*}, v_{1_*}, p_*)$ with all coordinates different to zero for the system (A.3) .

Proof. From the cerocline for (A.3d) we get $v_1 = \alpha\lambda pu$ then, replacing in (A.3b) and considering $u \neq 0$ we get the expression:

$$\frac{Sm_1}{a_1+S} = \frac{\mu+1+\alpha\lambda p}{1+\lambda p(\alpha-1)}$$

We observe that if $p = p_*$, then the solution of last equation is $S = \lambda_1^*$. Assuming this, and replacing in (A.3a), (A.3c) and (A.3e) we obtain:

$$\begin{aligned} u_* &= -\frac{(F(1-\delta)-1)(1-\lambda_1^*)}{\mu F - B} \\ v_{0_*} &= \frac{\mu(1-\lambda_1^*)}{\mu F - B} \\ p_* & \end{aligned}$$

where p_* satisfy (A.4), F is given by (A.5), and B is given by

$$B = \big(F(1-\delta)-1\big)(\mu+1+\alpha\lambda p)$$

Now, from hypothesis, $\lambda_1^* < \lambda_2$ then $F(1-\delta)-1 < 0$ and in consequence coefficients P_3 and P_2 in (A.4) are negatives, and due to $B < 0$, we obtain $\mu F - B > 0$. Therefore, u_*, v_{0_*} and $v_1 = \alpha\big(1-\phi(p)\big)$ are positive, moreover by Descartes' Rule of Signs, polinomial (A.4) has a positive real root that is, exists non trivial equilibrium point for (A.3). □

Appendix B
Proof. **of lemma 1** The Jacobian matrix of the system is, for a general point $E = (S, u, v_0, v_1, p)$ in Ω, is given by:

$$A = \begin{pmatrix} -A_{11} & -\frac{Sm_1}{a_1+S}\phi(p) & -\frac{Sm_2}{a_2+S} & -\frac{Sm_1}{a_1+S} & -\frac{Sm_1}{a_1+S}u\phi'(p) \\ A_{21} & A_{22} & 0 & \frac{Sm_1}{a_1+S}\gamma & \left(\frac{Sm_1}{a_1+S}+\alpha\right)u\phi'(p) \\ A_{31} & \mu & A_{33} & 0 & 0 \\ A_{41} & \alpha(1-\phi(p)) & 0 & A_{44} & -\alpha u\phi'(p) \\ \frac{a_2m_2}{(a_2+S)^2}\delta v_0 & 0 & \frac{Sm_2}{a_2+S}\delta & \frac{-hp}{k+p} & -A_{55} \end{pmatrix}$$

Journal of Physics: Conference Series **475** (2013) 012012 doi:10.1088/1742-6596/475/1/012012

Where

$$
\begin{aligned}
A_{11} &= 1+\frac{a_1 m_1}{(a_1+S)^2}\Big(u\phi(p)+v_1\Big)+\frac{a_2 m_2}{(a_2+S)^2}v_0 \\
A_{21} &= \frac{a_1 m_1}{(a_1+S)^2}\Big(u\phi(p)+\gamma v_1\Big) \\
A_{22} &= \frac{S m_1}{a_1+S}\phi(p)-\Big[\mu+1+\alpha\Big(1-\phi(p)\Big)\Big] \\
A_{31} &= \frac{a_2 m_2}{(a_2+S)^2}(1-\delta)v_0 \\
A_{33} &= \frac{S m_2}{a_2+S}(1-\delta)-1 \\
A_{41} &= \frac{a_1 m_1}{(a_1+S)^2}(1-\gamma)v_1 \\
A_{44} &= \frac{S m_1}{a_1+S}(1-\gamma)-1 \\
A_{55} &= 1+\frac{kh}{(k+p)^2}v_1
\end{aligned}
$$

Replacing E_0 we obtain the characteristic polynomial in x:

$$\Big(1+x\Big)^2\left(\frac{m_2}{a_2+1}(1-\delta)-1-x\right)\left(\frac{m_1}{a_1+1}-1-\mu-x\right)\left(\frac{m_1}{a_1+1}(1-\gamma)-1-x\right)=0$$

So, E_0 is locally asymptotically stable if and only if

$$1 < min\{\lambda_1,\lambda_2\} \quad \text{and} \quad \frac{m_1}{a_1+1} < \mu+1$$

On the other hand, replacing E_1 into the Jacobian matrix, we obtain the characteristic polynomial:

$$(x+1)^2\left(x+\frac{a_2(1-\lambda_2)}{\lambda_2(a_2+\lambda_2)}\right)(x^2+Ax+B)=0$$

where

$$
\begin{aligned}
A &= 2+\mu+\alpha\Big(1-\hat{\phi}\Big)-\chi\Big(1-\gamma+\hat{\phi}\Big) \\
B &= \chi^2\hat{\phi}(1-\gamma)-\chi\Big(\Big[\mu+1+\alpha(1-\hat{\phi})\Big](1-\gamma)+\hat{\phi}+\alpha(1-\hat{\phi})\Big)+\Big[\mu+1+\alpha(1-\hat{\phi})\Big] \\
\chi &= \frac{\lambda_2 m_1}{a_1+\lambda_2} \\
\hat{\phi} &= \exp(-\lambda\delta(1-\lambda_2))
\end{aligned}
$$

So, E_1 will be locally stable if the roots of x^2+Ax+B have negative real part, that is $A>0$ and $B>0$. From expression for A we get $A>0$ if and only if

$$\chi < \frac{\mu+2+\alpha(1-\hat{\phi})}{\hat{\phi}+1-\gamma}. \tag{A.6}$$

Now, we observe that B is a quadratic polynomial for χ whose determinant is given by

$$\begin{aligned}\mathcal{D} &= \left(\left[\mu+1+\alpha(1-\hat{\phi})\right](1-\gamma)-\hat{\phi}\right)^2+2\hat{\phi}\gamma\alpha(1-\hat{\phi})+\left(\gamma\alpha(1-\hat{\phi})\right)^2\\ &+ 2\gamma\alpha(1-\hat{\phi})\left[\mu+1+\alpha(1-\hat{\phi})\right](1-\gamma)\end{aligned}$$

then B has two positive real roots (χ_1 and χ_2) and in consequence will be positive if and only if

$$0<\chi<\chi_1 \qquad \text{or} \qquad \chi>\chi_2. \tag{A.7}$$

Therefore, from (A.6) and (A.7), E_1 will be locally stable if and only if

$$0<\chi<\min\left\{\chi_1,\frac{\mu+2+\alpha(1-\hat{\phi})}{\hat{\phi}+1-\gamma}\right\} \qquad \text{or} \qquad \chi_2<\chi<\frac{\mu+2+\alpha(1-\hat{\phi})}{\hat{\phi}+1-\gamma}.$$

□

References

[1] Lenski R E and Hattingh S 1986 Coexistence of two competitors one resource and one inhibitor: a chemostat model based on bacteria and antibiotics *J. Theor. Biol.* **122** 83-93
[2] Hsu S B, Hubbel S P and Waltman P 1977 A mathematical theory for single nutrient competition in continuous cultures of micro-organisms *J. Appl. Math. (SIAM)* **32** 366-83
[3] Hsu S, Li Y S B and Waltman P 1992 Analysis of a model of two competitors in a chemostat with an external inhibitor *J. Appl. Math. (SIAM)* **52** 528-40
[4] Hsu S B and Waltman P 1998 Competition in the chemostat when one competitor produces a toxin *J. Appl. Math. (SIAM)* **15** 471-90
[5] Levy S B 1997 Antibiotic resistance: an ecological imbalance *Ciba Found Symp* **207** 1-14
[6] White D G and McDermott P F 2001 Emergence and transfer of antibacterial resistance *J. Dairy Sci.* **84** E151-5
[7] Tapia-Santos B and Velasco-Hernández J X 2008 Phenotypic switching and mutation in the presence of a biocide: no replication of phenotypic variant *Mathematical Modelling of Biosystems* ed Mondaini R P and Pardalos P M (Springer)
[8] Chao L and Levin B R 1981 Structured habitats and the evolution of anticompetitor toxins in bacteria *Proc. Nat. Acad. Sci.***75** 6324-28
[9] Braselton J P and Waltman P 2001 A competition model with dynamically allocated inhibitor production *Math. Biosci.* **173** 55-84
[10] Hsu S B and Waltman P 2004 A survey of mathematical models of competition with an inhibitor *Math. Biosci.* **187** 53-91
[11] Markus L 1956 *Asymptotically autonomous differential systems, contributions to the theory of nonlinear oscillations III* ed Lefschetz S (Princeton: Princeton University Press) pp 17-29
[12] Thieme H R 1992 Convergence results and a Poincaré-Bendixon trichotomy for asymtotically autonomous differential equations *J. Math. Biol.* **30** 755-63
[13] Khalil H K 2002 *Nonlinear Systems* (Prentice-Hall)

Journal of Physics: Conference Series **475** (2013) 012013 doi:10.1088/1742-6596/475/1/012013

Game theory to characterize solutions of a discrete-time Hamilton-Jacobi equation

Porfirio Toledo

Facultad de Matemáticas, UV, Zona Universitaria, Xalapa, Ver. 91090, México.

E-mail: ptoledo@uv.mx

Abstract. We study the behavior of solutions of a discrete-time Hamilton-Jacobi equation in a minimax framework of game theory. The solutions of this problem represent the optimal payoff of a zero-sum game of two players, where the number of moves between the players converges to infinity. A real number, called the critical value, plays a central role in this work; this number is the asymptotic average action of optimal trajectories. The aim of this paper is to show the existence and characterization of solutions of a Hamilton-Jacobi equation for this kind of games.

1. Introduction

The method of dynamic programming is an important tool in the study of control theory, with applications to diverse areas of engineering, economics and management science. In dynamic programming the goal is to optimize some payoff function P of a dynamical system, where a value function $\mathcal{L}$ is introduced which is the optimum value of the payoff considered as a function of initial data. In this paper the behavior of the dynamical system is modeled by a discrete-time zero-sum game of two players. The value function satisfies a discrete-time Hamilton-Jacobi equation.

Consider a zero-sum static game. Let M and N be two compact metric spaces, and $P : M \times N \to \mathbb{R}$ a bounded function called the game payoff. There are two players J_M and J_N with opposite goals. The function P is the amount that player J_M obtains from J_N, so player J_M wishes to maximize P, while player J_N wishes to minimize it. The lower value of the payoff of the static game is defined by

$$\mathcal{L} := \sup_{w \in M} \inf_{z \in N} P(w, z), \tag{1}$$

where J_M chooses $w \in M$ first, and w is know when J_N chooses $z \in N$. It is observed in [1] that it is possible to express the lower value (1) as follows

$$\mathcal{L} = \inf_{\theta(w)} \sup_{w \in M} P(w, \theta(w)),$$

where θ is a function from M into N. Such a θ is called a strategy for player J_N. The strategies will play a very important role in this work, these functions will be defined more generally in Section 2, for a zero-sum game with finite horizon.

In Section 3 we will see that the lower value function is a solution of the Hamilton-Jacobi equation (4),

$$H(u, x, y) = c.$$

And finally, in Section 4, we will consider an infinite horizon problem and find a characterization of the constant c.

2. Zero sum game

For $n \in \mathbb{Z}^+$ we will consider a finite horizon problem to $n-$time. From now on we make the following assumptions:

- M and N are compact metric spaces,
- $V : M \times N \times M \times N \to \mathbb{R}$ is a Lipschitz function.

The state of the system, for a zero sum discrete-time game of two players J_M and J_N, depends on the moves made by players to go from $(x_i, y_i) \in M \times N$ to $(x_{i+1}, y_{i+1}) \in M \times N$ and initial data $(x_0, y_0) \in M \times N$. These paths are described by a couple of finite sequences $\overline{x}(n) = \{x_0, x_1, \ldots, x_n\}$ in M and $\overline{y}(n) = \{y_0, y_1, \ldots, y_n\}$ in N, respectively for players J_M and J_N. If $(x, y) \in M \times N$, we denote by

$$S_M(x, n) := \{\overline{x}(n) = \{x_i\}_{i=0}^n : x_0 = x\},$$
$$S_N(y, n) := \{\overline{y}(n) = \{y_i\}_{i=0}^n : y_0 = y\},$$

to the sets of sequences in M and N, with initial data $(x, y) \in M \times N$.

For $g \in C(M \times N, \mathbb{R})$ and $(x, y) \in M \times N$, the game payoff $P_g : S_M(x, n) \times S_N(y, n) \to \mathbb{R}$ is defined by

$$P_g(\overline{x}(n), \overline{y}(n)) := g(x_n, y_n) - A^n(\overline{x}(n), \overline{y}(n)),$$

where

$$A^n(\overline{x}(n), \overline{y}(n)) := \sum_{i=0}^{n-1} V(x_i, y_i, x_{i+1}, y_{i+1})$$

is the action of the game. In this case the lower value of the game can get step by step. Given a point $x_i \in M$, J_N chooses y_i to minimize the payoff, with $y_i = y_i(x_i)$ depending on x_i and the above points, then the player J_M chooses x_i in order to maximize the payoff, with initial data $(x, y) \in M \times N$. More precisely, the lower value of the game with finite horizon n for initial data $(x, y) \in M \times N$, is defined by

$$\mathcal{L}^n g(x, y) := \sup_{x_1 \in M} \inf_{y_1 \in N} \sup_{x_2 \in M} \inf_{y_2 \in N} \cdots \sup_{x_n \in M} \inf_{y_n \in N} P_g(\overline{x}(n), \overline{y}(n)),$$

where $\overline{x}(n) = \{x, x_1, \ldots, x_n\} \in S_M(x, n)$ and $\overline{y}(n) = \{y, y_1, \ldots, y_n\} \in S_N(y, n)$. Instead of this, we use the concept of strategy to calculate the game value, like in the static game adapted to this case (see [1, 2, 3]). A progressive strategy $\Theta(n)$ for player J_N is a function $\Theta(n) : S_M(x, n) \to S_N(y, n)$ with following property: for each $m \in \mathbb{Z}^+$, such that $0 \leq m \leq n$, and $\overline{x}(n)$, $\overline{z}(n) \in S_M(x, n)$, we have

$$x_i = z_i,\ 0 \leq i \leq m \Rightarrow \Theta(n)[\overline{x}(n)]_i = \Theta(n)[\overline{z}(n)]_i,\ 0 \leq i \leq m,$$

where $\Theta(n)[\overline{x}(n)]_i$ is the $i-$th element in the sequence $\Theta(n)[\overline{x}(n)]$. We denote the progressive strategies set of player J_N by

$$\mathcal{E}_N(x, y, n) := \{\Theta(n) : S_M(x, n) \to S_N(y, n),\ \text{progressive strategy}\}.$$

According to [1] and [3], the lower value of the game payoff is defined by

$$\mathcal{L}^n g(x, y) := \inf_{\Theta(n)} \sup_{\overline{x}(n)} P_g(\overline{x}(n), \Theta(n)[\overline{x}(n)]), \tag{2}$$

where $\overline{x}(n) \in S_M(x, n)$ and $\Theta(n) \in \mathcal{E}_N(x, y, n)$. We call $\mathcal{L}$ the Lax operator.

Considering the one step case, the Lax operator can be expressed by

$$\mathcal{L}^1 g(x, y) = \sup_{x_1 \in M} \inf_{y_1 \in N} \{g(x_1, y_1) - V(x, y, x_1, y_1)\}. \tag{3}$$

Journal of Physics: Conference Series **475** (2013) 012013 doi:10.1088/1742-6596/475/1/012013

3. Hamilton-Jacobi equation

We study a discrete-time analog of Hamilton-Jacobi equation associated with V,

$$H(u,x,y) = c, \tag{4}$$

where

$$H(w,x,y) := \sup_{x_1 \in M} \inf_{y_1 \in N} \{w(x_1,y_1) - w(x,y) - V(x,y,x_1,y_1)\}.$$

See [4] for a minimal discrete-time case. We are interested in finding solutions u of the equation (4) and characterize the constant c. To this end we follow Fathi [5] to obtain a "fixed point"of the Lax operator (2).

Is possible to show that the Lax operator satisfies a regularity property. More precisely, there exist a real number K, such that $\mathcal{L}^n g$ is $K-$Lipschitz, for any $g \in C(M \times N, \mathbb{R})$ and $n \in \mathbb{Z}^+$. In addition $\mathcal{L}^n$ satisfies the semigroup property also call dynamic programming principle (see for example [1, 3]).

Theorem 3.1 *If $g \in C(M \times N, \mathbb{R})$ and $m, n \in \mathbb{Z}^+$, then*

$$\begin{aligned}
\mathcal{L}^{m+n} g(x,y) &= \mathcal{L}^m \circ \mathcal{L}^n g(x,y) \\
&= \inf_{\Theta(m)} \sup_{\overline{x}(m)} \left\{\mathcal{L}^n g\left(x_m, \Theta(m)\left[\overline{x}(m)\right]_m\right) - A^m\left(\overline{x}(m), \Theta(m)\left[\overline{x}(m)\right]\right)\right\},
\end{aligned}$$

where $\Theta(m) \in \mathcal{E}_N(x,y,m)$ and $\overline{x}(m) \in S_M(x,m)$.

Moreover, it is easy to verify that the Lax operator satisfies the following properties, which are needed to determine the existence of solutions of (4).

- (Monotony) If $f, g \in C(M \times N, \mathbb{R})$ and $g \leq f$, then $\mathcal{L}^n g \leq \mathcal{L}^n f$.
- If $g \in C(M \times N, \mathbb{R})$ and $k \in \mathbb{R}$, then $\mathcal{L}^n(k+g) = k + \mathcal{L}^n g$.
- (Weak contraction) If $f, g \in C(M \times N, \mathbb{R})$ and $\|\mathcal{L}^n g - \mathcal{L}^n f\|_\infty \leq \|g - f\|_\infty$.

Using Theorem 3.1 and above properties, Fathi proves in [5] the following result.

Theorem 3.2 *There are a constant $c \in \mathbb{R}$ and a Lipschitz function $u \in C(M \times N, \mathbb{R})$, such that*

$$\mathcal{L}^n u = u + nc,$$

for any $n \in \mathbb{Z}^+$.

Suppose that there are $c_1 > c_2$ and functions $u_1, u_2 \in C(M \times N, \mathbb{R})$ such that $\mathcal{L}^n u_i = u_i + nc_i$, for $i = 1, 2$. If $\varepsilon > 0$ we can choose $\Theta^*(n) \in \mathcal{E}_N(x,y,n)$ such that

$$\mathcal{L}^n u_2(x,y) > \sup_{\overline{x}(n)} \left\{u_2\left(x_n, \Theta^*(n)\left[\overline{x}(n)\right]_n\right) - A^n\left(\overline{x}(n), \Theta^*(n)\left[\overline{x}(n)\right]\right)\right\} - \varepsilon.$$

In addition, there is $\overline{x}^*(n) \in S_M(x,n)$ such that

$$\mathcal{L}^n u_1(x,y) < u_1\left(x_n^*, \Theta^*(n)\left[\overline{x}^*(n)\right]_n\right) - A^n\left(\overline{x}^*(n), \Theta^*(n)\left[\overline{x}^*(n)\right]\right) + \varepsilon.$$

Therefore, we deduce that

$$\begin{aligned}
u_1(x,y) + nc_1 &< u_1\left(x_n^*, \Theta^*(n)\left[\overline{x}^*(n)\right]_n\right) - A^n\left(\overline{x}^*(n), \Theta^*(n)\left[\overline{x}^*(n)\right]\right) + \varepsilon, \\
u_2(x,y) + nc_2 &> u_2\left(x_n^*, \Theta^*(n)\left[\overline{x}^*(n)\right]_n\right) - A^n\left(\overline{x}^*(n)\, \Theta^*(n)\left[\overline{x}^*(n)\right]\right) - \varepsilon.
\end{aligned}$$

Journal of Physics: Conference Series **475** (2013) 012013 doi:10.1088/1742-6596/475/1/012013

Then

$$n(c_1 - c_2) < \sup_{M\times N}(u_1 - u_2) - \inf_{M\times N}(u_1 - u_2) + 2\varepsilon.$$

On the other hand, because $c_1 > c_2$, then $n(c_1 - c_2) \to \infty$ as $n \to \infty$; which is a contradiction. Consequently the number c in Theorem (3.2) is unique. According to this result, we say that u is a fixed point of Lax operator (2) with critical value c. Considering $\mathcal{L}^1 u(x,y)$, (3) shows that

$$\sup_{x_1\in M}\inf_{y_1\in N}\{u(x_1,y_1) - u(x,y) - V(x,y,x_1,y_1)\} = c,$$

we obtain a solution of the Hamilton-Jacobi equation (4).

Corollary 3.3 *A function $u \in C(M\times N,\mathbb{R})$ is a fixed point of Lax operator (2) with critical value c if and only if u is a solution of the Hamilton-Jacobi equation (4).*

4. Peierls Barrier

We now consider an infinite horizon problem. Let $k \in \mathbb{R}$, following Mañé [6] and Mather [7], we define the lower Peierls barrier by

$$h_k^-(x,y) := \liminf_{n\to\infty}\left\{\sup_{\Theta(n)}\inf_{\overline{x}(n)} A^n\left(\overline{x}(n), \Theta(n)\left[\overline{x}(n)\right]\right) + nk\right\}, \tag{5}$$

where $\overline{x}(n) \in S_M(x,n)$ and $\Theta(n) \in \mathcal{E}_N(x,y,n)$. This function has several properties, including the following. For any $k \in \mathbb{R}$

- If $h_k^-(x,y) = -\infty$ for $(x,y) \in M\times N$, then $h_k^-(z,w) = -\infty$, for all $(z,w) \in M\times N$.
- If $h_k^-(x,y) = +\infty$ for $(x,y) \in M\times N$, then $h_k^-(z,w) = +\infty$, for all $(z,w) \in M\times N$.

We can see that the Peierls barrier has a radical change in their values, to this end we should note that there is $k > 0$ large enough, such that $h_{-k}^-(x,y) = -\infty$ and $h_k^-(x,y) = +\infty$. It is also clear that h_k^- is monotone for k: considering $k, k_1, k_2 \in \mathbb{R}$ with $k_1 < k < k_2$ and $(x,y) \in M\times N$, we have

- If $h_k^-(x,y) = -\infty$, then $h_{k_1}^-(x,y) = -\infty$.
- If $h_k^-(x,y) = +\infty$, then $h_{k_2}^-(x,y) = +\infty$.
- Moreover, if $h_k^-(x,y) \in \mathbb{R}$, then $h_{k_1}^-(x,y) = -\infty$ and $h_{k_2}^-(x,y) = +\infty$.

On account of previous properties, there are $\inf\{k \in \mathbb{R} : h_k^- = +\infty\}$, $\sup\{k \in \mathbb{R} : h_k^- = -\infty\} \in \mathbb{R}$. In addition, given $(x,y) \in M\times N$, we can choose $k_1, k_2 \in \mathbb{R}$ such that $h_{k_1}^- = -\infty$ and $h_{k_2}^- = \infty$, then $k_1 \le k_2$. Therefore $\sup\{k \in \mathbb{R} : h_k^- = -\infty\} \le k_2$ and, in consequence,

$$\sup\{k \in \mathbb{R} : h_k^- = -\infty\} \le \inf\{k \in \mathbb{R} : h_k^- = +\infty\}.$$

Suppose that $\sup\{k \in \mathbb{R} : h_k^- = -\infty\} < \inf\{k \in \mathbb{R} : h_k^- = +\infty\}$, then there are $k_0 \in \mathbb{R}$ and $\varepsilon > 0$ such that $h_{k_0}^-(x,y) \in \mathbb{R}$ and

$$\sup\{k \in \mathbb{R} : h_k^- = -\infty\} < k_0 - \varepsilon < k_0 + \varepsilon < \inf\{k \in \mathbb{R} : h_k^- = +\infty\}.$$

Then we have $h_{k_0-\varepsilon}^- = -\infty$ and $h_{k_0+\varepsilon}^- = \infty$, this is a contradiction. Hence

$$\sup\{k \in \mathbb{R} : h_k^- = -\infty\} = \inf\{k \in \mathbb{R} : h_k^- = +\infty\}.$$

Let u be a fixed point for Lax operator with critical value c. For $(x,y) \in M \times N$ and $n \in \mathbb{Z}^+$,

$$\begin{aligned} u(x,y) + nc &= \mathcal{L}^n u(x,y) \\ &= \inf_{\Theta(n)} \sup_{\overline{x}(n)} \left\{ u\left(x_n, \Theta(n)\left[\overline{x}(n)\right]_n\right) - A^n\left(\overline{x}(n), \Theta(n)\left[\overline{x}(n)\right]\right)\right\}, \end{aligned} \tag{6}$$

therefore

$$\inf u + nc \leq \sup u - \sup_{\Theta(n)} \inf_{\overline{x}(n)} A^n\left(\overline{x}(n), \Theta(n)\left[\overline{x}(n)\right]\right),$$

then $h_c^-(x,y) < +\infty$; on that account $c \leq \inf\left\{k \in \mathbb{R} : h_k^- = +\infty\right\}$. Analogously, from (6) we deduce that

$$\sup u + nc \geq \inf u - \sup_{\Theta(n)} \inf_{\overline{x}(n)} A^n\left(\overline{x}(n), \Theta(n)\left[\overline{x}(n)\right]\right),$$

consequently $h_c^-(x,y) > -\infty$ and in addition $c \geq \sup\left\{k \in \mathbb{R} : h_k^- = -\infty\right\}$. This provides us a characterization of the critical value c.

Theorem 4.1 *For any* $(x,y) \in M \times N$, $h_c^-(x,y) \in \mathbb{R}$ *and*

$$c = \inf\left\{k \in \mathbb{R} : h_k^- = +\infty\right\} = \sup\left\{k \in \mathbb{R} : h_k^- = -\infty\right\}. \tag{7}$$

As in (5) define the upper Peierls barrier by

$$h_k^+(x,y) := \limsup_{n\to\infty} \left\{ \sup_{\Theta(n)} \inf_{\overline{x}(n)} A^n\left(\overline{x}(n), \Theta(n)\left[\overline{x}(n)\right]\right) + nk \right\}.$$

By similar arguments we made above for h_k^-, we find analogous properties for h_k^+ and deduce the following result.

Theorem 4.2 *For any* $(x,y) \in M \times N$, $h_c^+(x,y) \in \mathbb{R}$ *and*

$$c = \inf\left\{k \in \mathbb{R} : h_k^+ = +\infty\right\} = \sup\left\{k \in \mathbb{R} : h_k^+ = -\infty\right\}. \tag{8}$$

If $(x,y) \in M \times N$ and $\varepsilon > 0$, because $h_c^-(x,y), h_c^+(x,y) \in \mathbb{R}$, there is $N_1 \in \mathbb{Z}^+$ such that

$$h_c^-(x,y) - 1 < \sup_{\Theta(n)} \inf_{\overline{x}(n)} A^n\left(\overline{x}(n), \Theta(n)\left[\overline{x}(n)\right]\right) + nc < h_c^+(x,y) + 1,$$

for $n \geq N_1$. In addition there is $N_2 \in \mathbb{Z}^+$, where $N_2 \geq N_1$, such that $\frac{1}{n}h_c^+(x,y) + 1 < \varepsilon$ and $\frac{1}{n}h_c^-(x,y) - 1 > -\varepsilon$, for $n \geq N_2$. Therefore

$$\lim_{n\to\infty} \frac{1}{n} \sup_{\Theta(n)} \inf_{\overline{x}(n)} A^n\left(\overline{x}(n), \Theta(n)\left[\overline{x}(n)\right]\right) + c = 0.$$

Consequently we find another characterization of the critical value c.

Corollary 4.3 *For any* $(x,y) \in M \times N$

$$c = -\lim_{n\to\infty} \frac{1}{n} \sup_{\Theta(n)} \inf_{\overline{x}(n)} A^n\left(\overline{x}(n), \Theta(n)\left[\overline{x}(n)\right]\right). \tag{9}$$

Considering $n \in \mathbb{Z}^+$, $(x,y) \in M \times N$ and $u \in C(M \times N, \mathbb{R})$ a solution of the Hamilton-Jacobi equation (4), it is posible to find sequences $\{x_i^*\}_{i=0}^{\infty} \subset M$ and $\{y_i^*\}_{i=0}^{\infty} \subset N$ such that

$$c = -\lim_{n\to\infty} \frac{1}{n} A^n\left(\overline{x}^*(n), \overline{y}^*(n)\right), \tag{10}$$

where $\overline{x}^*(n) := \{x_i^*\}_{i=0}^n$ and $\overline{y}^*(n) := \{y_i^*\}_{i=0}^n$.

Journal of Physics: Conference Series **475** (2013) 012013 doi:10.1088/1742-6596/475/1/012013

5. Conclusions

In this paper we showed the existence of a fixed point of the Lax operator $\mathcal{L}^n$ with critical value c, which is a solution of the Hamilton-Jacobi equation (4), according to Corollary (3.3). We also showed different characterizations of the critical value c given by (7), (8), (9) and (10). An important aspect of the previous method is that it allows us to study the behavior of a game in an infinite horizon problem without using discount factors or average actions.

References

[1] Fleming W H and Soner H M 2006 *Controlled Markov processes and viscosity solutions* 2nd ed (New York: Springer) pp 375 – 95
[2] Bardi M and Capuzzo-Dolcetta I 1997 *Optimal Control and Viscosity Solutions of Hamilton-Jacobi-Bellman Equations* (Boston: Birkhäuser) pp 431 – 70
[3] Evans L C and Souganidis P E 1984 *Indiana Univ. Math. J.* **33** 773–97
[4] Gomes D A 2005 *Discrete Contin. Dyn. Syst.* **13** 103–16
[5] Fathi A 1997 *C. R. Acad. Sci. Paris Sr. I Math.* **324** 1043–46
Fathi A 1997 *C. R. Acad. Sci. Paris Sr. I Math.* **325** 649 –52
[6] Mañé R 1997 *Bol. Soc. Brasil. Mat. (N.S.)* **28** 141–53
[7] Mather J N 1993 *Ann. Inst. Fourier (Grenoble)* **43** 1349–86

Journal of Physics: Conference Series **475** (2013) 012014 doi:10.1088/1742-6596/475/1/012014

Self similitude in the power spectra of nuclear energy levels

V Velázquez[1], E Landa[2], C E Vargas[1,3], R Fossion[4], J C López-Vieyra[2], I Morales[2] and A Frank[2]

[1] Facultad de Ciencias, Universidad Nacional Autónoma de México, Apartado Postal 70-543, 04510 México, D.F., México

[2] Instituto de Ciencias Nucleares, Universidad Nacional Autónoma de México, Apartado Postal 70-543, 04510 México, D.F., México

[3] Facultad de Física e Inteligencia Artificial, Universidad Veracruzana, Sebastián Camacho 5; Centro, Xalapa, Ver., 91000, México

[4] Instituto de Geriatría, Periférico Sur No. 2767, Col. San Jerónimo Lídice, Del. Magdalena Contreras, México D.F., C.P. 10200, México

E-mail: `cavargas@uv.mx`

Abstract. Protons and neutrons interact inside the nuclei with a non integrable interaction. It is shown that is possible to reproduce the energy statistics of nuclear energy levels analyzing the fluctuations of an ensemble of nuclear states produced by random interactions. In this contribution we analyze the characteristics of the fluctuations and distributions of the energy levels in order to understand the independent scale nature of the $1/f$-noise nuclear energy levels.

1. Introduction

The statistics of energy nuclear levels has been an important topic in the study of quantum chaos. In quantum mechanical systems with classical analogue chaotic ones [1], it has not yet been observed the "butterfly effect" in any quantum observable. Then, the research in quantum chaos in the latest years has been focused in search of convincing traces of quantum chaos. Although there is not satisfactory definition of the meaning of quantum chaos in comparison with the classical chaos [2], theoreticians have found some *signatures* of this behavior in quantum systems. In particular in the atomic nuclei, the energy levels distributions have been classified in one of the main statistics limits: Poisson or Wigner distributions [3]. These limits are well related with integrable and non integrable interactions, respectively.

What is very amazing is that an ensemble of protons and neutrons, interacting under the influence of a very complicated force built from the nuclear force of all nucleons, does not display a "nuclear butterfly effect" in any observable: energies, BE2 transition strenghts, masses, quadrupole moments, etc. We know that the nuclear interaction is a non integrable force, then the nuclear dynamics must evolve like a complex system. Maybe, we must accept that the complexity in quantum system is manifested as fluctuations in the interference of states of a given Hilbert space. Thus, some interesting signatures of quantum chaos are centered in the fluctuations analysis [4, 5]. In this contribution we start from the premise that a quantum system like the nucleus is a complex system and the interest is placed in the applications of their statistical properties to classical complex systems, leaving the usual approach of seeking traces

Journal of Physics: Conference Series **475** (2013) 012014 doi:10.1088/1742-6596/475/1/012014

of quantum chaos. The goal of the present work is to show that if a classical complex system has a quantum analogue, then we can define analogue interactions which are integrable and non-integrable, as implied by the matricial calculus. A very interesting example of this behavor introduced by Berry [6], is that the Riemann zeros (then, the prime numbers) could be obtained from a eigenvalues problem.

2. Nuclear shell model energies

We use the nuclear shell model in order to describe theoretically the nuclear dynamics. In this model an interaction (in its simplest approximation) is composed by one average interaction part and another coming from the many body interaction, both named here as monopole and multipole interactions, respectively

$$\hat{H}_{SM} = \hat{H}_{monopole} + \hat{H}_{multipole} \ . \tag{1}$$

In its simplest approximation, the monopole part is based in the harmonic oscillator potential, doing a mimic of a mean field in which each nucleon interacts independently; the multipolar part can be approximated by a few two body interaction terms, neglecting higher-body orders. Then, selecting a good interaction $\hat{H}_{SM}$, a large enough Hilbert space, and a dependable computational method (the Lanczos algorithm), we can study the behavior of some observable in function of an set of initial conditions.

We propose the ^{48}Ca nucleus because its energy distribution has been studied by several methods and it has been demonstrated its complexity. In the present contribution, we are interested in the study of the evolution of complexity and its self similitude. The interaction is taken as a harmonic oscillator mean field added with the monopole part of the KB3 [7] realistic interaction. This interaction has been derived by minimally modifing the monopole strength in the original Kuo-Brown interaction [8]. The two body interaction (multipole part) is composed by an ensemble of random interactions (two body random ensemble or TBRE) [9]. The Hilbert space selected is the full fp shell: it is the harmonic oscillator shell for $\eta = 3$, which has demonstrated to be a very good truncation to study this nucleus. The shell model calculation is performed with the code ANTOINE [10], which works in the m-scheme. As we are interested in the evolution of the energy levels statistic, and therefore in its correlation, we use the method of power spectra [11, 12, 13, 14]. We decided to analyze the correlation of the 1627 $J^{\pi} = 3^{+}$ states in the fp shell for the ^{48}Ca. We can select an average amplitude interaction if we select a TBRE, whose matrix elements follow a normal distribution with a width near to the realistic matrix elements. In the case of the KB3 interaction we have $\sigma = 0.6$ [15]. In the present calculations, we have selected the widths $\sigma = 0.2$ and $\sigma = 0.01$ in order to study the evolution in the correlation and the scale invariance. The first value ($\sigma = 0.2$) gives the width of the energy levels distribution of the KB3 interaction (this corresponds with the realistic value), while $\sigma = 0.01$ is twenty times smaller [16].

Figure 1 shows the ordered distribution of the 1627 eigenvalues. This is a global pattern that follows the energies for a wide interval of interactions. In fact, this sequence of ordered energies appears in a wide range of phenomena of different topics of research [18]. This class of distributions can be outlined by the binomial [19] or beta [18] (among others) descriptions. The "s" stylized geometry is a signature of a diagonalized matrix. The extreme values are pushed towards up and down the mean value. The central eigenvalues come from the several mixed interactions, thus the predictability will obviously depend on the nature of the interaction. If the interaction is non-integrable, the fluctuations around this "s" will be chaotic, and for an integrable interaction (clasically integrable), they will be non-chaotic [12].

We are interested in the fluctuations around this mean behavior. With the unfolded fluctuations [12], we are ready to carry out the power spectra analysis

$$S(f) \approx 1/f^{\beta} \ . \tag{2}$$

Journal of Physics: Conference Series **475** (2013) 012014 doi:10.1088/1742-6596/475/1/012014

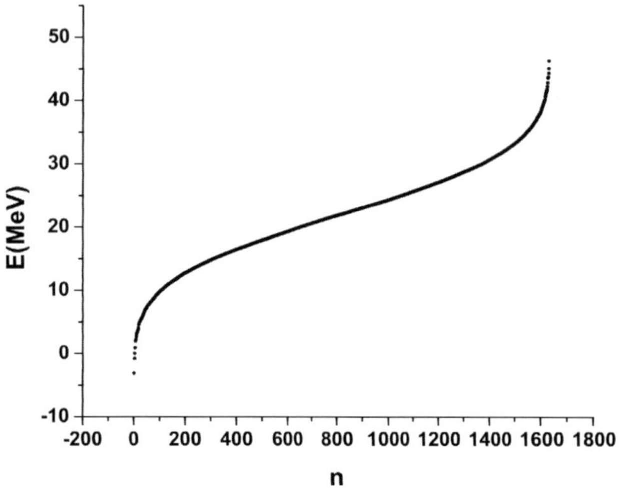

Figure 1. Energy of the 1627 nuclear levels with $J^\pi = 3^+$ in ^{48}Ca. The x-axis is labeled with the ordered number level n. The interactions used is a TBRE with strengths obtained from a gaussian distribution with width $\sigma = 0.2$.

If the power spectra follow a power-law, then it suggests that the system could be scale invariant, particularly the $1/f$ power spectra can be also related with quantum chaos [11].

3. Unfolded energies

The unfolding procedure consists in the subtraction of the mean behavior of the energy distribution. Then, we rename the energies to emphasize the mapping.

$$E_i \to \epsilon_i \equiv \bar{N}(E_i), \qquad (i = 1, ..., N) \tag{3}$$

where $\bar{N}(E_i)$ is a smooth function fit of the staircase-like cumulative density function $N(E_i)$ [2, 17]. The nearest neighbor spacing is calculated as $s_i = \epsilon_{i+1} - \epsilon_i$, $i = 1, 2, \cdots, N-1$. The spectrum fluctuations can be defined by

$$\delta_n = \Sigma_{i=1}^{n}(s_i - < s >) = [\epsilon_{n+1} - \epsilon_i] - n < s > \ . \tag{4}$$

The stochastic discrete function δ_n contains the deviations of the distance between the first and the $(n+1)$-th unfolded states, related to the corresponding distance in a uniform (equally spaced) sequence having an unit level distance $< s >= 1$. The sequence (4) can be interpreted as a discrete "times series". In order to understand the self-similitude behavior, we compare the power spectrum of the several times series obtained for sets of energies $J^\pi = 3^+$ in ^{48}Ca obtained with TBRE interactions at two very different intensities.

From the power spectrum analysis, we find that the fluctuation around the distributions in the Figure 1 is chaotic, that it is $\beta = 1.02$; a result that has been widely reproduced in the literature [20].

4. Self similitude in the chaotic behavior

We carry out the diagonalization procedure for the same system ^{48}Ca with a weaker interaction, twenty times smaller ($\sigma = 0.01$) than the former. The Figure 2, it is shown the ordered energy distribution of the 1627 levels with $J^\pi = 3^+$ angular momentum. A difference with the first case presented ($\sigma = 0.2$) is that in this case the sequence distribution is segmented. The matricial trend is kept, but structured. When the quadrupole-quadrupole interaction is small, the matrix is composed by blocks, where each block corresponds with a subset of levels appearing bounched after the diagonalization. When $Q \cdot Q$ is large, the matrix is not built by blocks (not structured), because the non-diagonal matrix elements are very large. Now, we repeat the procedure of unfolding the power spectrum, that results in $\beta = 1.89$.

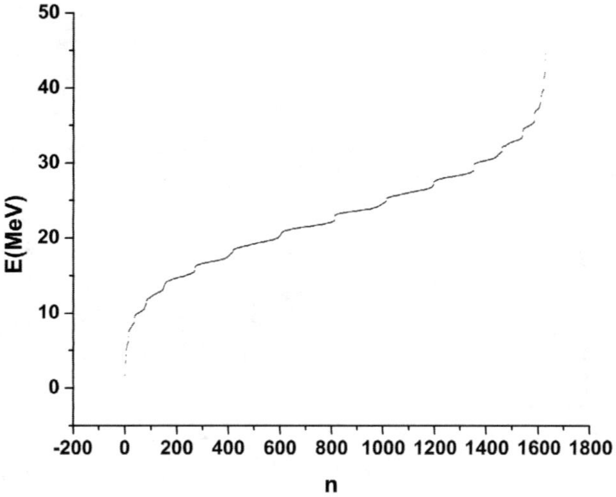

Figure 2. Energy of the 1627 nuclear levels with $J^\pi = 3^+$ in ^{48}Ca. The x-axis is labeled with the ordered number level n. The interactions used is a TBRE with numbers obtained from a gaussian distribution with width $\sigma = 0.01$. Note that the energy levels distributions are bunched.

A weaker interaction changes the statistics between neighboring energies, from chaotic towards thermal. Using the chromatics classification of noise fluctuations, these goes from pink to brown noise ($1/f^2$) when we reduce the intensity of the interaction. Our interaction is a shell model random one, with almost all two body terms that include integrable and non integrable terms as a quadrupole-quadrupole one. Then, for a β value greater than 1, the correlation between energies is greater than the chaotic correlation. This behavior appears intuitive. The mean phenomena is the interaction between states. Each final state is the result of several scattered positions in energy, where scattered positions signify avoided crossings between energy levels. In principle each state must feel the influence of all other states with the same symmetry, via the quadrupole-quadrupole interaction. In order to interpret the curve in Figure 2, is better to start from a weak interaction: in the Hamiltonian (1) the dominant term is the monopole part, because the two body interaction is neglected. Then we have the symmetry imposed by the mean field, and some degeneration is kept. This degeneration can be reinterpreted as bunched energy levels, and we know that bunched statistics (which means brown noise related with termal noise) can be understood like thermal statistics. Because $\hat{Q} \cdot \hat{Q}$ destroys this degeneration, the increase of its intensity will change the statistics, because the different bunches will mix themselves up to smooth the distribution curve as shown in Figure 1. In Figure 3, we select one bunch in the central part of the Figure 2, where it is evident the self-similitude in the power spectra. The power spectrum gives us $\beta = 1.18$. Its behavior is near to quantum chaos instead of thermal. Although the number of energies composing this plot is few, the trend predicts a $1/f$-noise.

5. remarks and conclusions

Summarizing, for every intensity of the interaction we always get quantum chaos or $1/f$ noise at different scales of energy. In other words, for every strength of the quadrupole interaction, their efects will be those implied by nuclear configuration mixing, and this mixing will occur with few or lot of bunched levels. We always find $1/f$ noise, does not matter of the consideration of

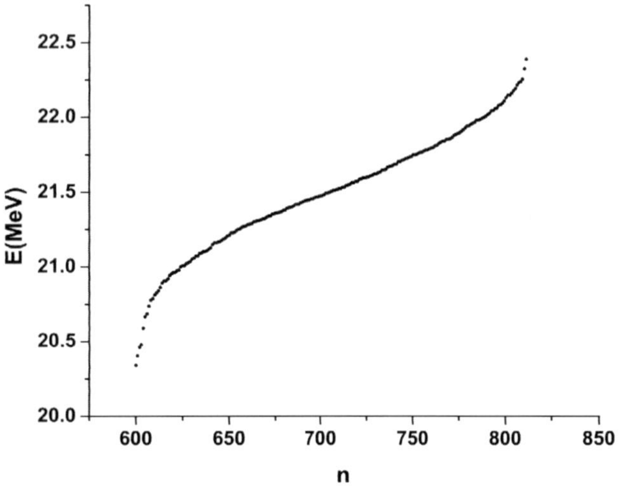

Figure 3. Energy levels distribution, detail from Figure 2.

complete set of levels or a subset of them. It is always present when the interaction contains a non-integrable component. The discussion can give some extra clues about the complexity and the unfolding technique. A smart unfolding on the bunched distribution in Figure 2 would give directly $1/f$ noise, but this does not mean that the thermal distribution does not have importance; nevertheless, noises are of physical interest. Then, from the analysis of the three Figures, we may get the following appreciations:

(i) The energy distribution with inverted "s" geometry, indicates the presence of some interaction between states of the finite Hilbert space considered, in this case the fp-shell.

(ii) The fluctuations about the inverted "s" distribution, indicate the nature of the interaction: $s(f)$ = constant and $\beta = 0$, then the interaction is integrable. In the non-integrable case, the fluctuations may have some correlation or anti-correlation.

(iii) The strength of the interaction can change from one correlation to another, however the nature of the interaction will always stay in the final unfolding. Then, if the interaction contains some non-integrable part, the $1/f$ noise will appear in some scale.

Returning to the bunched energy distribution ($1/f^2$ noise), we could understand this pattern in a simple way: the interaction is so weak that its influence can not reach beyond certain set levels clustered by the mean field interaction, but inside of each cluster all states are mixed by the non-integrable interaction producing the local $1/f$ noise. As an example of this behavior, we can get the prime numbers distribution. If we plot the time series of the first 100000 prime numbers versus the natural numbers up to the greatest prime (see Figure 4), we can see that the prime numbers sequence follows a curve always below of the straight line of the natural numbers. In the context of the present work, the curve comes from a possible eigenvalue problem (from a matrix structure). If the prime numbers sequence would be infinite, the curve will never cross the straight line. Fluctuations around the bend were measured by M. Wolf [21]. Although in this Reference the author claims a $1/f$ noise, he found $\beta = 1.64$, then in the context of the present work, the fluctuations have some degree of correlation, towards bunching, and it is natural because the prime numbers structure includes the twin primes. Such twin primes add correlation to the fluctuations. The importance of these results might explain some another questions. The universality of the inverted "s" distribution [18] arising in systems of very

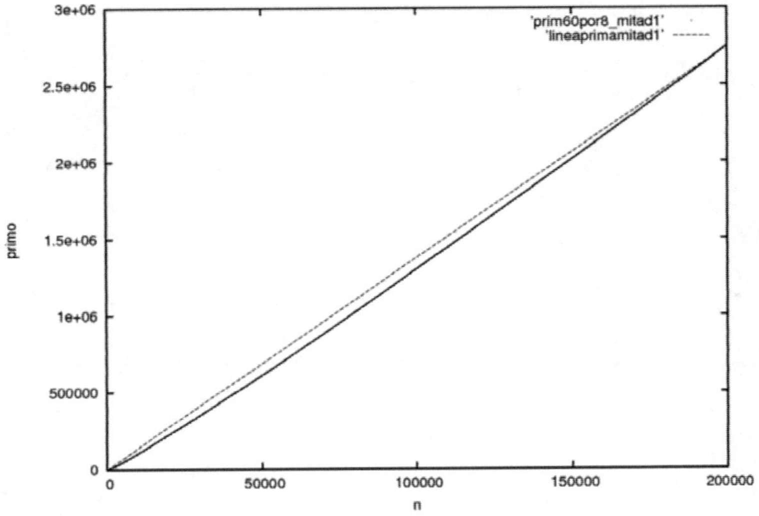

Figure 4. Time series of prime numbers plotted versus the natural numbers up to the maximal natural prime number. The primes curve can be related with the eigenvalues from a matrix problem.

varied nature, would be understood in terms of space configurations and interactions. In a very wide sense, we can say that if a community has interaction between their components, then an observable will be distributed over an inverted "s" geometry, modulated by the space in which it is contained, and it will have a noise controlled by the interaction nature.

Acknowledgments

We would like to thanks to Facultad de Ciencias-UNAM for the sabbatical year grant of CEV. Work supported by PAPIIT-UNAM, and CONACyT-México.

References

[1] Bohigas O, Giannoni M J and Schmidt C 1984 *Phys. Rev. Lett.* **52** 1
[2] Gutzwiller M C 1990 *Chaos in Classical and Quantum Mechanics* (New York: Springer)
[3] Wigner E P 1967 Random Matrices in Physics *SIAM review* **9** 1-23
[4] Relaño A, Gómez J M G, Molina R A, Retamosa J and Faleiro E 2002 *Phys. Rev. Lett.* **89** 244102
[5] Brody T A, Flores J, French J B, Mello P A, Pandey A and Wong S S M 1981 *Rev. Mod. Phys.* **53** 385
[6] Berry M V and Keating J P 1999 The Riemann zeros and eigenvalue asymptotics *SIAM Review* **41** 236-266
[7] Poves A and Zuker A P 1981 *Phys. Reports* **70** 235
[8] Kuo T T S and Brown G E 1968 *Nucl. Phys.* A **114** 241
[9] Papenbrock T and Weidenmuller H A 2006 *Phys. Rev.* C **73** 014311
[10] Caurier E and Nowacki F 1989 Code ANTONIE (Strasbourg: CRN)
[11] Faleiro E, Gómez J M G, Molina R A, Muñoz L, Relaño A and Retamosa J 2004 *Phys. Rev. Lett.* **93** 244101
[12] Gómez J M G, Relaño A, Retamosa J, Faleiro E, Salasnich L, Vranicar M and Robnik M 2005 *Phys. Rev. Lett.* **94** 084101
[13] Molina R A, Retamosa J, Muñoz L, Relaño A and Faleiro E 2007 *Phys. Lett.* B **644** 25
[14] Landa E, Morales I O, Fossion R, Stransky P, Velázquez V, López Vieyra J C and Frank A 2011 *Phys. Rev.* E **84** 016224
[15] Velazquez V, Hirsch J G, Frank A, Barea J and Zuker A P 2005 *Phys. Lett.* B **613** 134-9
[16] Dufor M and Zuker A P 1996 *Phys. Rev.* C **54** 1641
[17] Gutzwiller M C 1971 Periodic orbits and classical cuantisation conditions *Jour. Math. Phys.* **12** 343
[18] Martínez-Mekler G, Alvarez R, Beltrán M, Mansilla R, Miramontes P and Cocho G 2009 Universality of Rank-Ordering Distributions in the Arts and Sciences *PLoS ONE* **4** e4791
[19] Zuker A P 2001 *Phys. Rev.* C **64** 021303(R)
[20] Molina-Fernández R 2001 Caos cuántico en sistemas hamiltonianos de muchos cuerpos (Madrid: PhD Thesis, Universidad Complutense de Madrid)
[21] Wolf M 1997 *Physica* A **241** 493-9

AUTHOR INDEX